土法良方治猪病

第二版

刘家国　武彩红　主编

化学工业出版社

·北京·

图书在版编目（CIP）数据

土法良方治猪病/刘家国，武彩红主编．—2版．—北京：化学工业出版社，2015.12
ISBN 978-7-122-25209-8

Ⅰ．①土…　Ⅱ．①刘…②武…　Ⅲ．①猪病-防治
Ⅳ．①S858.28

中国版本图书馆CIP数据核字（2015）第224294号

责任编辑：邵桂林　　　　装帧设计：刘亚婷
责任校对：吴　静

出版发行：化学工业出版社（北京市东城区青年湖南街13号　邮政编码100011）
印　　刷：北京永鑫印刷有限责任公司
装　　订：三河市宇新装订厂
850mm×1168mm　1/32　印张10¾　字数312千字
2016年1月北京第2版第1次印刷

购书咨询：010-64518888(传真：010-64519686)　售后服务：010-64518899
网　　址：http://www.cip.com.cn
凡购买本书，如有缺损质量问题，本社销售中心负责调换。

定　　价：35.00元　

编写人员名单

主　　编　刘家国　武彩红

编写人员　刘家国　武彩红　潘翠玲　王先炜
王德云　刘　磊　宋小凯　戴建军
武　毅　严若峰　张宝康　邓茂刚
孙卫东　陈　益　邱　妍　范云鹏
陈　甫　赵　彪　徐玉凤　徐树培
谢　军　何宏勇　王兴祥　王鑫水
郭利伟　赵晓娜　王君敏　曾　玲
熊　文　陈　云　张　清　张　玲
毕　波　徐美云

前 言

《土法良方治猪病》自2010年5月出版以来，即被全国各地的养猪爱好者及从业人员追崇，迄今已经累计销售超过10万册，并于2012年被选为国家农家书屋工程采购图书。经过4年的使用，普遍反映良好，认为本书系统性强，内容丰富、实用，可操作性佳，是一本符合广大养猪相关从业人员工作需要的参考书。

近年来，随着我国养猪事业的不断发展和规模化程度的不断提高，临床猪病日益呈现出老病不断，新病日增，新老疾病交织的特征，许多地区的猪病控制已经日益艰难，尤其是抗病毒西兽药的被禁用和抗生素耐药性的日益严重，使得很多临床疾病的防控倍显严峻。对临床多发性猪病采用综合性的防控措施予以防控，已经成为广大从业人员的共识。许多传统的土法良方不仅操作简单，而且资源丰富、就地取材、立竿见影，能有效防止疫情的蔓延与扩散，在临床疾病防控方面显示出日益良好的效果。但是，令广大从业者最感棘手的是临床疾病的证型分类。因为无法对临床疾病证型进行分类，也就无法辨证施治。同时，一些新的疾病，也缺乏有效的临床即用型防控方法。基于上述原因，对上一版《土法良方治猪病》中的相关内容有必要进行修订和补充。

本次修订不仅根据各种猪病的主要症状对疾病提出辨证分型，也提出了相应治疗的原则；增加了新生仔猪腹泻、猪皮炎及肾病综合征、副猪嗜血杆菌病、猪增生性肠病等十余种临床新病，详细介绍了防控这些疾病的行之有效的土法技术、良方和针灸处理方法；并针对第一版的大部分疾病尤其是疫病增补了300余个处方。同时，根据从业人员的反馈，在附录中补充了猪的常用数据、猪的血液生理生化指标参考值、猪场主要传染病参考免疫程序、中药注射液与其他药物的不适宜配伍等内容。还对书中的其他内容、文字进行斟酌、修改，力求使广大读者即看即懂，即学即会，即用即见效。本书如能达此目的，作者深感欣慰。

在本书的修订过程中，虽然各位编者百般努力，但由于水平所限，尤其是辨证部分，由于各种疾病的交织化和复杂化，更缺乏参考资料，书中的不妥与错误之处在所难免，敬请各位前辈和同仁不吝赐教，以期集思广益和今后的修订改正。在此向本书直接或间接引用资料的作者表示最诚挚感谢。

刘家国

2015 年 11 月于南京农业大学

第一版前言

我国广大的劳动人民在长期和畜禽疾病作艰苦斗争的实践过程中，尤其是在西医传入我国以前，发明创造了大量的简易的防治疾病的方法，并代代相传，逐步改进提高，至今仍然在兽医临床中发挥着巨大的作用，特别是在经济发展和医疗卫生条件相对落后的养殖地区，更是充当着广大养殖户主要技术保障的角色。这些方法充分利用周围环境资源和自身条件，而且一看就会，操作简单，常常不需要特殊的设备和条件，普通老百姓看一眼也能够立马实践。

虽然我国是世界第一养猪大国，但庞大的养殖量和相对较低的养殖技术水平使得猪病的威胁一直是养猪业的最大威胁，尤其是近年来暴发流行的蓝耳病、圆环病毒病、伪狂犬病、猪瘟、附红细胞体病等疾病，使许多养猪场损失极为惨重，甚至是毁灭性打击。这些猪病的流行，不仅造成了每年上百亿元的直接经济损失，更为严重的是由于这些疾病所导致的资源浪费相当惊人，所造成的病原污染和治疗药物的残留对人类健康所构成的威胁也日益严重。随着人类社会资源的日益紧张，随着人们对绿色环境和食品安全的日益关注，这些问题必将成为制约我国养猪业持续稳定发展的主要因素。因此，如何快速、有效、安全的防治猪病，已经成为我们目前不得不面对的问题。

传统的土法良方技术，是中华兽医学中的瑰宝。不仅简单易懂，操作简单，能变废为宝，绿色环保，而且资源丰富、就地取材，可以有效、快速的对疾病作出反应，立即应用，取得立竿见影的效果，很多疫病都能很快得到控制，有效防止疫情的蔓延与扩散，减少经济损失，从而应对前面所述问题。

基于上述原因，在化学工业出版社的支持下，我们组织编写了这本《土法良方治猪病》。书中不仅针对猪病预防和诊疗方法进行了详细著述，还将猪的常见疾病及疑难疾病分成传染病、寄生虫病、内科病、外产科病和其他疾病几个部分，详细介绍了防控这些疾病的行之有效的土法技术、良方和针灸处理方法。在编写过程中力求文字简练、通俗易懂，注重实用性和可操作性。尽力做到使广大的养殖人员、畜牧兽医站，以及相关的生产经营者一看即懂，一学即会，用后见效。本书如能对广大的读者有所裨益，作者则深感欣慰。

编者虽然百般努力，但由于水平所限，并且长期在大学任教，虽也有一些临床经验，但比之一直在临床第一线工作的专家而言，毕竟还是缺乏实践经验，再加上时间仓促，书中的不妥与错误之处在所难免，敬请各位前辈和同仁不吝赐教，以期集思广益和今后的修订充实。并在此向本书直接或间接引用资料的作者表示最诚挚感谢。

刘家国
2010 年 2 月于南京农业大学

目　录

第一章 概述

第一节 传统土法良方技术的特点及优势

一、一学就会，操作简易

我国广大劳动人民在长期和畜禽疾病作艰苦斗争的实践过程中，尤其是在西医传入我国以前，发明创造了大量简易的防治疾病的方法，并代代相传，逐步改进提高，至今仍然在兽医临床中发挥着巨大的作用，特别是在经济发展和医疗卫生条件相对落后的养殖地区，更是充当着广大养殖户主要技术保障的角色。这些方法充分利用周围环境资源和自身条件，而且一看就会，操作简单，常常不需要特殊的设备和条件，普通老百姓看一眼也能够立马实践。

如亚硝酸盐中毒症，许多老百姓都知道，一旦发现，只需用剪（菜）刀剪（割）去尾尖和耳尖，用手从尾根和耳根用力将淤血挤出，直至血色鲜红，再用一瓢凉水浇头，猪往往就可逐渐恢复。又如，仔猪白痢，许多普通养殖户都知道将少许食盐和红糖、蒜泥混匀后灌喂即能收到良好效果，对于受凉所引起的白痢效果尤佳。又如发生瘟疫用艾叶烟熏猪舍等。其他一些土法技术，比如针灸、刮痧、埋药、灌肠、通便、温熨、洗胃疗法、熏蒸、按摩等疗法，也都简易好学，效果确实。

不似现代的西医西药技术，需要特殊的设备才能应用，在普通的养殖户，尤其是偏远地区的个体养殖户，可能连最基本的注射器都难于购买到，更别说其他一些精密高端的设备了。而我国的养猪模式，目前个体散养还是一种基本的模式。因此，这些世代相传、代代发扬的土法良方技术，在现代的猪病防治中仍然担当着重要的角色。

二、资源丰富，就地取材，价格低廉

我国疆域辽阔，物产丰富，植物品种数不胜数，大江南北，莫不是绿色遍地。除大量民间使用的草药以外，全国仅中药大辞典记载的植物药就有 4772 种。这些药物遍布森林田野、荒山闲地、沟壑道路、房前屋后，而且随采随用，不需要特殊加工处理，无论是农户还是养猪企业，都能自己动手、自己生产，只需简单的煎煮、粉碎、制片等就可以使用，基本不需要成本，比买成药或请兽医的医疗费用大大降低，提高了养猪的效益。此外，我们还有丰富的矿物质和动物药用资源，为土法防治猪病提供了大量药物资源。

除了上述药物资源外，土法良方技术所用材料很多属于生活废弃物，这些东西不管农村还是城镇都遍地都有，取之不尽，用之不竭，而且价格低廉甚至不花钱即可用于防治猪病。如炭末、灶心上、锅底灰可用于治疗仔猪白痢、腹泻和消化不良；煤灰、骨头可用于治疗猪软骨症和佝偻病、瘫痪等；人尿渣浸泡烟叶可治疗疥癣；玉米须煎水可治疗尿道炎。

三、天然物质，简单加工，绿色环保

猪病土法良方防治技术主要应用的是针灸技术和中草药。众所周知，针灸技术主要使用针术和灸术，不可能产生污染物，也基本没有副作用。中草药则包括植物、矿物、动物和部分生活废弃物，它们一般源于天然有机物质，民间使用前一般不需要特殊加工处理，以各种药物本身成分结构的自然生态和生物活性形式应用，这些药物千百年来与猪等动物共处于同一自然环境中，形成了相互间的协调与适应关系。因此，使用中草药防治猪病一般无毒副作用，在猪体内不会形成有害残留和沉积，更不会因此而污染环境，具有明显的天然优势，顺应了人类需求绿色食品并回归自然的心态，也为人类开发高效无毒副作用的新药提供了新的方向。随着世界各国对化学药物的控制愈发严格，猪病土法良方防治技术势必越来越被人们所重视。

四、就地取材，用即见效，能防能治

由于生理的原因和生活环境的制约，猪是一种较易罹患疾病的动物，其所罹患疾病往往发病快、传播迅速、病程短，尤其仔猪和规模化养殖的猪群，由于自身抵抗力较弱或群体密度较大，一旦发生疫情，往往因控制不及时而造成大批感染、死亡。近年来流行的猪瘟、猪蓝耳病、圆环病毒 2 型、附红细胞体病、链球菌病等疾病，每年给全国养猪业所带来的经济损失达 100 亿元以上。应用土法良方技术防治可以就地取材，立即应用，取得立竿见影的效果，很多疫病都能很快得到控制，有效防止疫情的蔓延与扩散，减少经济损失。例如，发生猪瘟后，立即每头喂服癞蛤蟆粉 15 克，每天 1 次，连续 2～3 天即可；也可立即采健康鹅全血或羊全血，立即肌内注射，每头 10 毫升，往往可取得良效。

我国传统兽医学对于防治猪病的根本方针是“未病先防”、“既病防变”和防重于治。“未病先防”即在平日里做好猪群防疫工作，通过加强管理、改善猪群饲养和生活环境，适当的采用针药调理，四季更替时饲喂不同药物预防气候变化应激，提高猪体抗病能力，并在瘟疫发生时及时隔离、预防给药（如用贯众、苍术等泡水喂饮）、药熏（艾叶、石菖蒲、苍术、雄黄等点燃烟熏棚舍）、堆粪发酵和搞好卫生，以防止疾病的发生。生产实践中许多兽医用鸡蛋清配合猪瘟疫苗免疫仔猪预防猪瘟，猪舍放煤炭或黏土等预防仔猪缺铁性贫血、白痢等，在不同季节饲喂蒲公英、车前草、西瓜皮等草药预防时疫等等，都是些行之有效的预防方法。“既病防变”是猪群已经患病，则应及早诊断，掌握疾病的发展规律，及早治疗，防止其向深、重发展和传变。在防病与治病二者的关系上，应是“防重于治”，将疾病消灭在萌芽之中，对养猪业的健康发展起到了重要的保障作用。

五、整体调节，标本兼治，功效多向

传统兽医学认为，猪体各器官系统和功能是一个完整有机整体，正常时各方面必须完整协调，维持相对的平衡状态，并适应外界环境的变化。一旦猪体内部的平衡或猪体与外界环境的平衡遭受破坏，导致猪体内气血阴阳的失常，就会产生疾患。利用针药防治疾病就是利用针灸或药物的偏性来调整猪体气血阴阳的平衡，纠正其偏性，“抑高举下”，抑制其某些过于旺盛的体机能状态，或扶助某些过于衰弱的机能，从而恢复常态，达到防治疾病的目的。如血热可通过针灸放血或中药清热凉血，血虚则用针药补血行气，从而纠正其偏盛或偏衰的机体状态而恢复至“阴平阳秘”的正常状态。

中草药的使用，除少数药物单味药物使用外，一般是以配伍的形式为主，往往在应用时将几味药、十几味药配合在一起，构成一个方剂。即使是单味药物，也是一种生物体，大多含有很多复杂成分，实际上也是多成分的组合。通过药物间巧妙的配伍而发挥组合效应，以此达到扶正或祛邪而治疗疾病的目的。这种配伍应用，临床组合变化万端，随症加减，不仅不同疾病采用不同的针灸或方药治疗，即使同一疾病，在不同的发展阶段或不同个体，也因为病证的不同而用药有所差异。这种复杂的成分和千变万化的组合，有效的避免了病原微生物和寄生虫与反复接触而产生的耐药性。这一优势是化学药物无法比拟的。也可能正是当今大量微生物和寄生虫对许多化学药物产生耐药性的原因之一。因为化学药物正是以成分单一、精纯而著称。

针药治疗另一个重要的特性就是功能的多向性。一方面，很多针灸穴位具有双向的调节作用，如针刺猪交巢穴，不仅可以治疗腹泻具有较好效果，对便秘也有很好的疗效。而采用不同的手法进行针灸，更使针灸同一穴位却产生不同的疗效。另一方面，如前所述，中草药大都是一个复合有机体，中草药的使用一般是以方剂的形式配伍应用。这种复杂的成分和根据药性理论所产生的纷繁配伍，可以使其所含物质作用相互协同，产生多方位的调理作用，从而调整猪体脏腑机能、平衡阴阳、防病治病，同时也是一药多能、一剂多治的药理基础。如山楂既能消食健脾，治疗食积滞，还能活血化淤，治疗血淤诸证；陈皮不仅可健脾止泻，还理气消食积；仙人掌可治疗亚硝酸盐中毒等 6 种猪病；大蒜与其他药物配伍，据不完全统计可治 10 多种猪病；鸡蛋清与其他药物配伍，可治疗猪 10 种余种猪病。

第二节　传统土法良方技术与现代治疗技术结合治病的优势

一、治疗方法互相补充，取长补短

传统兽医学治疗疾病讲究的是辨证论治，将动物体看成一个整体，注重纠正动物体内、体外平衡的失调而治疗疾病。治疗时往往因为过于强求动物自身的调节能力和治理上的平衡、用药上的均势及药物性味上的对抗，使得其治疗方法常常比较平和，对于某些证候变化快速的急症有时效果欠佳。西兽医学治疗疾病则往往只求病同，同病同治，常对症施用一些直接的治疗方法或药物，效果峻猛，途径也较多。但因过分强调外因和局部的病理变化，在治疗时对动物自身整体调节能力往往考虑不够。如仅仅依靠高新技术疗法，不仅医药费用太高，而且临床发现这些现代技术在治疗大量的普通急性病和慢性病时常常是无效的。这两种方法互相结合，则能取长补短，刚柔相济。如治疗猪的寄生虫病病，采用西兽药杀虫治疗对于挽救动物生命往往起到立竿见影之效，但临床上常发现猪的病情出现反复，恢复时间较长，生长发育仍然缓慢，如结合传统兽医学的针药技术，则可大大缩短病猪的恢复期。

二、两种技术结合治病，提高疗效

土法良方技术与现代治疗技术的结合，还体现在治疗技术和治疗用药等多方面可以相互促进，互补相长，提高治疗效果。两项技术结合相长的典型之一莫过穴位注射。白针治疗猪病是古老的传统技术，也是土法治疗猪病的主要手段之一。注射给药是现代治疗技术的一种主要手段。两者有机结合即产生了穴位注射，通过针的刺激和药物攻克双管齐下的作用，调整猪体的机能和改善病理状态，达到治疗猪病的目的，而且可显著提高针刺和西药的疗效，目前广泛应用在临床治疗实践中，经研究发现很多药物都可以通过穴位注射给药，对很多疾病可以做到一两针即见效。现代大量研究还证明，通过穴位注射免疫，不仅可以提高免疫猪体对疫苗的应答水平，还可加快其免疫应答和使高应答水平维持更长的时间。

中草药和西药联合应用，也可相互协同，提高疗效，特别使对于由细菌、病毒、寄生虫等微生物感染引起的猪病，效果更好。例如，许多由于种种原因引起的肠道菌群失调或由于产生耐药菌株而引起的慢性腹泻等，用西兽药进行治疗效果往往不理想，甚至越治越重。而传统兽医学从脾气虚弱或肾阳火衰论治采用土法良方治疗常常取得很好的治疗效果，但若病猪伴有脱水或酸中毒等情况，则又往往效果不如人意，但如配合西药输液、调节酸碱平衡等则疗效就大大提高。又如猪附红细胞体病，单纯用土法治疗效果并不理想，西兽药贝尼尔、黄色素等治疗虽有较佳的疗效，但治疗后往往有食欲不振、生长缓慢、病情反复等症状，这时配伍健脾和胃的中草药方剂进行调理，则往往取得较好的临床疗效。而许多病毒病，单用西兽药治疗或单用中药治疗的治愈率均不高，而中西兽药同用时其治愈率则明显提高。如猪瘟单用西兽药或单用中药治疗效果都不是特别理想，若初中期应用高免血清、免疫球蛋白、抗生素和输液等对症疗法和防止继发感染，同时应用黄芪多糖注射液、清开灵注射液和清热解毒凉血的中药或癞蛤蟆粉等，并随证加减，其治愈率则显著提高，且病程缩短。

土法良方和现代治疗技术两种技术治疗方法和药物的结合，同样也可相互协同，提高疗效。例如，猪中暑虽然单纯应用土法良方或西医药治疗都有较好疗效，但临床上如能及时应用针灸疗法、冷水灌肠配合西药降温、补液、调节酸碱平衡等，则不仅可保证治疗及时，而且疗效可大幅提高，恢复也更快。猪亚硝酸盐中毒，西药治疗往往需要静脉注射，基层兽医和普通养殖户很难完成，如能先应用针灸泻血、苏醒，同时注射特效解毒西药，则能有效提高治愈率。又如猪直肠脱出，单纯使用手术整复和消炎抗菌往往容易复发，若只用针灸和中药，则对于日久病例又难于控制其继发感染。临床上常先采用手术方法整复后，再注射抗菌药物控制继发感染，并喂服补中益气的中药，则能有效控制本病的复发和继发感染，提高治愈率。

三、两种技术联合应用，减少西兽药用量，减弱或消除西兽药毒副作用和药物残留

土法良方和现代技术的有机结合应用，除了能提高疗效，促进恢

复和减少复发外，更可贵的是可以显著减少西兽药的用量，降低药物残留，并减弱或消除西兽药毒副作用。这主要体现在中草药和西兽药配合使用、针灸与西兽药或疫苗配合使用两个方面。

中草药和西兽药配合使用时，西药的用量往往比单纯使用西药的量减半，预防时甚至更低。这样不仅减少了西药的用量，西药本身所带来的药物残留也因为剂量的减少而大为降低，休药期也大为缩短，提高了养猪效益。这对抗生素和化学类抗微生物药物的尤为适用。另外，许多西兽药都就有这样那样的毒副作用，而中草药不仅毒副作用小，而且能减弱或消除西兽药的毒副作用。比如磺胺药虽然具有良好的抗菌作用，但长期或大剂量使用后对猪的泌尿系统损害以及肠道菌群的破坏都很明显，如能同时使用一些利尿渗湿、健脾和胃的中药，则其毒副作用就大为减弱。

穴位注射西兽药或疫苗时，西兽药或疫苗的用量一般为原来剂量的1/4～1/2，但效果却比西兽药或疫苗单独足量使用更好。临床发现，注射药物前，如在注射针进针后连续运针，获得针感后再注入药物，则效果更佳。当猪传染性胃肠炎、猪传染性腹泻、仔猪大肠杆菌性腹泻等许多猪病发生时，如能通过穴位作紧急免疫，猪体免疫应答速度也较其他常规突径更快速，应答水平更高，高水平免疫状态持续的时间也更长。这就大大缩短了猪体免疫启动时间，提高了猪体抗感染的水平。而且因为西兽药或疫苗用量的减少，如上所述，西兽药本身所带来的药物残留也因为剂量的减少而大为降低，休药期也大为缩短大为，还减少了医疗成本，提高了经济效益。

四、两种技术联合应用，应对疑难杂症和日益复杂化的猪病

土法良方和现代技术的有机结合应用，还可解决许多疑难杂症。临床的疾病，千变万化。许多疑难疾病目前单纯用西医药或土法良方技术都根本无法对付。如临床经常发现，一些感染性疾病，使用抗生素虽然很快获效，但有的病猪总是出现病情时反时复，食欲时好时坏，或大便干燥，或斑疹隐隐，很难痊愈。这时如果结合传统兽医学辨证，在使用抗生素的同时投以中草药或针灸，则能很快痊愈。同样，临床很多普通急性病和慢性病，通过现代医学技术常不能获得客

观指标，很难辨出什么病，更难确定其治疗方案，治疗效果当然不稳定。例如猪风湿病、僵猪症等等，西兽医往往办法不多，但若以传统兽医学的方法辨证施治则往往效果迥然。当然，也有一些疾病，比如外伤性、急性感染性、中毒性等疾病，单纯用土法良方技术，也很难获得满意的疗效，也需要配合现代医学技术才能取得较好的临床疗效。

另外，随着养殖规模化的不断发展和社会流通的不断增加，目前流行的猪病越来越趋向于综合化、多因子化，一个临床病例往往有多种致病因子同时或相继发作，单一因子引起的疾病在临床越来越少见。这些猪病主要是感染性的，许多都是近年来才逐渐流行的疫病，尤以病毒性疾病居多，比如猪蓝耳病、圆环病毒 2 型、细小病毒病、伪狂犬病、猪瘟等等。许多这类感染性疾病，西兽医学目前尚没有特效的治疗药物，只能通过加强饲养管理和免疫防疫等措施进行控制。对于这类疾病，目前只有在合理应用西兽医学的抗感染疗法、支持疗法和对症疗法等基础上，有机的结合土法良方技术进行综合的防治，互相取长补短，才可望获得满意的临床疗效。

第二章 猪病的预防

第一节 选好种源

发展种公、母猪，应坚持“自繁自养”。根据发展规划，饲养一定数量原种母猪，繁殖父母代，解决猪群更新或不足的问题。如果需要购进生猪饲养，购买时需要严格进行检疫。首先应了解所购猪所在地是否有疫情，然后观察猪只的精神状况、饮食、大小便、被毛和皮肤等，及检测体温是否正常。若购买生猪较多时，应先接种猪瘟疫苗，且至少隔离 15 日并仔细观察，证实健康后方可与原猪只合群饲养。

从外地引进种猪时，应从非疫区或健康猪场购买，并应经当地动物检疫部门按规定进行严格检疫，应特别注意患气喘病（猪支原体肺炎）、猪细小病毒病、猪乙型脑炎、猪伪狂犬病、猪蓝耳病等的病猪或带毒猪。同时，应就地做好猪瘟等疾病的预防接种，并签发检疫证明后，方可成交。

此外，选择种源时应注意以下几点。

① 防止“疝气”猪：从外观上看阴囊稍大，左右不对称，顺提猪只时，阴囊变大，而抓住两后腿倒提时，阴囊则变小；外观见肚脐膨大如核桃，用手按压膨大部时可以消失，手离开后又鼓起来。

② 防止“无肛门”猪：“无肛门”猪一般不易被发现，购买猪只时应特别注意观察其排粪、排尿情况，“无肛门”猪的粪、尿均从阴道排出。

③ 防止“阴阳”猪：雌、雄生殖器官均集中于同一猪只。

④ 防止瘫痪猪：购买猪只时应将猪轰赶使其站立，观察其行走

是否正常。

⑤ 防止破伤风猪：对阉割后不满 20 天的仔猪，应注意检查和观察，发现用手触其下颌、眼角瞬膜，迅速移出；触其皮肤，神经敏感；触其臀部，四肢僵硬，行走时腿不能弯曲；触其鼻尖，只叫而不张口，具备这些特征则为破伤风。

⑥ 注意“米身子”猪（痘猪）：“米身子”猪，在兽医学上称为囊虫猪，表现为前宽后窄，前高后低，叫声沙哑，眼球向外突出。

⑦ 防止“水肿”猪：表面看上去膘满肉圆，但仔细观察发现猪脖子粗，用手按压时压痕明显，眼结膜苍白，隐约含泪。

⑧ 注意腹泻猪：可见肛门周围和两后腿被粪尿污染，一般是因患胃肠疾病。

第二节　实行科学的饲养管理

加强饲养管理，是综合防治猪病的首要措施。实践表明，饲养管理搞得好的猪场，发病极少，即使患病，也较易痊愈。因此，实行科学的饲养管理，对增强猪抗病能力，防止猪病的发生及患猪的康复均具有十分重要意义。

一、合理分群

应按品种、性别、年龄、体质强弱等将猪进行组群，保持适宜的饲养密度，分圈管理，分槽饲喂，保证其正常生长发育。同一群猪内体重差不宜过大，小猪不超过 3～5kg，架子猪不超过 5～10kg 为好。分群后要保持相对稳定，一般不要任意变动。一般每头未断奶仔猪占圈栏面积 0.7m^2，育肥猪每头 1.2m^2。每群以 10～15 头为宜。冬季可适当提高饲养密度，夏季适当降低饲养密度。

二、供给合理全价饲料及充足、清洁的饮水

猪属杂食动物，对饲料具有广泛适应性，但任何单一的饲料均不能满足猪生长发育要求，且不同饲料的消化率及适口性也存在一定差异。因此，科学合理搭配饲料，对提高猪的生产性能和抗病能力均具有重要意义。

猪饲料要求营养配比均衡，合理调制，科学饲喂。饲喂应做到“三定”：即定时、定量、定质。避免饲喂腐烂、发霉变质及刚喷过农药的饲料；避免突然变更饲料种类及饲料量。

保证供给猪只充足、清洁的饮水，避免供给污水或死水。有条件时，最好用自动饮水设施供水。

三、保证环境卫生

养猪场的环境条件是决定养猪业经济效益的重要因素，集约化养猪场必须高度重视养猪场的环境建设，不但场址选择及布局要合理，而且养殖场内的环境也应适宜。猪舍应具有良好的保温隔热性能，良好的通风条件及良好的排污能力。

经常洗刷猪食槽，并放在太阳下曝晒，或用烧碱液消毒；每天清洁圈舍，保持舍内卫生和猪体清洁；建立严格的消毒制度，定期消毒舍内外及各种设备，建立合理防疫措施；为防止孳生蚊蝇，场内不要留大水池，地势尽量保持平整、干燥，不用的缸、罐等易积水容器应倒放，排污沟要加盖水泥板；生产区、生活区和办公区应严格分开，并保持一定间距；实行人道和猪道分开，排水通路与排污通路隔离。

蚊蝇等是猪传染病的重要传播媒介，因此，杀灭这些媒介昆虫和防止其出现具有重要意义。常用杀虫方法可分为物理学、化学和生物学方法。物理方法除拍打、捕捉外，电子灭蚊器有一定应用价值。化学法可使用有机磷杀虫剂或拟除虫菊酯类杀虫剂，也可用蝇蛆净拌料。生物学方法主要是做好粪便堆积发酵。

鼠在传播疾病中的作用也不容忽视。一般可在鼠场出没的地方撒布毒饵，或在鼠穴内注入氯化苦（三氯硝基甲烷），以达到灭鼠目的。

四、加强哺乳期母猪和仔猪饲养管理

（一）哺乳母猪的饲养管理

母猪刚分娩后处于高度的疲劳状态，消化机能弱，开始应喂给稀料。哺乳母猪由于分泌乳汁消耗大量营养物质，因此要及时满足泌乳母猪所需要的各种营养物质。一般，母猪产后第 4 天起自由采食，有利于泌乳和身体健康。供给的饲料应营养丰富、易消化、适口性好，严禁饲喂发霉变质和有毒饲料，有条件时可加喂优质青绿饲料。

哺乳母猪应饲养在温度和湿度适宜、卫生清洁、无噪声的圈舍内。冬季要有保暖设施，夏季应注意防暑降温。雨季应注意防潮。经常观察母猪的采食、排泄、体温、皮肤黏膜颜色及乳房颜色。此外，可根据传染病流行情况进行免疫接种。

注意保护母猪的乳房和乳头。圈舍应平坦，去掉尖硬突出物，防止损伤母猪乳房和乳头。

（二）仔猪的饲养管理

仔猪出生后，应采取保温措施，按照体重、体质进行固定乳头。仔猪出生后一周内，将不做种用的雄性仔猪去势。为锻炼仔猪消化器官的消化能力，可在7日龄左右开食适时补料，在饲料中添加益生素、抗生素、中草药保健添加剂等。同时，根据本地区传染病的流行情况和本场血清学检测结果，适时接种疫苗。

仔猪采用全进全出制度，保育舍使用周期为4～6个月。保育舍内应温度、湿度适宜，空气良好，隔离设施完备，防疫消毒制度化。根据消化系统和免疫系统的成熟程度、保育舍环境条件等，选择适宜时间断奶，一般在3～5周龄时断奶。但仔猪培育技术不成熟或环境条件较差的猪场不得早于4周龄，但不能晚于6周龄。

仔猪断奶后，应给予营养丰富且易消化饲料，保证随时供给清洁饮水，并提供良好的环境条件。在仔猪60～70日龄时，注射猪瘟、猪丹毒、猪肺疫等疫苗，并在转群前驱除体内、外寄生虫。

五、发病后采取的措施

猪群一旦发生传染病，必须坚持“早、快、严、小”的原则，即发现疫情要早，并及时向动物防疫部分报告，尽快采取防治措施，封锁隔离消毒要严，封锁区尽量要小，及时采取紧急防治措施。对假定健康猪、疑似猪、患病初期的猪及邻近受感染的猪，应进行紧急预防接种。发生人畜共患病时，需同时报告卫生部门。

患猪经隔离后，有治愈希望和治疗价值的可进行治疗，否则需扑杀。对于尸体应妥善处理，对不能煮熟食用的要进行高温无害化处理或深埋，绝对不能将病死猪乱丢在池塘及田野中，更不能出售。

在最后一头病猪淘汰或痊愈后，需经该传染病最长潜伏期的观察，不再出现新病例时，并经彻底消毒后，方可撤销隔离。

六、全进全出，合理转群

规模化养殖场应保证猪群的批量生产，整齐一致，全进全出。因此，在饲养管理过程中，根据不同生长阶段的营养需要确定饲料标准，实行早期断奶，形成天然的同期发情、同期配种和同期产仔，即同龄猪同期进舍，同期出舍。转群时，掌握转出和转进的时间、数量，做到合理过渡。猪舍转群应注意空圈一周进行冲洗、消毒、杀虫、灭鼠等工作，这是消灭病原体、清除外界环境的传播因素及切断传染源途径的重要方法。

七、建立监测制度，重视群体保健

对假定健康猪群，进行临床检测、病原检测及抗体检测，找出各种隐患和携带病原体的个体，然后有针对性地调整全场猪群的饲养管理制度和免疫预防措施。

群体保健的重点是妊娠前期和后期、哺乳期、保育期的猪群。要经常巡视检查猪群的体况、体温、毛色、粪便、姿势、饮食、饮水、生长状况等，通过定时巡视、认真检查、详细记录、如实汇报，全面掌握猪只生产状态，及时发现问题，有针对性地调整日粮营养水平、改善猪舍环境条件、加强日常饲养管理及制定药物保健计划等，使猪只保持良好的生理状态，减少患病的风险。

第三节 制定严格的防疫制度

任何一个养猪户或养猪场，均应根据国家相关部门的规定建立严格的防疫制度。

一、猪场应首先选择好场址

猪场的场址应建筑在地势高、向阳、背风、水质好、水源充足、排水便利、供电方便，离公路、河道、村镇、工厂、学校500米以外处。

猪舍四周应筑围墙，场内生产区、行政区、生活区隔开，粪便发酵池最好设在围墙外。猪舍的建筑应有利于对猪小气候的控制和防止疫情传播，主要应满足猪对温度和湿度的要求，创造一个卫生舒适的环境。

二、建立完善的猪场防疫管理制度

（一）人员管理

猪场大门应设专职管理人员，负责管理往来人员、车辆消毒等工作。猪场大门口及生产区入口和各栋猪舍门口应设消毒池，消毒药物常用2%烧碱，并指定人员负责。

外来人员和非生产区人员未经许可不得进入生产区，无论是外来人员和猪场工作人员，经允许进入猪舍者，必须更换工作服、鞋、帽，彻底消毒后方可进入。

饲养人员要固定，不要互串猪舍，用具和所用设备要固定本舍使用。生产区工作人员家中不准养猪，饲养人员不准外购肉类制品进场。此外，出售猪时应在场外进行。

（二）环境管理

猪场应做好内外环境的管理，特别是场内环境的管理。如训练幼猪定点排粪便，猪舍每天定时清扫粪便，并将粪便送发酵池处理或堆肥发酵；不准饲养人员随地大小便，防止猪吃人粪引起疫病的发生；食槽每天必须清洗1次；猪舍内外每天清扫1次，饲养用具定期清洗消毒；保持清洁，务必做到猪栏净、猪体净、食槽净、用具净。

（三）外来动物的管理

猪舍必须消灭老鼠、蚊虫、苍蝇。老鼠、蚊虫、苍蝇是许多疾病病毒、细菌的传播媒介，是很多传染病和寄生虫病的传播者。防止猫、狗等动物进入猪舍，污染饲料，以利于截断疾病的传播途径。如老鼠在猪伪狂犬病的传播中起重要作用，猫对于猪弓形虫病的传播具有重要作用。

（四）执行常规的消毒工作

1. 场区的消毒

猪场应制定一套系统的消毒制度，并严格执行。选择效果好、毒副作用小的消毒药，定期对场区消毒，注意不能留死角。猪场大门口的消毒池中的消毒药水要定期更换，经常保持有效浓度。

2. 猪舍的消毒

根据猪场的特点，最好对各类猪实行“全进全出”的消毒方法。即每批猪转出后至下批猪转入该舍前，应把前批猪留下的粪尿、垫草、剩料、污物、饮水等全部消除干净。然后用水彻底冲洗地面、走道、饲槽、圈栏及用具等，待晾干后，再用消毒药进行严格消毒。必要时要按猪舍面积每立方米用 14g 高锰酸钾和 28mL 福尔马林混合，进行密闭熏蒸 48 小时，5～7 天后方可进猪。

3. 产房的消毒

对于一个猪场，产房是较为特殊的区域，应严格执行消毒措施。如地面和设施经冲洗干净，干燥后用福尔马林熏蒸 2 小时，再用消毒药消毒一次，然后用净水冲去残药。母猪进入产房前应做体表清洗，可选用 0.1％高锰酸钾溶液对外阴和乳房消毒。新生仔猪断脐后用碘酒消毒，用消毒毛巾擦去鼻、嘴上黏液。

4. 定期驱虫

大约有 60 多种寄生虫可以寄生于猪，在管理较好的现代化猪场流行的寄生虫主要有：线虫、猪疥螨、猪血虱和原虫。通常，选用合适的抗寄生虫药是寄生虫防治成功的关键。优良的驱虫药应具备以下条件：广谱、高效、安全、持效时间长、使用方便。目前常见的驱虫药有：左旋咪唑、丙硫苯咪唑、苯硫苯咪唑、阿维菌素、伊维菌素、多拉菌素（通灭）。首次执行寄生虫控制程序的猪场，应首先对全场猪进行一次彻底的驱虫。

5. 杜绝饲喂有害的饲料

猪因采食有害的饲料会引起中毒，因此，猪场应选取新鲜、无害的饲料，做好饲料的贮存、调制等工作。目前，特别要注意防止饲喂发霉的饲料。如发现饲料中毒，应立即停喂饲料。

6. 病、死猪的处理

对于病死猪的处理，应主要做到以下几点：

① 猪场发现病猪要及时隔离饲养，并及时诊治，防止疫病扩散。

② 死猪一律烧毁或深埋，并清除病死猪场地粪、尿、排泄物，现场可用2%～4%的烧碱水进行彻底消毒。

③ 急宰的传染病猪或疑似传染病的皮肉、内脏、头蹄等，须经兽医检查，根据规定分别做无害化处理。

④ 需要剖检猪，不允许在猪场内进行，必须在指定地点，剖检后对场地及污染物也必须严格消毒。

第四节 免疫接种失败的原因与对策

对于猪来说，免疫失败就是猪群或猪只进行了免疫接种，但不能获得抵抗感染的足够保护力，仍然发生相应的亚临床型疾病，甚至临床型疾病。免疫后，猪群或猪只抗体水平或细胞免疫水平不能达标，保持持续性感染带毒状态，都属于免疫失败。猪群的免疫效果受疫苗、猪群、病原、环境等多种因素的影响，导致猪群免疫失败的因素很多。

一、免疫失败的原因

1. 各种原因导致的免疫剂量不足

疫苗如不进行正确地保存、运输、使用，就可能引起免疫剂量不足，导致免疫失败。

(1) 疫苗保存不当　弱毒冻干苗长时间在室温下放置，特别是在炎热夏季，会造成免疫失败。实践证明，猪瘟兔化弱毒冻干苗，在0～8℃只能保存6个月，若放在25℃左右，至多10天即失去了效力。一些冻干苗在27℃条件下保存1周后有20%不合格，保存2周后60%不合格。含氢氧化铝胶的灭活苗冻结后其免疫力降低。

(2) 疫苗稀释或使用不当　疫苗稀释不当会造成免疫失败。有些疫苗和稀释液内可能含有能灭活其他弱毒苗的防腐剂，在同一支注射器内混合使用多种疫苗，就会导致活苗失活。稀释的疫苗在使用前未振摇均匀，稀释后的疫苗未及时使用等，都可能使疫苗免疫失败。如猪瘟兔化弱毒疫苗在稀释液的 pH 值超过 7 时很容易失活。

选用针头不当也会造成免疫失败。如注射小猪群使用孔径大的针头，药液溢出；注射大、中猪群使用的针头过短，低于脂肪厚度，疫苗不能直接进入肌层，停留在皮下脂肪内，不能发挥抗原的效力。

此外，注射部位涂擦酒精、碘酊过多，或使用 5%以上的碘酊消毒皮肤，这对活疫苗有破坏作用；或包裹注射针头外的棉花酒精湿度过大，酒精渗进针孔损坏活疫苗活力；或使用其他化学消毒剂处理过的注射器或针头如果有残留的消毒剂也会使弱毒苗灭活。

2. 疫苗毒株的血清型不包括引起疾病病原的血清型或亚型

目前发现，口蹄疫病毒有 7 个血清型，80 多个亚型。该病毒易变异。新的亚型在不断出现，型间互不交叉保护，或型内各亚型间仅有部分交叉保护。若口蹄疫疫苗毒株的血清亚型不包含流行的口蹄疫病毒的血清亚型，则可引起免疫失败。

而猪的 A 型流感病毒 HA 有 15 个亚型，NA 有 9 个亚型。现在分离的猪流感病毒有 H4N6、H3N2、H1N2、H5N1 与 H1N1 等毒株；胸膜肺炎放线杆菌至少有 12 个血清型；猪链球菌荚膜抗原血清型有 35 种以上。如果疫苗毒株（或菌株）的血清型不包括流行病原的血清型，则引起免疫失败。

3. 佐剂的应用不合理，忽视黏膜免疫

通过给猪皮下或肌内注射不含佐剂或含一般佐剂的灭活苗（包括油苗），可刺激机体免疫系统产生 IgM 和 IgG 类抗体，但引起的细胞免疫较弱，保护黏膜表面的 IgA 生成很少，不能控制肠道、呼吸道、乳腺、生殖道等黏膜表面感染。控制黏膜表面感染，需要依靠细胞免疫、分泌型 IgA 的作用。使用弱毒苗或高效佐剂的死苗则可引起细胞免疫、黏膜免疫。如猪肺炎支原体灭活疫苗，对佐剂的要求则相对较高。

4. 疫苗受到污染

有些疾病是通过接种疫苗的途径暴发的。如使用牛病毒性腹泻病毒污染的小牛血清制作的弱毒苗，可导致猪群的牛病毒性腹泻病毒感染。牛病毒性腹泻病毒污染了猪瘟疫苗，可抑制猪体内猪瘟病毒中和抗体的产生。

5. 强毒株流行、持续性感染猪长期带毒、排毒，或病原发生

变异

强毒株流行，持续性感染猪长期带毒、排毒是免疫失败的重要原因，如猪瘟这方面的问题导致的免疫失败。怀孕母猪感染猪瘟强毒株、野毒株后，由于这些毒株可通过胎盘而造成乳猪在出生前即被感染，发生乳猪猪瘟。

猪流感病毒易发生变异。由于动物群体免疫压力，动物群中流行毒株为逃脱中和抗体的作用可发生抗原漂移。由于A型流感病毒含有8个独立的RNA节段，如果有两种毒株共同感染一个个体，在复制时，它们就可交换彼此的RNA节段，通过基因重排产生含有来自不同亲本基因的新毒株，发生抗原转变，这就是世界各地不同时期流行的猪流感病毒H亚型不同的主要原因。

6. 免疫程序不合理

(1) 给已怀孕母猪接种弱毒苗，弱毒苗有可能进入胎儿体内，胎儿的免疫系统未成熟，导致免疫耐受和持续感染。有的可引起流产、死胎或畸形。

(2) 如果在免疫期间猪群遭受感染，疫苗还来不及诱导免疫力产生，猪群就会发生临床疫病，表现为疫苗免疫失败。由于在这种情况下，疾病症状会在接种后不久出现，人们就会误以为是由疫苗导致的发病。

(3) 未对猪群免疫力进行及时监测，对接种后未产生保护性免疫力或抗体水平低于临界值的猪只未进行及时补免，造成免疫空白，一旦强毒感染，就会导致发病。

(4) 由于仔猪体内尚残留部分母源抗体，能干扰疫苗的免疫力，免疫时间较短，抵抗不住野毒的侵袭而得病，导致免疫失败。

7. 猪体的免疫功能受到抑制

(1) 自身的免疫抑制　猪只发生遗传性免疫抑制疾病或猪只衰老均可导致免疫抑制。

(2) 营养性免疫抑制　营养不良、维生素和某些微量元素的缺乏或过多均可导致免疫功能受损。例如，维生素A缺乏会导致淋巴器官的萎缩，影响淋巴细胞的分化、增殖、受体表达与活化，导致体内的T淋巴细胞、NK细胞数量减少，吞噬细胞的吞噬能力下降，B淋巴细胞的抗体产生能力下降。

（3）毒物与毒素所引起的免疫抑制　真菌毒素、重金属、工业化学物质和杀虫剂等可损害免疫系统，引起免疫抑制，即使在不使猪群发生中毒症状的剂量下，就能使猪群易发感染性疾病。饲料中的黄曲霉毒素可降低猪对猪瘟的免疫力，并由于继发沙门氏菌而加重临床症状，增加口腔接种猪痢疾密螺旋体的易感性。

（4）药物引起的免疫抑制　免疫接种期间使用了免疫抑制药物，如地塞米松、氯霉素，可导致免疫抑制。因此必须限制使用可抑制机体免疫反应的药物，特别是在机体免疫接种期间。

（5）环境应激引起的免疫抑制　应激因素如过冷、过热、拥挤、捕捉、混群、断奶、限饲、运输、噪声和保定，导致血浆皮质醇浓度显著升高，抑制猪群免疫功能。

（6）病原体感染所引起的免疫抑制　引起免疫抑制的感染因素很多：猪肺炎支原体感染损害呼吸道上皮黏膜纤毛系统，引起单核细胞流入细支气管和血管周围，刺激机体产生促炎细胞因子，降低巨噬细胞的吞噬作用，引起免疫抑制。

猪繁殖与呼吸综合征病毒损伤猪体的免疫系统和呼吸系统，特别是肺，感染肺泡巨噬细胞或单核细胞，引起免疫抑制。人工感染猪Ⅱ型圆环病毒和猪繁殖与呼吸综合征病毒，可出现猪多系统瘦弱综合征(PMWS)。在猪肺炎支原体免疫时或免疫之后，感染猪繁殖与呼吸综合征病毒将降低猪肺炎支原体的免疫效果。

猪伪狂犬病病毒能损伤猪肺的防御体系，抑制肺泡巨噬细胞的功能。如伪狂犬病病毒可在单核细胞和肺泡巨噬细胞内进行复制并损害其杀菌和细胞毒功能。猪细小病毒也可在肺泡巨噬细胞和淋巴细胞内复制，并损害巨噬细胞的吞噬功能和淋巴细胞的母细胞分化能力。胸膜肺炎放线菌的细胞毒素对肺泡巨噬细胞有毒性。

（7）免疫前已感染了所免疫预防的疫病或其他疾病，降低了机体的抗病能力及对疫苗接种的应答能力　猪群免疫功能受到抑制时，猪群不能充分对免疫接种做出应答，甚至在正常情况下具有较低致病性的微生物或弱毒疫苗可引起猪群发病，使猪群发生难以控制的复发性疾病、多种疾病综合征，猪只死亡率增加。

8. 免疫干扰

（1）已有抗体和细胞免疫的干扰　体内已有抗体的干扰：如母源

抗体的存在，可使仔猪在一定时间内被动得到保护，但又给免疫接种带来影响。

（2）免疫的病原微生物之间的干扰作用　同时免疫两种或多种弱毒苗往往会产生干扰现象，干扰的原因可能有两个方面：一是两种病毒感染的受体相似或相等，产生竞争作用；二是一种病毒感染细胞后产生干扰素，影响另一种病毒的复制。

（3）药物的作用　药物除能直接引起免疫抑制外，还可能影响弱毒疫苗微生物本身。在使用由细菌制成的活苗时，猪群在接种前后10天内使用敏感的抗菌类药物，易造成免疫失败。将病毒苗与弱毒菌苗混合使用，若病毒苗中加有抗生素则可杀死弱毒菌苗，从而导致免疫失败。

9. 免疫耐受

如在胚胎期或新生期淋巴细胞尚未发育成熟的阶段，接触了抗原，那么，出生后都可以特异性抑制对这种抗原的反应。发生特异性免疫耐受后，对疫苗病毒感染不产生免疫反应。但是，受到野毒感染后可发病，如仔猪胚胎在妊娠早期发生先天性感染，仔猪产后对猪瘟病毒具有免疫耐受现象，尔后遭到猪瘟强毒感染后发生猪瘟。

10. 免疫麻痹

使用疫苗的免疫剂量过大，机体免疫应答就会受到抑制，发生免疫麻痹。超大剂量活疫苗感染在免疫抑制的情况下甚至可导致猪只发生临床疾病。

二、提高疫苗免疫效力的对策

1. 加强兽医技术人员的技术培训工作

对防疫员、兽医员等严格实行资格证管理制度。强化培训工作，提高相关从业人员的素质，增强工作责任心。做到科学、合理、规范使用疫（菌）苗，提升防疫技术人员的技术水平。

2. 加强饲养管理，提高动物抗病能力

进行免疫接种的猪群必须具有良好的健康体况，有条件的养猪场应实行全进全出的养殖模式，严格消毒管理，提供全价营养，避免各种环境应激。

饲喂猪只营养全面均衡的营养物质，特别是保证维生素和矿物质等微量元素的含量，使猪只维持正常健康的体况。在免疫时可适当选用免疫增强剂，如0.1%亚硒酸钠、维生素E，及一些具有免疫增强作用的中药制剂。

合理安排猪只密度，加强圈舍通风，适当增加猪只运动来增强猪只抗病力，要注意减少对猪只的应激因素。做好圈舍清理和消毒工作，定期对猪只饲槽、饮水器具、饲喂工具、猪舍以及猪只进行消毒，消毒一定要彻底，不留死角，消灭蚊蝇鼠害，做好对疫病的扑杀和封锁。

此外，用活疫苗免疫的前后一周内禁止使用抗生素和磺胺类药物，以免影响免疫效果。

3. 制定科学合理的免疫程序

养猪场（户）不应照搬套用其他场的免疫程序。应根据本场、本地实际情况制定科学合理的免疫程序，选购由正规厂家生产，从正规渠道购入的疫苗。加强兽用疫（菌）苗管理，依法运输、储藏、经营、使用疫（菌）苗。

如初免时间太早，动物免疫器官未发育成熟或受较高母源抗体的干扰，影响抗体的产生；免疫过晚，造成未免疫时已感染，错过免疫最佳时间；因不同疫苗产生的免疫期不同，不严格按免疫程序也将影响免疫效果。所以我们应根据厂家推荐的免疫程序，结合当地猪传染病流行特点、规律和发展趋势，最好根据抗体监测水平制定免疫程序。

当发生猪瘟、口蹄疫等急性传染性疫病时，还要对猪只进行紧急预防接种，尽快控制和扑灭疫病。

4. 正确选择疫苗

选择具有GMP认证的企业生产的、具有GSP认证的销售部门销售的疫苗。疫苗有两大类型：弱毒苗、灭活苗。

（1）弱毒苗保存和运输要求低温、避光、严防日晒，否则就会失效。接种弱毒活苗时要在使用前后1周内禁止使用对疫苗敏感的药物、激素制剂，如氟苯尼考、庆大霉素、喹乙醇、莫能菌素、地塞米松、氢化可的松、强的松等，并避免用消毒剂。疫苗使用时应先做小群试验，防止造成不必要的损失。

（2）灭活苗包括油乳剂、蜂胶佐剂、氢氧化铝佐剂等，常温下可短期保存，以2～8℃避光保存效果最佳，不能受阳光照射，也不可冻结，使用前要将其回升至室温25～35℃并充分摇匀。如注射时疫苗温度过低，注射疫苗后10～20天会发现注射部位有大小不等的肿块，切开肿块，内包白色乳状液体。

有些病原微生物有多个血清型，如果疫苗的血清与感染的病毒或细菌血清不同，免疫后则不能起到保护作用。

购买疫苗时，要仔细检查疫苗的瓶壁是否破裂、瓶签上的批准文号、生产批号、生产规格及有效期是否清楚，还要认真阅读使用说明书，要弄清楚疫苗的保存、运输及使用方法。

在购买少量疫苗时，可使用放有冰块的保温箱（瓶），大量运输时使用专用的冷藏车。购回的疫苗要在疫苗规定的存放条件下保存，要避免阳光照射，防止活苗在高温下被灭活。

5. 选用最合适的途径进行免疫接种

猪场应根据指定的要求，选用最合适的方法进行接种，不能盲目改变，以确保免疫效果和避免不良后果。如猪的肠炎腹泻二联苗以后海穴注射为最好，其他多种疫苗以耳后肌内注射为主要途径。

6. 确定最佳的免疫接种时间

使用疫苗时，应该根据季节选择免疫时间，炎热的夏季应在早晚比较凉爽的时间进行免疫，冬季选择上午或中午比较温暖的时间进行免疫；在接种疫苗前两天可在饮水中添加多维电解质，以减轻免疫对猪的应激。

7. 检查猪只体况

免疫接种前，要详细地检查猪只的健康状况。一般初生哺乳仔猪可由母体获得母源抗体，为防止干扰母源抗体和防止减弱仔猪免疫应答，所以不应过早地接种疫苗。

对于妊娠初（后）期母猪、患慢性病、体质弱小和刚刚进行去势的伤口未愈合的猪只，在不受到疫情威胁时也可以暂时不进行免疫接种。

对于新引进的断奶仔猪，最好按照免疫程序在购猪前一周于原场进行首免；未进行免疫的猪只进场入栏过程中也不应立即注射疫苗，在隔离结束后根据情况进行注射接种。

8. 做好猪群的免疫监测

制定免疫程序要依据当地的疫情、猪群的免疫状态、本场的饲养管理等实际情况，做好猪瘟母源抗体水平监测，以确定首免时间。定期监测猪群猪瘟病毒、猪伪狂犬病病毒、猪繁殖与呼吸综合征病毒、猪细小病毒等血清抗体，以确定猪群群体免疫力和野毒感染情况，为制定免疫程序提供依据。

猪群的免疫接种时间应在疫病流行期之前进行。另外，要注意猪体的抗体水平，包括母源抗体水平。如果猪群存在较高水平的抗体，如母源抗体会极大地影响疫苗的免疫效果。

9. 规范地使用疫苗

使用疫苗前要检查疫苗瓶上的标签是否完整，玻璃瓶有无破裂，疫苗状态是否正常，只有均正常的才可使用。弱毒冻干苗或需要稀释后才能使用的疫苗，刚取出时要放置一段时间待到与稀释液温度相近时，再按照疫苗使用说明书加入专用稀释剂进行稀释，防止疫苗由于温差变化过大而失活。

（1）正确选择注射针头　注射针头过长（或细）时，针头易弯折、不易推药；注射针头过粗（或短）时，不能达到指定注射深度；针口过大，药液注射过快易引起倒流渗出，使注射剂量不足。因此要选择适宜的针头，然后按照说明书注射剂量来吸取药液，按照正确的方法进行注射。注射接种时要保证每注射一头猪，更换一次消毒针头。

（2）对注射部位严格消毒　在进行注射前要对注射用具进行彻底消毒，还要对注射部位用2%～3%的碘酊消毒。如果局部消毒药碘酊涂得太多，与疫苗接触，注射时由针头带入，会影响到疫苗的免疫效力。

（3）采取正确的注射方法　注射时要分清皮下注射和肌内注射，要杜绝注射时“打飞针”。如给母猪颈部肌内注射疫苗，注射器针头（35毫米长）应呈水平刺入颈部。注射器针头若不呈水平刺入猪的颈部，易将疫苗注入皮下脂肪层，降低免疫效果。

（4）做好应激处理　在免疫接种后，有时会出现猪体温升高、发抖、呕吐等症状，一般可自行恢复。较严重的过敏反应要立即注射地塞米松或0.1%～0.2%的肾上腺素1mL来缓解过敏反应。

（5）正确稀释疫苗　需要稀释后使用的冻干疫苗，要用规定的稀释液稀释。稀释液不得含有异物，并须在冷暗处存放。稀释后的疫苗要振荡均匀再抽取使用；稀释后的疫苗要及时在规定的时间内使用。严禁使用热水、温水及含氯离子、铁离子、消毒剂的水稀释疫苗，疫苗稀释液的选择不当，则影响免疫效果。

(6) 疫苗开瓶后应尽快用完　吸取疫苗时，使用固定的针头而不能用已经与猪接触过的针头，而且已吸出的疫苗不能再回注瓶内，以防污染。已经打开瓶塞或稀释过的疫苗，必须按照疫苗使用说明当天用完，一般开启稀释后的疫苗，在气温15～27℃下应于3小时内用完。

10. 正确保存疫苗

多数冻干苗要求在－15℃下保存，温度越低，保存时间越长。一些国家的冻干苗中加入了耐热保护剂可以在4～6℃保存。灭活油苗一般保存在2～8℃，不能过热，也不能低于0℃。

运送过程中，如果是活苗需要低温保存的，可先将其装入盛有冰块的保温瓶或保温箱内运送，避免高温和直射阳光。在运输过程中未坚持"苗随冰行，苗完冰未化"的原则，特别是在高温天气，往往使疫苗失效。

第五节　猪病的土法预防措施

我国传统兽医学对于防治猪病的根本方针是"未病先防"、"既病防变"和防重于治。"未病先防"就是在猪未发病前，采取各种有效措施，预防猪病的发生。除在平日里做好猪群综合管理，改善猪群饲养和生活环境外，还适当地采用中药调理，并随四季更替，结合地域、环境的改变饲喂不同药物以提高猪体抗病能力，同时，在瘟疫发生时采用药熏或预防给药的方法以防止疾病的发生。"既病防变"是猪群已经患病，则应及早诊断，及早治疗，防止其向深、重发展和传变。

一、传染性疾病的土法预防

(一) 环境预防

许多中草药具有芳香避秽、除湿防病作用，每当瘟疫流行时，许多老百姓都会采摘这些药物，将其点燃烟熏棚舍，以达到防止疫病感染的目的。这些药物包括艾叶、白芷、辛夷、紫苏、菊花、石菖蒲、苍术、雄黄、硫磺、板蓝根、大青叶、陈皮、木香、青皮、青蒿、苦参、射干、威灵仙、百部、龙葵草、土荆芥、柏树枝叶、桉树叶、香樟树叶、柳树枝叶、松树枝叶、回回蒜、蓖麻叶、地陀罗、苦檀、桃叶、核桃叶、番茄叶、苦楝、蒺藜、白癣皮、苍耳草、皂荚、辣椒、百里香、浮萍等等。在瘟疫发生之前，封闭厩舍，点燃这些药物，烟熏一定时间，有一定的防病除疫效果，特别是对于呼吸道疫病，有较好预防效果。这些药物，新鲜时也可煎浓汁喷洒厩舍、猪体或用具，也具有一定的防疫作用。

（二）消化道途径预防

这是中草药预防疾病的最主要的途径，大部分药物都可以通过这种途径用药而发挥作用。这种方法是将药物研碎冲服、浸泡、煎煮、拌料或直接喂饲，通过消化道吸收而发挥作用。还可根据季节不同，喂服蒲公英、车前草、西瓜皮等草药预防时疫等。

如贯众10g、苍术5g、双花10g、大蒜2个切片，装入纱袋浸入泔水缸即可，长期使用可预防猪瘟。胡椒5～10g研成细末，在产前和产后喂给母猪，每天5g，可有效预防仔猪黄、白痢疾。双花200g，研末，在母猪产前和产后两天内拌饲料中喂服，对仔猪黄白痢疾有防治双效。神曲、马齿苋、凤尾草、樟叶、双花（干品）各100～150g，水煎取汁，拌饲料中喂服仔猪，连续2～4天，可有效仔猪传染性胃肠炎。葱白200g、生姜120g，加水煮沸，用热气熏猪口鼻，或用野菊花、蒲公英、板蓝根、三叉、防风各150g，薄荷30g，水煎取汁拌料，分3次喂服，连续2～3天，均可有效预防猪流行性感冒。茯苓皮、白术、白茅根各20g，板蓝根、瞿麦、连翘、黄连各10g，研末拌料，母猪产后第一天开始每天6～10g，连续30天，可有效预防仔猪水肿病。鲜大青叶60～100g，拌入饲料中饲喂，连续5～7天，对猪弓形虫病有预防和缩短病程作用。贯众、石菖蒲、白矾、厚朴等量混合，加适量水浸泡1～2小时候放饲槽内喂服，可有效预防猪肺疫。

另外，还有很多药物，既可作为青饲料，也有较好的防治疫病的作用。如马齿苋、蒲公英、车前草、葎草、钩藤、龙胆草等。而沸石、麦饭石、腐植酸钠、膨润土等则常作为饲料添加成分，用于增强猪体抵抗力，预防疾病。

二、非传染性疾病的土法预防

传统的土法，不仅可以预防传染性疾病，对于非传染性疾病，也有很好的预防作用。事实上，上述的环境预防，也不仅仅只对传染性疾病有作用，对保证环境卫生，保证猪群健康，也有一定的作用。土法对非传染性疾病的预防，很多体现在日常饲养和管理的点滴之中。

如，老百姓预防仔猪缺铁性贫血，一个很重要的方法就是在栏内放一些黏土、红黏土、煤炭，让猪自由拱食。用狗骨头灰、牛骨头灰、鸡蛋壳、煤煎水灯饲喂母猪，可以有效预防母猪产后瘫痪，产前产后饲喂对仔猪腹泻还有一定预防作用。大黄切片后纱布包扎好，吊水缸中，7天一换，可以有效预防猪中暑。将西瓜皮和绿豆汤投喂猪群，也有很好的防暑降温作用，而且可防治坏血病等。将海带500g、蛋壳100g、骨粉100g、牡蛎30g、食盐（炒）10g，打碎，每次喂猪时抓50～100g拌入饲料饲喂，可以有效预防仔猪软骨症和佝偻病。海带500g、新鲜肉骨1000g，煮熟后分3次喂服母猪，可有效预防母猪产后厌食。

第三章 猪病的诊疗方法

猪病按其发生原因大致可分为传染病、内科病、外科病、产科病、寄生虫病和中毒病等。种类繁多，情况复杂。有时即使是同一疾病，其症状也可能不同；而不同的猪病，也可能有相同的症状；再加上个体差异及诸多外界因素的影响，使疾病临床诊断更为困难和更显重要。这就要求我们诊断猪病时，必须将临诊掌握的材料分清主次，抓住主要的和特殊的病状，综合分析、判断，才能做出较为确切的诊断。

猪病的诊断有多种方法，主要概括为临床基本诊断法，临床剖解诊断法，临床实验室诊断法，药物诊断法以及特殊诊断法等。其中临床基本诊断和实验室诊断较为常用。

第一节 猪病诊断的基本方法

对病猪进行直接的诊查是当前最基本的临床检查法，它主要包括视诊（望诊）、闻诊（听诊、叩诊、嗅诊）、问诊、触诊以及体温检查等。因为这些方法简单、方便、易行，通常不受检查场所和条件的限制，且可直接地、较为准确地判断出猪病的病理变化，所以一直被广泛的使用。

一、望诊

望诊也即视诊，就是用肉眼察形观色，观察猪群和病猪的神、色、形、态以及分泌物、排泄物等。包括对整体和局部的观察。整体状态，如发育的程度、营养状况、体质强弱、卫生条件、精神的沉郁或兴奋、姿势与运动行为等。局部状态，如可视黏膜的颜色、口鼻部的炎症或分泌物、阴部或肛门的分泌物以及肢蹄部的完整度或脓肿等。

（一）望全貌

包括观察猪体的精神、形态、皮毛以及营养状况等。

1. 望精神及营养状况

精神是猪生命活动总的外在表现。健康的猪精神活泼，体圆毛滑，自行掘土觅食，眼睛有神，对外界反应灵敏。患病猪则精神不振，目光呆滞，走路迟缓、不稳或喜卧一角，头垂耷耳，尾不摇，被毛粗乱等。

例如僵猪，常表现精神不佳，皮毛粗乱，体格瘦弱，弓背吊肚，头大尾粗，行动缓慢，生长迟滞。如患有癫痫病或脑炎（链球菌性脑膜脑炎、乙型脑炎）的猪，常表现眼突然偏视，眼球转动，先口角痉挛，逐渐移向后方，口吐白沫、尖叫，继而眩晕倒地，全身肌肉痉挛，四肢乱蹬抽搐。如猪注射疫苗或某些药液后不久，突然兴奋不安、口吐白沫、间歇痉挛，甚至倒地，则可能是过敏反应。此外，猪表现出兴奋与抑制现象还可能与神经型弓形虫病、李氏杆菌、狂犬病、破伤风、仔猪水肿病、维生素 A 缺乏、食盐中毒、有机磷中毒等有关。

2. 望躯干、形姿

猪的躯干、形态或姿势等的异常在一定程度上反映了猪体的健康状态。健康猪的猪尾不断翻卷或摆动，腰背平直端正、运动灵活协调，背部左右对称，腹部平整，呼吸与胸部协调运动。

腹部异常主要反映胃肠及消化功能等病变，而腰部病变多反映肾功能的变化。若腹部容积缩小，骨瘦如柴，体质弱，主要见于营养不良、慢性肠炎、维生素缺乏、慢性气喘病、僵猪等；若腹部显著膨胀，呼吸困难，甚至发生腹痛，常见于胃扩张、肠臌气等；若腹围增大，有努责排尿姿势，多见于尿潴留等；若猪采食减少，饮水增加，腹围逐渐增大，呻吟，回头望腹，排便困难，见于猪便秘；如四肢下部浮肿，尿量减少，肚腹膨大，腹胁窝下陷，常见于猪水肿病。

若尿出淤血或鲜血，腰肿胀、歪曲或腰无力，后肢难移，难于迈步，常见于肾伤尿血；如食欲减退，体温升高，站立时拖曳，尿量减少或无尿，常见于猪肾炎病。若猪的头颈歪斜或做圆圈运动，常见于中耳炎、内耳炎、脑炎或脑膜炎；猪呈犬坐姿势，常见于肺炎、胸膜炎、贫血或心功能不全；四肢缩于腹下而伏卧，或挤堆伏卧，这是恶寒的表现；出生后1～4天的小猪，精神委顿、痉挛倒地、四肢划动、口嚼吐沫，有可能为低血糖症。

3. 望皮毛

皮毛居猪一身之表，是抗御外邪的屏障。健康猪被毛细密平顺而富有光泽、柔润、有弹性，用手将皮肤拉起放下后，立刻复原。当猪感受外邪或内脏有病皆可引起皮毛异常改变。

若猪被毛粗而蓬乱，缺乏光泽，多为气血不足、营养不良的征象；若被毛逆立多为感冒或热性病初期；若患慢性疾病或内寄生虫时，被毛粗乱无光，干燥易断；若猪患部脱毛，皮肤粗糙、变厚、变硬、落屑、瘙痒、擦伤，有啃咬痕迹等，多为湿疹、玫瑰糠疹、皮肤角化不全病或外寄生虫寄生如疥螨等。

若皮肤苍白是各种贫血的表现；皮肤变蓝紫色，是循环障碍、淤血的表现；皮肤发红或部分皮肤发生红斑点，表明微血管受到损伤，可能是败血性传染病如猪瘟、猪丹毒、猪肺疫、链球菌病、猪附红细胞体病等。如皮肤有点状或条状出血性发红，指压不退色，常见于猪瘟；如皮肤斑状充血性发红，按之退色，主要见于猪肺疫；如皮肤见块状多角形、充血性发红，指压退色，主要见于猪丹毒；若皮肤发黄，多为黄疸现象，常见于猪附红细胞体病、黄脂病、霉玉米中毒等疾病；若乳头皮肤及蹄处出现水疱、烂斑，多是口蹄疫、水疱病及水疱疹；若眼睑、耳、股内、腹部出现黄豆大红斑、丘疹、水疱、脓疱、结痂，多是猪瘟、传染性脓疱型皮炎。

（二）望呼吸

一般通过观察猪的胸部起伏和腹部肌肉运动的情况，了解猪呼吸频数及呼吸节奏与强度。健康猪呼吸平和，呈胸腹式，呼吸频率为每分钟10～20次，呼吸时，胸部、腹部起伏协调、节奏均匀。若猪呼吸方式改变、呼吸次数增多（减少）或呼吸困难等，均视为病态。

如猪气喘病、猪肺疫等腹式呼吸明显，而猪瘟则胸式呼吸明显，临床应予以鉴别。若呼吸频率增多，常见于肺脏、胸膜、心脏、胃及肠的一些急性热性病；呼吸次数减少，常见于脑的疾病或衰竭疾病；若猪出现咳嗽和呼吸困难，常见于猪霉形体肺炎、流感、猪链球菌病、猪肺疫、猪丹毒、猪瘟及狂犬病等传染性疾病，以及胸膜炎、支气管肺炎、慢性肺气肿等非传染性疾病。

（三）望饮食欲

猪的饮食欲及饮食量的大小、采食动作和吞咽咀嚼等情况是猪有病与否的重要标志。健康猪食欲盛旺，饲喂时呈现饥饿状态，在食槽周围乱叫不安，加入饲料时争先恐后抢食吃，大口吞咽，发出有节奏的吞食声，很快吃饱后即离槽饮水，自由活动或卧地休息。

除母猪发情期、母猪在仔猪断奶时及仔猪分窝初期等某些正常生理情况下的食量减少外，一般食量减少，甚至不吃食的猪都说明有病。若猪只想吃而不敢吃，需检查口腔内是否有异物或创伤，食道是否有阻塞；猪不吃料而独饮脏水、冷水，一般有体温升高；若见吃食减少或停食，急饮水，甚至喝脏水，先便秘后拉稀，皮肤上出现弥漫性、大小不等、红色出血或出血斑，指压不退色，多见于猪瘟；猪病初食欲不好，饮水增加，便秘，体温升至41℃，皮肤表面出现疹块，常见于猪丹毒；若见猪食欲废绝，反胃呕吐，吐出酸败胃内容物，是各种原因所致的脾胃虚弱，造成胃内缩食停滞的消化不良疾病；猪食欲减少或废绝，体温41℃，腹痛及下痢，呼吸困难，耳根、胸前和腹下皮肤尚可见紫斑等症状，多见于仔猪副伤寒；猪食欲减少，粪便变硬，表面附有条状黏液，迅速下痢，粪便呈黄色或红色糊状稀粪，常见于猪痢疾；若猪虽有一定食欲，但可视黏膜苍白，被毛粗乱，猪体消瘦，腹泻和便秘交替出现，常见于仔猪贫血症；若猪异嗜沙土、粪便、毛、木、炉灰渣等，可能缺乏某些矿物质或微量元素营养等，幼猪较为多见。

（四）望排泄物

1. 呕吐物

健康猪不咳嗽、不呕吐。如见猪发生呕吐，是脏腑病变的反映，有时也见于中毒性疾病和神经系统性疾病等。

如猪患消化不良疾病时，可见猪食欲大减或废绝，呕吐物酸臭，肚腹胀满，触压腹壁坚硬有痛感，重者腹痛不安、口臭；如猪胃肠炎疾病时，病初呕吐物带有血液或胆汁，腹痛明显，多数是腹泻和便秘交替出现，粪便恶臭，并混有血液、黏液、气泡；如猪发生流行性腹泻病时，仔猪吃奶后呕吐，吐出物含有凝固奶块，后期粪水从肛门流出。

若见猪呼吸加快，流涎，时起时卧，腹痛不安，或转圈呕吐，口吐白沫，常见颈部水肿，为猪亚硝酸盐、有机磷农药等中毒病。若见猪出现偏视，眼球转动，从口角开始痉挛，口吐白沫，呻吟嘶叫，眩晕倒地，全身肌肤痉挛，常见于猪癫痫病；若见猪呼吸困难，精神沉郁，咳嗽，呕吐，停食，血痢时，常见于猪炭疽病；猪有前进或转圈等强迫运动，并伴有呼吸困难、呕吐、腹泻，多见于伪狂犬病；若见猪食后立刻呕吐，常见于猪颚口线虫病；猪体温升高、腹泻、呕吐、呼吸、咀嚼困难、运动僵硬、眼睑及四肢浮肿，多常见于猪旋毛虫病。

2. 粪便

主要观察猪粪便的形状、色泽及有无异物等。健康猪粪便的颜色、形状与饲料有一定关系。健康猪排出的粪便呈细香肠样，比较柔软、湿润，呈一节一节的圆锥状，不含未消化饲料粒、气泡、黏液、浆液、血、脓等异常物质。

若粪便干硬，排便次数减少，排便困难，多见于原发性便秘（粗饲料饲喂过多）或急性热性病如猪丹毒、猪瘟、肺炎及流感等初期；若粪便稀薄如水或稀泥状，排便次数增多，下痢等，主要见于胃肠炎（大肠杆菌病、传染性肠炎、轮状病毒性肠炎）、饲料中毒、肠内寄生虫病以及猪瘟的末期。如猪的粪便稀，呈黄白色，无血、无臭、无黏液，多见于普通腹泻；稀便带白，病猪消瘦、贫血、腹痛，见于猪棘头虫病；粪泻如水，带有绿色或淡棕色，则多为病毒性腹泻；粪泻如糊状，有腥臭味，一般多为细菌性腹泻。

仔猪下痢时，多见灰白色、灰黄色或黄绿色水样稀粪，并有腥臭。如出生后几天之内的奶猪排黄色或白色稀粪，有腥臭味，则是仔猪黄痢、仔猪白痢；补料初期的仔猪及断奶前后的仔猪，粪便稀泻，并混有未消化的饲料，则可能为消化不良；如仔猪吃乳时粪便为灰白色，吃料时粪便为黑灰色，粪便如稀糊状不成形，肛门松弛，粪便自流，见于猪小袋纤毛虫病。

另外，观察粪便时，还要看其中是否有异物、寄生虫和血液等。若粪便中混有黏液、黏膜及脓液，常见于猪瘟、猪丹毒、猪肺疫、猪副伤寒及一些中毒性疾病；如排出血液，多是仔猪红痢或血痢。

3. 尿液

正常猪尿液呈无色透明水样。如猪出现排尿困难、尿色或尿量等异常时，均为猪患病的表现。

若猪尿色淡红，并转成鲜红、暗红或黄红色，甚至混有血块，常见于血尿症；如猪出现持续性腹痛和血尿，尿液断续或滴状流出，常见于猪尿石症；如猪排尿痛苦、拱背、尿频、尿血、肾区触诊痛，腹痛、腹泻带血，常见于膀胱炎、菜籽饼中毒；如猪排血尿，外阴部有脓性分泌物，则见于猪棒状杆菌病；若猪尿色红或茶色，猪舍有腥臭味，则见于猪钩端螺旋体病；若猪尿红茶样而带黑色、有黄疸，则见于铜中毒；若猪尿红色，可是黏膜苍白、黄染，则见于仔猪溶血病；若猪尿量减少或无尿，常见于猪水肿病、猪肾炎病或食盐中毒（渴欲增加）；若猪尿少而黄稠或黄红色，不断喝水，则见于棉籽饼中毒；若猪产后腹部膨大，不排尿，插入导尿管即可排出，则见于猪产后膀胱弛缓；若母猪会阴部肿胀，按压即排尿，则见于母猪会阴疝。

（五）望眼鼻口

1. 看眼睛

眼目为五脏六腑之门，眼睛的病变不仅与肝有关，与其他脏腑也有密切关系。看猪眼时应注意其色泽、肿胀、眵泪、翳障、破损和赘生物等情况。健康猪的眼睛无肿胀和异常分泌物，眼结膜为粉红色。

猪目赤肿痛，流泪生眵者，多属风热或肝炎；白翳遮眼（外障）者，多属外伤或肝经积热；若猪眼睑肿胀，皮肤青紫，指压下陷，多属水肿之症；若眼结膜发红、充血或紫红色，为热性传染病、肺炎、中暑、肠炎等的表现；如猪可视黏膜先潮红后黄染，呕吐物带血液或胆汁，腹痛明显，肛门失禁，常为猪胃肠炎；如猪眼结膜红赤，停食喜饮水，咳嗽气喘，常见于猪肺热病；眼结膜蓝紫（发绀）见于伴有心肺机能障碍的重症病程中；眼结膜苍白常见于各种贫血、内脏寄生虫、大出血等病；若白眼发黄者，多属黄疸、肝炎病等，常见于小肠发炎、钩端螺旋体病、肝炎病胆道阻塞等；若瞳孔扩大，多属危证。

2. 看鼻盘

鼻为肺气出入之门，助肺呼吸，主嗅觉，鼻部的病变主要反映肺的病变。如鼻孔的张缩，主要反映呼吸机能的变化。健康猪鼻盘常湿润（白猪呈粉红色），无水疱，无鼻液流出。

若鼻盘干燥，是体温升高的表现；若见猪面部歪斜，鼻盘歪向一侧，鼻孔大小不一，鼻孔出血，多属于猪萎缩性鼻炎；若猪有肌肉痉挛性收缩，似癫痫样发作，鼻盘歪向一侧，瞳孔扩大，视力减退，多为猪伪狂犬病。

若见猪鼻孔扩大、喘息深多，多见于肺虚病；呼吸急促、鼻翼扇动，可见猪肺热；鼻孔张开为喇叭状，鼻翼运动不明显，四肢及头颈强直者，见于猪破伤风；若猪饮水时从鼻孔逆出，多属猪咽喉炎。

鼻腔有分泌物流出，多为呼吸道有病的象征。如猪鼻腔有大量鼻液流出、呼吸困难、咳嗽，多为流行性感冒；猪鼻流黏性分泌物，在皮薄毛稀部位处出现红色的小斑疹，时常擦痒，多为猪痘病；鼻流泡沫液、气喘，多为猪肺疫。当然，猪肺水肿、肺出血或慢性支气管炎时，也会流出泡沫性鼻液。

3. 查口腔

口腔是猪的气血外荣，是脏腑功能活动的外在表现。一般检查口腔黏膜的颜色、肿胀、口腔的内容物、舌苔和牙齿的变化。健康猪口色一般为粉红或红黄，且鲜明光润。

若唇、颊、口黏膜出现水疱、烂斑，多为口炎、口蹄疫、水疱病；如口腔黏膜发红、温度高、疼痛、肿胀、唾液多，一般是口炎；若舌面上如有糠麸状的舌苔、口臭、食欲减退、精神萎靡，为胃炎的病症；若猪口色枯白，肢腿僵硬，起卧困难，不能站立，为瘫痪病；若口腔黏膜苍白，多为贫血病、内外寄生虫病等。若口舌发白、微红、略呈黄色、耳鼻俱冷是外感风寒，内伤阴冷的表现；若见猪口舌黄白为脾虚消化不良。

若见猪口舌潮红，眼睑浮肿，皮肤上出现红色小斑疹，多为猪痘；若猪瞳孔先扩大、后缩小，神志昏迷，口色红赤，常见于中暑病；若猪弓腰努责，腹胀，不断呻叫，唇舌暗紫，干燥无津，常见于大肠粪结；若初期口色发红，舌色赤红，渐至口色青紫，牙黄变黑，为热喘病；若猪眼睑肿胀，牙黑舌抽，口色青紫，呼吸气喘，常见于霉饲料中毒；若见猪舌苔由黄转紫，迷目难睁，白眼发红，黑眼发蓝，全身发烫打寒战，多为猪瘟中期；如见猪舌苔由紫转青紫，叫声音哑，大便清稀，其色黄绿、恶臭，为猪瘟危证；若猪口色为青黑或深青紫色而无光泽，则为濒危症候。

（六）望肢蹄

看猪站立或行走时四肢的姿态、步态及各部形态变化对诊断某些方面的疾病具有重要意义。健康猪四肢发育均称、比例适中、肌肉坚实，运步时四肢轻健有力，步幅大小适中，运动无异常。

一般疼痛疾病，站立时不敢负重，经常伸向前方、后方、内方或外方，同时蹄尖、蹄踵或蹄侧负重。在运步时，随着患病部位的不同，有点头及臀部升降、肢蹄负重、关节屈伸及步样各方面发生变化。

若猪阉割之后，四肢僵直，多为破伤风；若猪步态蹒跚，不能站立，倒地四肢划动如游泳状，严重者头胸部出现水肿，后肢麻痹，见于猪水肿病；如猪后躯无力，站立不稳，走路摇晃，肌肉颤抖，继而两后肢麻木，走路时以前肢爬行，多见于母猪产后瘫痪病；若猪共济失调，步履蹒跚，肌肉震颤，两前肢或四肢张开呈现观星姿态，后肢麻痹拖地，不能站立，多见于猪李氏杆菌病。

若猪出现跛行症状，常见于关节炎型猪链球菌病、副猪嗜血杆菌病、霉形体关节炎、口蹄疫、水疱病、腐蹄病、黏液囊炎，以及创伤、挫伤、关节脱位、骨折、佝偻病、骨软病等。如猪在蹄叉、蹄冠、蹄匣出现黄豆大小水疱，并形成大疱，水疱破裂出现溃烂面，蹄冠皮肤和蹄壳裂开，跛行明显，常见于猪水疱病；如病猪蹄部有水疱，蹄壳脱落，患肢不能着地，为猪口蹄疫；猪患佝偻病多出现腿软弯曲，四肢骨节粗大，运步不灵活，骨骼变形的症状。

（七）看二阴

二阴系指阴部及肛门，看二阴主要看阴囊、阴茎、睾丸、阴门及肛门。健康公猪阴茎于包皮内，阴囊、睾丸外观不见异常，当遇到发情母猪时，阴茎能自行勃起；健康的母猪阴部外观正常，阴道色泽红润有光泽，除发情期外一般无分泌物，保持湿润。

若见公猪身体过肥或瘦弱，被毛粗乱，交配时阴茎软而不举，或偶能交配，很难持久，多见于公猪阳痿病；如见公猪阴茎虽能勃起，未性交精液即泄，此系滑精早泄，多属肾虚精关不固、肾虚阳亏之症；如母猪起卧不安，频频努责，阴门肿胀，流出黏液或血水，仔猪不能产出，多见于母猪难产病。

健康猪肛门紧缩，排便后立即回收，肛门周围干净，不沾染粪便。若猪肛门松弛无力，为久泻气虚之症；若肛门外翻，直肠垂肛门之外，为脱肛，多为中气不足所致；若肛门随呼吸而前后运动，或肛门周围有黄白色或灰白色污垢物，常是胃肠虫积的征象；若肛门周围血样粪便，应考虑猪梭菌性肠炎、猪痢疾、猪鞭虫病以及孢子、球虫病等，还可能是直肠破裂。

二、闻诊

闻诊就是诊查者通过听觉和嗅觉了解猪只病情的一种诊断方法，用耳听声音，用鼻嗅气味，实际上也就是现代诊疗中所用的听诊、叩诊和嗅诊等诊查方法。通过闻诊，可以帮助诊查者辨清病情的性质和转归。

声音的变化可反映脏腑功能盛衰及病证的情况。通过听叫声、呼吸声、咳嗽声、咀嚼声、胃肠蠕动声音，以及通过叩击后产生的各种声音，从而判断猪只身体功能是否正常。同样，口鼻气味、粪尿的气味在一定程度上也可反映出猪只是否健康。

（一）听诊

就是医者用耳朵听取猪的生理性或病理性的声音。猪声音的发出，主要是气的活动，气动声响，它既与口鼻咽喉诸发音器官有关，亦与肺、心、肾等脏的虚实盛衰关系密切。因此，听声音不仅能诊察发音器官的病变，而且根据声音的变异，可以进一步发现内脏和整体的变化。

1. 直接听诊

就是不用借助听诊器，直接用耳朵听取动物的生理性和病理性声音。如叫声、咳嗽声、呼吸声、咀嚼声以及胃肠蠕动声音等。

(1) 听叫声　健康的猪叫声洪亮、清脆、有节奏，一般多在求偶、呼群、唤仔、寻母及饥渴等情况下发生。若猪患病时，叫声的洪微、高低常有变化。

当猪叫声高亢，后音延长者属阳证、实证，多为正气未衰，病情较轻；猪的叫声嘶哑无力，后音缩小，甚至叫不出声者属阴证、虚证，多为正气已衰，病情较重；若猪颌下肿胀，呼吸困难，甚至有呼噜声，常见于咽喉发炎所造成；如猪牙根色黑，舌苔青紫，舌头发抽，叫声音哑，呼吸短促，常见于猪瘟濒死期；若猪狂闹惊奔，爬墙跳圈，吼叫凶恶，音声粗哑，常见于猪癫狂症；若猪吞咽食物困难，叫声嘶哑，是邪热上冲咽喉所致的锁喉风；如猪腹痛呻吟，起卧不安，不排便，回头望腹，弓腰努责，常见于大便秘结。

(2) 听咳嗽　健康猪一般不咳嗽，咳嗽是肺经病的一个主要症状，但其他脏腑病变也可发生咳嗽。

若猪“频咳”，常见于重剧炎症；若猪“干咳”，音高而短，常见于慢性气管炎；若猪出现干短而强的持续性咳嗽，常见于支气管炎；猪“痛咳”多见于胸膜炎；如猪“剧烈咳嗽”并显示痛苦，呼吸困难，饮水从鼻孔流出，常见于喉炎；如猪咳嗽声短，并带有痛苦感，常见于猪肺疫；若猪“湿咳”，音低而长，多属急性炎症中期；若猪湿性咳嗽，关节肿胀，行走后躯摇摆，常见于传染性肺炎；若猪咳嗽低沉，有时出现痉挛性“阵咳”，食后咳嗽加剧，常见于猪气喘病。

(3) 听呼吸　呼吸声主于肺、肾，肺主出气，肾主纳气，肺为呼吸之器，肾为呼吸之根；两者与猪机体生命活动关系最大。健康猪每分钟呼吸 10～20 次，呼吸时气息平和，并无声响，如短期剧烈运动，呼吸声音变为粗大加快，但休息后很快恢复正常，不属病症。

如猪肺气不足，呼吸缓慢；肺热则呼吸加快；肺胀则呼吸困难；若猪腹胀疼痛，则呼吸浅表加快；病猪垂危，则呼吸哽噎，上气不接下气；若猪呼吸次数增多，常见于支气管炎、难产、产褥热、肺炎、胸膜炎病；如猪患感冒，呼吸音增强，呼吸加快，脉象增加；各种药物和食物中毒则见呼吸缓慢，呻吟、呃逆等；猪心脏衰弱及贫血、失血性疾病则见腹压显著升高，脑及脑膜充血，呼吸次数减少；若猪棉籽饼、酒糟、食盐中毒等，出现呼吸困难；若猪苦楝子中毒常出现呼吸微弱的现象。

（4）听咀嚼声　健康猪争抢食物，发出强而有力的“吧嗒”声，吞咽迅速；病猪食欲较差，咀嚼缓慢，声音微弱，吞咽迟缓。

（5）胃肠蠕动音　健康猪胃肠蠕动音节律一定、强弱适中。而猪生病时，胃肠蠕动音的强弱或节律均会发生改变，可能会亢进、减弱或消失。若胃肠音高亢，多见于腹泻，特别是水样泄；胃肠音减弱或消失，常见于胃腹胀满、食滞甚或肠阻塞等结症。

2. 间接听诊

就是借助听诊器，听取动物的生理性和病理性声音。如心跳声、肺部声音、肠蠕动音等。

（1）听心音　听取心音的最佳位置是于左侧胸部肘窝后方，主要是听取心音的频率和强弱。猪正常心搏频率为60～80次/分，强度适中的“卜”、“通”音。

① 心音增强　第一心音增强，或只听到第一心音，多见于急性热性传染病、心脏衰弱、心内膜炎及贫血等疾病；第二心音增强，主要见于肺气肿、肺炎、肺充血、急性肾炎、左心室肥大及二尖瓣闭锁不全等。

② 心音减弱　一般多为心脏衰弱（末期）、心脏扩张、渗出性心包炎、胸壁浮肿、胸腔积液、肺气肿等。

③ 心脏杂音　在两个心音之间，若听到的像口哨声或丝丝声等杂声杂音。心内杂音通常由于心内膜、心瓣膜病变、血液稀薄、血流速度加快所致；心外杂音通常由心外膜、心包膜病变引起。

（2）听肺部声音　用听诊器在胸壁上听肺脏呼吸时的音响，借以判断支气管和肺的状态。在健康猪的胸部，可以听到柔和的“呼—呼—”的肺泡音，正常呼吸频率为10～20次/分。

① 肺泡音增强　常见于支气管炎、支气管狭窄等疾病。

② 肺泡音减弱或消失　常见于上呼吸道狭窄、肺气肿、肺炎、胸膜炎、胸腔积水等疾病。

③ 支气管呼吸音　此时肺泡音消失，只能听到一种尖锐的支气管呼吸音，常见于肺炎、胸膜炎及猪肺疫等疾病。

④ 干性啰音　高朗而粗糙，如笛声、蜂鸣、咝咝声，是支气管黏膜肿胀、气流不畅或有黏稠的痰液存在形成。见于早期支气管炎或支气管肺炎。

⑤ 湿性啰音　如含漱声、水泡破裂声是支气管、细支气管及肺泡内有大量稀薄液体，气流通过时水泡的生成或破裂所致。见于支气管炎、肺炎、肺水肿等。

⑥ 捻发音　是一种极细微而均匀的噼啪声，类似在耳边捻转一簇头发时所发出的声音，常见于肺水肿、小叶性肺炎、大叶性肺炎等。

⑦ 胸膜摩擦音　这种呼吸音好像两手贴耳轻轻摩擦的声音，常见于慢性猪肺疫和胸膜炎。

（3）听肠蠕动音　在猪腹部听取肠蠕动音。健康猪的小肠音如潺潺流水声，大肠音则如雷鸣的咕噜噜的音响。

肠音增强，连绵不断，可能为肠痉挛、胃肠炎、消化不良等；肠音减弱，音短而稀少，或消失，见于热性病、便秘。

3. 听诊的注意事项

（1）一般应选择在安静的室内进行。

（2）听诊器的接耳端，要适宜地插入检查者的外耳道（不松也不过紧）；接体端（听头）要紧密地放在猪体表的检出部位，但也不应过于用力压迫。

（3）被毛的摩擦是最常见的干扰因素，要尽可能地避免，必要时可将其濡湿。

（4）注意防止一切可能发生的杂音，如听诊器胶管与手臂、衣服等的摩擦杂音等。

（5）检查者要将注意力集中在听取的声音上，并且同时要注意观察猪的动作，如听呼吸音时同时应观察其呼吸活动。

（二）叩诊

用手指或叩诊锤敲打病猪胸、腹部体表，借以引起其振动并发生音响，根据发生音响的特征，判断内脏的病变。若猪体肥胖，叩诊音有时可能不明显。

确定猪肺脏叩诊部位时，一般先从肩端向后引一水平线与第 7 肋骨的交点，接着从坐骨节向前引一水平线与第 9 肋骨的交点，最后从髋骨外角向前引一水平线与第 11 肋骨的交点。用弧线把这三点连接起来即为肺脏的叩诊部位。

健康猪的肺脏叩诊音通常高而响亮，叫做清音。肺炎初期、肺水肿时，叩诊音响称为鼓音；肺发生充血、胸膜炎和猪肺疫，叩诊音呈混浊音响，称为浊音或半浊音；肺气肿则叩诊音范围扩大。

（三）嗅诊

就是用诊查者的鼻子嗅动物体的呼出气、口腔的气味以及分泌物或排泄物气味等。通常臭味大者多属热重、邪实证；臭味不显或略酸臭者多属虚寒证；有腥臭味者，多属化脓、坏疽之证。鼻嗅气味在临床上意义较大的为嗅猪粪便的气味。如果气味腥臭，多为痢疾；如果气味酸臭，多为消化不良性泄泻（伤食泻）。

三、问诊

问诊就是向猪主人或饲养员了解猪何时患病、发病经过、主要症状和是否治疗、用过何药，在发病前后的免疫接种、饲养管理如饲料质量、饮水卫生、公猪配种和母猪妊娠、产仔、产后、仔猪等情况，还需了解附近猪病流行、死亡情况等。

通过问诊，初步判断疾病属于传染病、中毒病、代谢病或一般普通病。如饲喂了某种有毒饲料（烂菜叶、腐败肉汤、农药污染青饲料等），发病突然、呕吐、发抖等，中毒的可能性就较大。同群猪有多头发病，体温升高，附近也有猪病流行，甚至死亡，则某种传染病的可能性大。即使打过某种疫苗，但也可能因免疫程序不当或注射的疫苗质量欠佳、注射方法不当或已过了有效免疫期，仍有可能感染发病。如果较多母猪常发生流产或产死胎、木乃伊胎，则应怀疑猪细小病毒病、蓝耳病、猪日本乙型脑炎或钩端螺旋体病、布氏杆菌病等。

问诊的内容概括起来主要包括现病史、既往病史、平时的饲养管理等。

（一）现病史

即关于现在发病的情况与经过。其中应重点了解以下内容。

1. 疾病的表现

主诉人所见到的有关疾病表象，如腹痛不安、咳嗽、喘气、便秘、腹泻或血尿，乳房及乳汁变化等。这些内容常提供疾病诊断的线索。必要时可提出某些类似的征候、现象，以求主诉人解答。

2. 疾病的经过

目前的状况是何时出现的、持续了几天，并与开始发病时疾病程度的比较，是减轻还是加重；症状有无变化，又出现了什么新的病状或原有的什么现象消失；是否经过治疗，用了什么方法与药物，效果如何等。根据这些，不仅可推断病势的进展情况，而且根据病后变化及治疗效果验证，可作为诊断疾病的参考。

3. 主诉人的推断

主诉人所估计到的致病原因，如饲喂不当、受凉、受热、受惊、被踢、被咬等，也常是推断病因的重要依据。

4. 猪群的发病情况

其他邻舍及附近猪场，最近是否有疾病流行等情况，可作为是否是传染病的判断条件。

（二）既往病史

即猪群以往发病的情况。主要包括病猪和猪群过去是否发生过类似疾病，其经过与结局如何，过去的检疫结果如何或是否被定为疫区（如猪瘟、猪口蹄疫、猪传染性水疱病、布氏杆菌病等），本地区或邻近猪场的常见疫情及地区性的常发病，预防接种的内容及实施的时间、方法、效果等。这些资料，对现病的诊断以及对传染病和地方性疾病的分析都具有很重要的意义。

（三）饲养管理

通过对病猪与猪群的平时饲养管理及生产性能的了解，不仅可从中查找饲养管理的失宜与发病的关系，而且在制定合理的防治措施上也十分必要，因此，应详细询问以下相关内容：

1. 饲料日粮的种类、质量，饲喂时间、量、次数与方法等

饲料品质不良与日粮配比不当，经常是营养不良、消化紊乱、代谢失调的根本原因；而突然改变饲料和饲养制度，又常能引起猪的便秘或下痢；饲料发霉，放置不当而混入毒物，加工或调制方法失误而形成有毒物质等，可成为饲料中毒的条件。

2. 猪舍的卫生和其他条件

主要包括光照、通风、保暖与降温、排废除污的处理及其设施等。

当然，问诊的内容十分广泛，要根据病猪的具体情况而适当地加以选择和增减。问诊的顺序，也应依实际情况灵活掌握，可先问诊后检查，也可边检查边问诊。问诊的态度要诚恳和亲切，这样才能得到主诉人的密切合作，获得充分而可靠的资料。对问诊材料的估价，应抱客观的态度（既不应绝对地肯定，又不能简单地否定），应将问诊的材料和临床检查的结果加以联系，进行全面的综合分析，从而找出诊断线索。

四、触诊

触诊就是用手或借助仪器接触猪体，检查猪的体温，猪体有无异常感觉或疼痛，猪体有无肿胀、肿胀的性状以及猪的脉象等。主要内容包括检查猪体温、摸捏肿胀、查脉象、查对刺激的敏感性等。

（一）查体温

体温的变化往往帮助我们认识疫病的种类及性质，所以检查体温在诊断上很有意义。查体温通常有用手背直接感知猪皮肤、两耳、鼻盘、四肢的冷热等和借用温度计测定猪的体温两种。在多数情况下，直肠温度的高低与手摸体表的温度基本一致，临床上常将两种方法结合应用。

1. 用手查体温

以手感知患病猪有关部位的冷热或温度高低，以判断病证之寒热。在临床上通常有4种方法：①查体表皮温：猪皮温低属阳气不足；皮温高或灼热属阳邪热盛。②查耳温：耳尖时热时冷为风寒在表；耳偏凉为寒证；耳热为热证；全耳俱凉为寒证，属病危之兆。③查鼻温：鼻头及呼吸出气热，多属热证；鼻冷气凉多属阳气衰微的虚寒证。④查四肢皮温：四肢偏凉属寒；四肢偏热属热证；四肢冰冷为阳气将竭，或热极阳盛格阴，病至垂危。

2. 体温计测体温

用兽用体温计检查猪直肠温度时，需先将猪保定好，将体温计的水银柱甩至35℃以下，涂抹少许石蜡油，然后缓缓插入病猪肛门，并用夹子固定于尾部的被毛上，待3～5分钟后取出，擦净体温计，读取数据后，用酒精棉球擦拭干净以备下次使用。重病者应在上下午各测一次，并做好记录，以观察分析体温升降与病性变化的关系，作为诊断的依据。

健康猪正常体温38.5～39.5℃，仔猪38.5～40℃。体温出现异常，是疾病的表现。临床中，根据体温变化划分的热型主要有：①稽留热：体温日差在1℃以内，且高热持续时间在3天以上。常见于猪瘟、猪丹毒、弓形虫病以及大叶性肺炎等病程中。②弛张热：体温日差超过1℃以上而不降到常温的。见于败血症、化脓性疾病、小叶性肺炎等病程中。③间歇热：有热期和无热期交替出现。如猪的锥虫病有间歇热。④不定型发热：体温无规律的变动称为不定型热。见于慢性猪瘟、猪肺疫、副伤寒等病。

猪的体温增高，超出正常范围，多见于热症或实症，如一些传染性疾病（猪丹毒、李氏杆菌病、猪水疱病、猪流感、猪副伤寒、乙型脑炎、猪肺疫等）、猪中暑或猪呼吸道、消化道及其他组织的一些炎症。例如猪流感体温在42℃；猪副伤寒、乙型脑炎、猪肺疫体温在41℃。

体温低，多见于贫血、营养不良、某些中毒或中枢神经系统等疾病。例如仔猪的低血糖，体温维持在37℃左右；猪亚硝酸中毒时，体温在35～37℃。体温突然降低，多预后不良，常见于某些中毒病（尿素中毒、蓖麻中毒、亚硝酸中毒）、大失血、严重下痢、内脏破裂（肝、脾、胃肠、膀胱等）。

（二）摸捏肿胀

对体表肿胀，首先应根据肿胀所在部位，通过手指轻压或揉捏局部肿物，根据感觉及压后的现象去判断肿物的性状，从而推断出某些疾病。如断奶仔猪在眼睑、头、颈部，甚至全身肿，手指加压后留有明显的指压痕，像生面团样硬度（皮下浮肿的特征），多为仔猪水肿病；如猪四肢关节部肿胀，用手摸捏有热和痛感，则多为关节炎；如肿物位于腹侧或腹下、脐部或阴囊，且其内容物不定，或为固体、液体，或为气体，经按压可还纳，有疝的可能性；如果公猪阉割后阴囊肿胀或母猪阉割后腹壁创口处肿胀，多为感染性肿胀，或者肠管没有完全塞入腹膜下面；用手指捏压肿物，若有明显的波动感，其内多数蓄积有液体，为脓肿、血肿等；若肿胀柔软、有弹性或触压其边缘处呈捻发感、有气体向周围组织窜动，则为皮下气肿的特征。另外，通过触摸怀孕母猪的后腹部，可感知母猪胎儿的状态；触摸猪腹部可感知猪只粪便秘结等情况。

（三）查脉象

脉是气血的通道，脉象能反映脏腑气血盛衰和功能情况，通过触按脉管，从其深浅、速度、强弱、节律、形象等变化中，可以测知脏腑气血盛衰和邪正消长等情况。查脉搏的部位，小猪一般在后腿内侧的股动脉部（诊者应蹲在猪体的侧后方，一般用一手握右后肢，一手伸股内侧，以手触摸股动脉）；大猪在尾根底下部即尾底动脉部（针灸穴位的“尾本”穴处）。感触脉搏跳动的次数和强度，除了用手感知外，也可用听诊器听心脏部（一般贴左胸壁部），心跳的次数即为脉搏的次数。

一定要在猪安定、呼吸平稳的状态下查脉。触辨脉象时，须用食指、中指和无名指并拢先轻摸，再稍重摸，又再略加指力而重模，集中注意力于手指感应上而辨别。正常时，脉跳的快慢和力量均匀，频率为60～80次/分，通称平脉。如脉跳的频率、高度、脉管的充实度、紧张度以及脉跳的节律性出现异常者，即统称为病脉。

脉搏数增多，主要见于急性热性病，如中暑、感冒、肠炎等。此外，脉数增加，可能为心脏病、呼吸器官疾病，引起二氧化碳与氧气交换性发生障碍，如心肌炎、各类贫血等；脉搏数减少，多见于慢性病。

（四）对刺激的敏感性检查

检查敏感性时，要注意动物的反应及头部、肢体的动作，如动物表现回视、躲闪甚至反抗，常为敏感、疼痛的表现。但检查时应先将猪的眼睛加以遮盖，以免发生不真实的反应。

第二节　猪病的临床剖检诊断

猪病的临床剖检诊断是目前兽医临床常用的一种诊断方法。有些疾病生前没有做出诊断，必须在死后通过尸体剖检，对疾病进行确诊，对于一些传染病和寄生虫病的死后诊断尤为重要。根据一些疾病侵害猪体后，对某些器官或部位形成的特征性病理变化，再结合猪病流行的特点和生前临床表现，一般即可做出初步诊断或确实诊断。

一、尸体剖检步骤及检查内容

（一）常用器械、材料

器械主要有刀、剪、镊子，有时需要手锯、斧子等。若要采病料进行微生物检查，则需要载玻片、灭菌培养皿等；若要进行组织学检查，应准备10%福尔马林溶液或95%的酒精。还需准备3%来苏儿、0.1%新洁尔灭等消毒液。剖检人员应配备好工作服、胶靴和一次性塑料手套等。

（二）剖检步骤和检查内容

为了全面系统地检查尸体内外所呈现的病理变化，避免遗漏，在尸检时一般应按照一定的顺序进行。常规剖检一般应遵循下列顺序：

新鲜猪尸体→体表检查→剥皮和皮下检查→剖开腹腔并做一般视查→剖开胸腔并做一般视查→摘出腹腔脏器→摘出胸腔脏器→摘出口腔和颈部器官→颈部、胸腔和腹腔脏器的检查→骨盆腔脏器的摘出和检查→剖开颅腔，摘出大脑检查→剖开鼻腔检查→剖开脊椎管，摘出脊髓检查→肌肉、关节和淋巴结的检查→骨和骨髓的检查。

1. 体表检查

在进行尸体剖检前，应先了解病死猪的流行病学的情况、临床症状和治疗效果，对病情有个初步的诊断。与此同时，剖检前还应进行尸体的体表检查，其顺序是从头部开始，依次检查颈、胸、腹、四肢、背、尾和外生殖器。尸体的体表亦是病理解剖学诊断的重要组成部分，特别是对某些具有特征性疾病的病理变化，往往根据体表检查所获得的资料，即可做出诊断，例如：痘、疥、癣等。通常体表检查应包括以下几部分。

（1）尸体变化和卧位　尸体变化的检查，对判定死亡时间以及病理变化有重要的参考价值。卧位的判定与成对器官的病变认定有关，以便区别生前的淤血与死后血液沉积。

（2）营养确定　尸体营养状况的确定，对判定病性很有帮助，如猪尸营养状况良好，则一般为急性死亡，反之则为慢性疾病或饲养管理不善所致。

（3）皮毛的检查　首先观察皮毛有无光泽、皮肤有无脱毛、创伤、湿疹、疱疹、充血、淤血、出血以及外寄生虫等，然后检查皮肤的厚度、硬度、弹性以及皮下有无气肿、水肿。

（4）可视黏膜　可视黏膜包括眼、鼻、口、肛门、阴唇、阴茎及包皮的黏膜。

（5）天然孔的检查　对天然孔的检查，应注意天然孔有无分泌物、排泄物的性状和颜色，还应注意天然孔的开闭情况，尤其是口腔的开闭情况、舌的位置、牙齿情况、齿龈各部黏膜情况等。

（6）其他部的检查　除了上述各部的检查外，还要检查颈、胸、腹、脊椎、四肢、尾等情况，四肢有无骨折、骨瘤等病变，蹄底及蹄角壁有无创伤、刺伤等病变，疑为破伤风的猪应特别注意检查有无创伤。

2. 内部检查

（1）皮下检查　皮下检查在剥皮过程中进行，检查皮下是否有炎症、充血、出血、淤血（血管紧张，从血管断端流出多量暗红色血液）、水肿（多呈胶冻样），体表淋巴结的大小、颜色、有无充血、水肿、坏死、化脓等病变。小猪还需检查肋骨和肋软骨交界处有无串珠样肿大。

（2）剖开腹腔和摘出腹腔脏器　从剑状软骨后方沿腹白线由前向后切开腹壁至耻骨前缘，观察腹腔中有无渗出物；渗出液的数量、颜色和性状；腹腔及腹腔器官浆膜是否光滑，肠壁有无粘连；再沿肋骨弓将腹壁两侧切开，使腹腔器官全部暴露。首先摘出肝、脾及网膜，依次摘出胃、十二指肠、小肠、大肠和直肠，最后摘出肾脏。在分离肠系膜时，要注意观察肠浆膜或肠系膜有无出血、水肿，肠系膜淋巴结有无肿胀、出血、坏死。

（3）剖开胸腔和摘出胸腔等脏器、组织　先用刀分离胸壁两侧表面的脂肪和肌肉，检查胸腔的压力，由剑状软骨向前切断两侧肋骨与肋软骨的接合部，再切断其他软组织，将胸骨与肋软骨取下，胸腔即可露出。检查胸腔、心包腔有无积液及其性状，胸腔是否光滑，有无粘连。分离喉头、气管、食管周围的肌肉和结缔组织，将喉头、气管、食管、心和肺一同摘出。

（4）剖开颅腔　可在脏器检查后进行。清除头部皮肤和肌肉，在两眼眶之间横劈额骨，然后再将两侧颞骨及枕骨髁劈开，即可掀掉颅顶骨，暴露颅腔。检查脑膜有无充血、出血。必要时取材送检。

（三）摘出器官的检查

检查时应把器官放在备好的检查盘（桌）上。器官的检查顺序除特殊情况外，一般先检查颈部和胸腔器官，然后检查腹腔、骨盆腔器官，胃肠通常最后进行，以防弄脏器械、手和剖检台等设备，影响检查结果。

对实质脏器如肾、心、肺、胰、淋巴结等的检查，应先观察器官的位置、大小、颜色、形态、光滑度及质地，有无肿胀、结节、出血、充血、坏死、变性等，然后切开，观察切面的变化。胃肠应先看浆膜的变化，肠段有无扭转、套叠，再剪开胃和肠管观察胃肠内容物及有无异物、寄生虫、气味等，要特别注意黏膜有无出血、充血及溃疡等病理变化。气管、膀胱、输尿管、子宫、输卵管、胆囊的检查方法与胃肠相同。脑和骨只有在必要时进行检查。在肉眼观察的同时，应采取小块病变组织（2～3cm^3）放入盛有10%福尔马林液的广口瓶固定，以便进行病理组织学检查。

1. 咽、喉头、扁桃体及食管

检查其黏膜、色泽等，重点检查扁桃体黏膜有无肿胀、化脓、坏死等变化。观察食管黏膜状态，有无损伤、扩张、憩室、异物或狭窄等变化。

2. 淋巴结

检查体表淋巴结（特别是颌下淋巴结、颈浅淋巴结、髂下淋巴结等）和内脏器官附属淋巴结（特别是肠系膜淋巴结、肺门淋巴结等）的大小、颜色、硬度及横切面的病理变化。

3. 胸膜腔

观察腔内有无液体，液体数量、透明度、色泽、性质、浓度和气味，注意浆膜是否光泽，有无粘连等病变。

4. 肺脏

检查肺脏色泽、大小、有无病灶和附着物、质地、弹性、重量等。然后用剪刀将支气管剪开，观察支气管黏膜的色泽，表面附着物的数量、黏稠度。最后将整个肺脏纵横切割数刀，观察切面有无病变，切面有无渗出物及数量、色泽变化等。

5. 心脏

首先检查心脏纵沟、冠状沟的脂肪量和性状，有无出血，然后检查心脏的外形、大小、色泽及心外膜的性状。最后切开心脏检查心腔。注意观察心脏内血液的量及性状；检查心内膜的色泽、光滑度、有无出血，各个瓣膜、腱索是否肥厚，有无血栓形成和组织增生或缺损等病变。与此同时，还应注意心肌各部的厚度、色泽、质地、有无出血、瘢痕、变性和坏死等。

6. 脾脏

检查脾门血管和淋巴结，观察脾脏的形态、色泽，包膜的紧张度，有无肥厚、梗死、脓肿及瘢痕形成，用手触模脾的质地，了解其是否坚硬、柔软、脆弱等。然后做一两个纵切，检查脾髓、滤泡和脾小梁的状态，有无结节、坏死、梗死和脓肿等。以刀背刮切面，检查脾髓的质地。

7. 肝脏

先检查肝门部的动脉、静脉、胆管和淋巴结。然后检查肝脏的形态、大小、色泽、包膜性状，有无出血、结节、坏死等。最后切开肝组织，观察切面的色泽、质地和含血量等及切面是否隆突，肝小叶结构是否清晰，有无脓肿、寄生虫性结节和坏死等。

8. 胃

先观察其大小，浆膜面的色泽，有无粘连，胃壁有无破裂和穿孔等。然后由贲门沿大弯剪至幽门，胃剪开后，检查胃内容物的数量、性状、含水量、气味、色泽、成分、有无寄生虫等。最后检查胃黏膜的色泽、有无水肿、充血、溃疡、肥厚等病变。

9. 肠管

对十二指肠、空肠、回肠、盲肠、结肠、直肠分段进行检查。先观察肠管浆膜面的色泽、有无粘连、肿瘤、寄生虫结节等。然后剪开肠管，随时检查肠内容物的数量、性状、气味、有无血液、异物、寄生虫等。除去内容物，检查肠黏膜的性状，有无肿胀、发炎、充血、出血、溃疡、坏死、寄生虫等。

10. 肾脏

先检查肾脏的形态、大小、色泽和质地，包膜的状态，是否光滑透明和容易剥离。包膜剥离后，检查肾表面的色泽，有无出血、瘢痕、梗死等病变。然后由肾的外侧向肾门部将肾纵切为均等的两半，检查皮质和髓质的厚度、色泽，交界部血管状态和组织结构纹理。最后检查肾盂有无积尿、积脓、结石，以及黏膜的性状等。

11. 生殖器官

公猪检查睾丸和附睾，观察其外形、大小、质地和色泽，切面有无充血、出血、瘢痕、结节、化脓和坏死等。母猪检查卵巢和输卵管、子宫、阴道，观察卵巢的外形、大小，输卵管浆膜面有无粘连、膨大、狭窄、囊肿，然后剪开，注意腔内有无异物或黏液、水肿液，黏膜有无肿胀、出血等病变。检查子宫和阴道时，除观察子宫大小及外部病变外，还应依次剪开阴道、子宫颈、子宫体，直至左右两侧子宫角，检查内容物的性状及黏膜的病变。

12. 膀胱

首先检查膀胱的体积大小，内容物的数量，膀胱浆膜有无出血等变化。然后自膀胱基部剪开至尿道口上端，检查膀胱内尿液的数量、色泽、性状、有无结石，再翻开膀胱内腔，检查黏膜的状态，有无出血、溃疡等病变，最后剪开输尿管，检查黏膜状态和内容物情况等。

13. 脑和脊髓

脑和脊髓或骨髓的检验只有在必要时才进行。打开颅腔后，检查硬脑膜和软脑膜的状态，脑膜的血管充盈状态，有无充血、出血等变化。然后取出脑后先称重，再将脑底向上放在盘内，视检脑底，注意观察视神经交叉、嗅神经、脑底血管状态以及各部分的形态。正常时脑膜透明湿润、平滑而有光泽。此外，还应检查脑回和脑沟的状态。病理情况下常见脑膜充血、出血、脑膜混浊等病理变化。若有脑水肿、积水、脑肿瘤等病变时，脑沟内有渗出物蓄积，脑沟变浅，脑回变平。最后剖开脑时，注意检查脑质的湿度、灰质和白质的色泽和质度，有无出血、血肿、坏死、包囊、脓肿、肿瘤等病变。同时检查垂体，观察大小，再行中线纵切，检查切面的色泽、质度、光泽度和湿润度。

取出脊髓或骨髓后，沿脊髓前后正中线剪开硬脊膜，在脊髓多处横切，观察有无出血、寄生虫等病变。

二、病猪尸检病理变化及相关疾病

（一）体表检查的病理变化及可能的疾病

1. 眼部病变

若眼角有泪痕或眼屎，常见于流感、猪瘟、衣原体病等；若眼结膜充血、苍白、黄染，常见于热性传染病、贫血、黄疸、附红细胞体病等；若眼睑水肿，见于猪水肿病、蓝耳病等。

2. 口鼻病变

若鼻孔有炎性渗出物，常见于流感、气喘病、萎缩性鼻炎等；若上唇吻突及鼻孔有水疱、糜烂，常见于口蹄疫、水疱病等；若鼻歪斜，颜面部变形，见于萎缩性鼻炎；若齿龈、口角有点状出血，见于猪瘟；若唇、齿龈、颊部黏膜溃疡，见于猪瘟；若齿龈水肿，见于猪水肿病。

3. 体表及肢蹄病变

若胸、腹和四肢内侧皮肤有大小不一的出血斑点，常见于猪瘟、湿疹、附红细胞体病、衣原体病等；若体表有方形、菱形红色疹块，见于猪丹毒；若耳尖、鼻端、四蹄呈紫色，常见于沙门氏菌病、蓝耳病等；若蹄部皮肤出现水疱、糜烂、溃疡，常见于口蹄疫、水疱病等；若咽喉部明显肿大，常见于链球菌病、猪肺疫等；若下腹和四肢内侧有痘疹，见于猪痘。

4. 肛门病变

若肛门周围和尾部有粪污染，常见于腹泻性疾病。

（二）各器官病理变化及揭示的疾病

1. 淋巴结病变

若全身淋巴结有大理石样出血变化，常见于猪瘟、断奶仔猪多系统衰竭综合征；若颌下淋巴结肿大、出血性坏死，常见于猪炭疽、链球菌病、蓝耳病等；若咽、颈及肠系膜淋巴结黄白色干酪样坏死灶，常见于猪结核、附红细胞体病等；若淋巴结充血、水肿、小点状出血，常见于急性猪肺疫、猪丹毒、链球菌病、衣原体病等；若支气管淋巴结、肠系膜淋巴结髓样肿胀，常见于猪气喘病、猪肺疫、传染性胸膜肺炎、副伤寒等。

2. 肝脏病变

若肝有坏死小灶，常见于沙门氏菌病、弓形虫病、李氏杆菌病、伪狂犬病、衣原体病等；若胆囊出血，常见于猪瘟、胆囊炎、附红细胞体病等。

3. 脾脏病变

若脾边缘有出血性梗死，常见于猪瘟、链球菌病等；若脾淤血肿大，灶状坏死，常见于弓形虫病、附红细胞体病等；若脾边缘有小点状出血，常见于仔猪红痢；若脾稍肿大，呈樱桃红色，常见于猪丹毒。

4. 肺病变

若肺水肿、小点状坏死，常见于弓形虫病、断奶仔猪多系统衰竭综合征；若肺有斑点状出血，常见于猪瘟、蓝耳病、衣原体病等；若肺出现纤维素性渗出，常见于猪肺疫、传染性胸膜肺炎等；若肺的心叶、尖叶、中间叶有胰样变，常见于气喘病；若肺有粟粒样、干酪样结节，常见于结核病。

5. 心脏病变

若心外膜点状出血，常见于猪瘟、猪肺疫、链球菌病等；若心外膜有纤维素性渗出，常见于猪肺疫、胸膜肺炎、蓝耳病等；若心肌有条纹状坏死带，常见于口蹄疫；若心瓣膜有菜花样疣状物，常见于慢性猪丹毒；若心肌内有米粒大灰白色包囊泡，常见于猪囊尾蚴病。

6. 肾脏病变

若肾苍白、有小点状出血，常见于猪瘟、伪狂犬病、附红细胞体病等；若肾高度淤血、有小点状出血，常见于急性出血、蓝耳病等。

7. 膀胱病变

若膀胱黏膜有出血斑点，常见于猪瘟。

8. 胃部病变

若胃黏膜充血、卡他性炎症，呈大红布样，常见于猪丹毒、食物中毒等；若胃黏膜斑点状出血、溃疡，常见于猪瘟、胃溃疡等；若胃黏膜下水肿，常见于水肿病。

9. 小肠病变

若以十二指肠为主的出血性、卡他性炎症，常见于仔猪黄痢、猪丹毒、食物中毒等；若小肠节段状出血性坏死，浆膜下有小气泡，常见于仔猪红痢、衣原体病等；若小肠黏膜小点状出血，常见于猪瘟。

10. 大肠病变

若大肠有卡他性、出血性炎症，常见于猪痢疾、胃肠炎、食物中毒等；若大肠黏膜下高度水肿，见于水肿病；若盲肠、结肠黏膜扣状溃疡，常见于猪瘟；若盲肠、结肠黏膜有灶状或弥漫性坏死，常见于慢性副伤寒。

11. 浆膜及浆膜腔病变

若胸膜腔有纤维素性渗出物、胸膜粘连，常见于猪肺疫、气喘病等；若浆膜腔积液，常见于传染性胸膜肺炎、弓形虫病等；若浆膜出血，常见于猪瘟、链球菌病等。

12. 血液变化

若多处血液凝固不良，常见于链球菌病、中毒性疾病、附红细胞体病。

13. 睾丸病变

若公猪睾丸肿大、发炎、坏死或萎缩，常见于乙型脑炎、布氏杆菌病等。

14. 肌肉病变

若肌肉组织出血、坏死、含气泡，见于恶性水肿；若臀肌、肩胛肌、咬肌等处有米粒大囊泡，常见于猪囊尾蚴病；若腹斜肌、大腿肌、肋间肌等处见有与肌纤维平行的毛根状小体，见于住肉孢子虫病。

三、尸体解剖结论

通常是剖检工作结束后，在现场主检者根据剖检所见的各器官病理变化进行综合分析，用专业术语对病变做出诊断。通常包括三方面，首先初步确定所剖检病例的主要疾病；其次分析各种病变的相互关系；最后初步确定所剖检病例的死亡原因。如通过剖检不能作出诊断时，主检者应根据剖检结果，结合临床流行病学、微生物学、免疫学、病理组织学等检查结果，做出初步诊断。

第三节　猪病临床实验室检验诊断技术

临床上，诊断猪病除了通常采用基本诊断法和剖解诊断法外，有些猪病还需要进行实验室的检验诊断，才能最后确诊。而实验室常规的检验和诊断项目主要有：粪尿的常规检验，细菌的分离培养、鉴定和药敏试验，免疫血清学检测等。

一、粪便常规检查法

粪便检查包括粪便的物理检查和化学检查，其中对猪病诊断中常用有粪便潜血检查和显微镜检。

1. 粪便潜血检查

潜血就是指存在于某些物质中肉眼无法直接看到的血液，因其含量较少，故称为潜血，必须借助化学方法来测定。

常用联苯胺法，原理是血红蛋白中的铁，具有过氧化物酶的作用，可分解过氧化氢放出氧，使联苯胺氧化呈绿色或蓝色。测定时取洁净棉签 2 根，滴以生理盐水，一支棉签上涂粪，另一支作对照，置于酒精灯上加温片刻，以破坏可能存在的几种过氧化物酶。冷却，分别加 1%联苯胺冰醋酸溶液及 3%过氧化氢溶液 2 滴，观察颜色出现的快慢及深浅。如果涂粪棉签呈蓝色，而对照棉签颜色不变，为阳性反应；假若两支棉签均呈蓝色，为假阳性反应；若两支棉签均不变色，为阴性反应。检验结果可按以下规定记录：加试剂后立即出现深蓝或深绿色者，为最强阳性反应（++++）；加试剂后初现浅蓝色，半分钟内渐现深蓝或深绿色者，为强阳性反应（+++）；加试剂半分钟后，在 1 分钟内出现绿蓝色者，为阳性反应（++）；加试剂 1～2 分钟间出现绿色者，为弱阳性反应（+）；加试剂 2～5 分钟间缓缓出现浅绿色者，为痕迹反应（±）；若 5 分钟后仍不出现浅蓝色或浅绿色者，为阴性（－）。粪便潜血检查常用于胃溃疡、胃穿孔及胃肠道的出血性疾病等的诊断。

尿潜血检查时，取被检尿液 3～5mL，置洁净试管中煮沸，以破坏其他可能存在的过氧化物酶。冷却后加入联苯胺冰醋酸饱和液数滴，再加3%过氧化氢溶液数滴，混合，数秒钟后即可呈现反应。若供检尿呈绿色或蓝色，为阳性反应，颜色的深度（绿、蓝绿、蓝色、深蓝），可表示反应的强弱（+、++、+++、++++）。若5分钟后仍不变色，则为阴性反应。尿潜血检查阳性常见于肾、膀胱及尿路的出血性疾病及溶血性疾病，如猪瘟、猪丹毒、新生仔猪溶血病等。

2. 粪便显微镜检查

主要用于寄生虫病和消化道疾病的诊断。借助显微镜观察粪便中的寄生虫虫卵和幼虫，同时也可了解被检猪的消化能力和胃肠道有无炎症病变。

（1）直接涂片法　本法简便易行，用来检查粪便中有无寄生的蠕虫卵，由于取粪量很少，检出率较低，所以要求每个样品涂5～6片。检查时取1片洁净的载玻片，先滴1大滴生理盐水（用50%甘油水溶液更好），再以竹签挑取被检粪便少许与载玻片上的生理盐水混匀，涂成薄层，即可镜检。若在涂片中镜检到多量的红细胞和白细胞，则表示肠道有炎症；若检查到有寄生的虫卵，说明该猪有寄生虫病，如蛔虫病、球虫病等。

（2）饱和盐水浮集法　采用比虫卵比重大的盐水使虫卵集中浮在液体表层，检出率较高，尤其对线虫卵检出效果较好。先制备饱和食盐溶液，即在1000mL沸水中加入食盐380g，冷却后用纱布过滤备用。检查时，取5～10g猪粪，加入20倍量的饱和食盐溶液，搅拌溶解后用纱布滤入另一烧杯中，去掉粪渣，静置30～60分钟，使比重小于饱和食盐溶液的虫卵浮集于液面上，然后用直径0.5～1cm的铁丝圈平行接触液面，使铁圈中形成一个薄膜，将其抖落于载玻片上，加盖玻片后，先用低倍镜观察，再转到高倍镜检查。

二、细菌分离、培养、鉴定和药敏试验

猪的细菌性疾病种类很多，危害大。有的易于诊断（如仔猪黄痢、白痢等），有些疾病难以确诊（如副伤寒、猪接触传染性胸膜炎、肺炎等），而更多的细菌病是并发、继发混合感染，为了及时、准确

地诊断，必须进行细菌的分离、培养和鉴定，同时还可将分离出的细菌株，通过抑菌试验筛选出敏感性强、疗效好的抗菌药物进行治疗。细菌学的检查内容主要包括病料的采集，细菌的分离培养，形态观察，生化试验和动物接种试验等。

（一）采样与病原分离

1. 病料采取

生前无菌采取血液、水肿液、未被污染的分泌物（鼻液、尿液、粪便等），死后采取心血、肝、脾、淋巴结、骨髓或肺部病灶等。

2. 病料处理

脏器或淋巴结应先做表面除杂，将组织块浸渍于95%酒精中并立即取出，引火自燃，这样反复2～3次，或在沸水中浸烫数秒钟，然后用灭菌刀剖切，将剖面做几个触片，并用接种针涂抹开，以提高检出率。

3. 直接镜检

将血液、水肿液等涂的玻片或其他脏器剖面做的涂片，部分用甲醇固定做革兰氏染色，部分瑞氏或美蓝染色，进行显微镜检查。

4. 分离培养

将上述镜检的可疑细菌，用鉴别培养基分离培养24小时后，再涂片染色镜检，再进一步做生化和动物接种试验。

（二）病原的鉴定

1. 生化鉴定

对上述分离培养获得的细菌进行葡萄糖、果糖、单奶糖、蔗糖和甘露醇等分解试验，甲基红（MR）试验和维培二氏（VP）试验、石蕊试验、明胶试验等。

2. 动物接种试验

取病料在灭菌研钵中加生理盐水1∶10制成乳剂，皮下或腹腔接种小白鼠，观察小白鼠的状况，对死亡的小白鼠进行剖解，取病料涂片染色镜检。

3. 血清型鉴定

有些细菌有分型的，还需要进行血清型的鉴定。

（三）药敏试验

由于各种病原菌对抗菌药物敏感性不同，而且细菌的耐药性也越来越明显。因此，测定可疑菌株对抗菌药物的敏感性，选用有效的抗菌药物是提高治疗效果的必要措施。常用的药物敏感试验方法有纸片法、试管法等。

1. 纸片法

本法简单易行，出结果快，应用也最普遍。

（1）抗菌药物纸片的制备

① 灭菌滤纸片准备　将质量较好的定性滤纸用打孔机打成直径6mm的圆形小纸片。每100片放入一小瓶中，瓶口用牛皮纸包扎，160℃干热灭菌1～2小时，或高压灭菌30分钟后在60℃下干燥备用。

② 药物纸片制备、保存　用无菌操作法将待测定的抗菌药物溶液（抗生素药物的浓度一般为青霉素200IU/mL，其他抗菌素1000μg/mL，磺胺类药物10mg/mL，中草药制剂1克/毫升）1mL加入100片纸片中，置冰箱内浸泡1～2小时，如立即试验可不烘干，若保存备用可用培养皿烘干法或真空抽干法干燥。

培养皿烘干法是将浸有抗菌药液的纸片摊平在培养皿中，37℃温箱内保存2～3小时即可干燥，或放在无菌室内过夜干燥。真空抽干法是将放有抗菌药物纸片的试管，放在干燥器内，用真空抽气机抽干，一般需要18～24小时。将制好的各种药片装入无菌小瓶中，置冰箱内保存备用。干燥的抗菌药物纸片可保存6个月。当用标准敏感菌株做敏感性试验，记录抑菌圈的直径，若抑菌圈比原来的缩小，则表明该抗菌药物已失效，不能再用。

（2）培养基和菌液　一般细菌如肠道杆菌及葡萄球菌等可用普通琼脂平板；链球菌、巴氏杆菌或肺炎球菌等可用血液琼脂平板；测定对磺胺类药物的敏感试验时，应使用无蛋白胨脂平板。菌液一般为培养10～18小时的幼龄菌液。

（3）试验方法　用接种针取培养10～18小时的幼龄菌，均匀涂抹于琼脂平板上，待干燥后，用镊子夹取各种抗菌纸片，平均分布于琼脂表面，纸片间距不小于40mm，在37℃温箱内培养18小时后观察结果。

(4) 结果判定　根据抗菌药物纸片周围无菌区（抑菌圈的直径）的大小，判定其耐药程度。

2. 试管法

是将药物做倍比稀释，观察不同浓度的药物对细菌的抑制能力，以判定细菌对药物的敏感度。常用于测定抗生素及中草药对细菌的抑制能力。

(1) 试验方法　取无菌试管10支，排列于试管架上，在第一管中加入营养肉汤培养基1.9mL，其余9管加入1mL。吸取配制好的药液原液0.1mL，加入第一管中，充分混匀后吸出1mL移入第二管中，混匀，再从第二管吸取1mL加入到第三管，依此法直至第九管中，吸出1mL弃去。第十管不加药液作对照。然后向各管中加入幼龄菌稀释液50微升（培养18小时的菌液做1∶1000稀释，培养10小时的菌液做1∶10稀释），于37℃温箱中培养18～24小时后观察结果。

(2) 结果判定　培养18小时后，凡无细菌生长的药物最高稀释倍数即为该菌对药物的敏感度。如由于加入药物使培养基变混浊，眼观不易判断时，可进行接种培养或涂片染色镜检判定结果。

三、血清学检查

抗原和相应的抗体在动物体内或体外都能发生特异性结合反应，这种反应称为抗原抗体反应。习惯上把体内的抗原抗体反应称为免疫反应，体外的抗原抗体反应称为血清学反应。

血清学检查可以用已知的抗体检查未知的抗原，也可用已知的抗原测定未知的抗体。由于血清学反应具有高度的特异性和敏感性，因此，在兽医学上广泛用于许多传染病的诊断、病原微生物的鉴定及抗体的检测等。

目前，已知的血清学诊断方法很多，随着科学技术的进步，新方法、新技术还在不断地出现。下面介绍几种猪场通过学习都能掌握和使用的诊断方法以及一些有应用前景的新型技术：凝集试验、沉淀试验、病毒中和试验、免疫酶技术、免疫胶体金技术、固相免疫吸附凝集技术、脂质体免疫测定法、单克隆抗体技术、反转录聚合酶链式反应和免疫荧光试验等。

（一）凝集试验

其原理是：颗粒性抗原（红细胞、细菌、病毒等）与含有相应抗体的血清混合，在电解质的参与下，能发生特异性结合，形成抗原-抗体复合物，这种复合物呈均匀状态悬浮于液体中，这时肉眼看不见，当抗原抗体复合物在一定浓度的电解质作用下，复合物表面的电荷大部分被消除，失去了互相排斥的作用，复合物之间互相吸引，凝集成团，出现肉眼可见的凝集现象。作用于凝集反应的抗原，称为凝集原；与之相结合的抗体，称为凝集素。

凝集反应按原理可分为直接凝集反应和间接凝集反应两类。猪病诊断中的常用的方法有以下几种。

1. 全血玻片凝集试验

在实践中主要用于细菌性疾病的抗体检测和抗原（经分离培养后）的鉴定。

2. 试管凝集试验

这是一种定量法，用于测定被检血清或其他体液中有否某种抗体及其效价，可作临床的辅助诊断，或用于流行病学监测。在猪场中，本法常用于猪布氏杆菌病的诊断。

3. 间接红细胞凝集试验

其原理是：将抗原（或抗体）吸附在比其体积大千万倍的红细胞表面，只需少量的抗体（或抗原），就可使这种致敏的红细胞通过抗原和抗体结合，出现肉眼清晰可见的凝集现象。这种试验能大大提高反应的敏感性。用抗体致敏红细胞检测相应的抗原，称为反向间接血凝试验；反之，称为正向间接血凝试验。在猪病的诊断中，常采用本法鉴定猪口蹄疫、水疱病、猪瘟、传染性胸膜肺炎等疾病的抗原，或检测其抗体。

4. 乳胶凝集试验

主要用于猪伪狂犬病和萎缩性鼻炎的诊断，是用其病毒致敏乳胶抗原来检测被检猪的血清、全血或乳汁中的抗体。具有简便、快速、特异、敏感的优点。

（二）沉淀试验

原理是：利用可溶性抗原（如细菌的培养滤液、病毒的可溶性抗原等）与相应的抗体结合，在电解质存在时，可形成肉眼可见的白色沉淀物。参加沉淀反应的抗原，称为沉淀原，抗体叫做沉淀素。沉淀试验的具体方法有多种，如琼脂扩散试验、环状沉淀试验和免疫电泳等。

琼脂扩散试验是目前诊断猪病最常用的方法。本法可用已知抗原测定未知抗体，反之亦然。在猪病的实验室诊断中，常用于猪伪狂犬病的抗体检测，也有用来检查猪瘟、猪水疱病等的抗原。

（三）病毒中和试验（VNT）

病毒与相应抗体结合后，使病毒不能吸附或穿入易感细胞，丧失了破坏细胞的能力从而抑制细胞病变的产生，借此定量测定病毒或其抗体的效价。用病毒中和试验定量检测抗体是经常使用的血清学方法。应用已知抗血清，也可很好地鉴定未知病毒和区分不同血清型的病毒。

（四）免疫酶技术

免疫酶技术是根据抗原与抗体特异性结合的功能，以酶作标记物，利用酶对底物具有高效催化作用的原理而设计的。它是通过化学方法将酶与抗体（或抗原）结合起来，标记后的抗体（或抗原）仍然保持与相应抗原（或抗体）相结合的免疫学活性，形成酶标抗体-抗原（或酶标抗原-抗体）复合物。复合物中的酶在遇到相应的底物时，催化底物分解、氧化而生成有色物质，根据有色产物的有无及其浓度，可间接推断被检抗原或抗体是否存在及其数量，达到定性和定量检测的目的。

免疫酶技术既可用于抗原的诊断，也可进行血清抗体的检测。已经广泛地用于传染性疾病的诊断、血清流行病学调查和抗体水平的评价、微生物抗原的检测及其在感染细胞内的定位。目前对猪瘟、伪狂犬病、繁殖与呼吸综合征、流行性腹泻、旋毛虫病、猪气喘病等疾病均采用免疫酶技术进行病原诊断、抗体检测和血清学流行病调查，并且已成为规模化猪场化验室工作的一项重要内容。利用免疫酶技术测定抗原或抗体的方法很多，下面简要介绍几种适合猪场使用的免疫酶技术。

1. 酶联免疫吸附试验

是固相免疫酶测定法中应用最广泛的一种测定方法，以物理吸附法制备免疫吸附剂。按检测目的和操作步骤不同，常用间接法和双抗体夹心法，前者常用于测定抗体，后者常用于测定抗原。该法在临诊上可检测体液中各种蛋白质、激素、细菌毒素、病原的抗体抗原等，所以可检测各种寄生虫病、细菌和病毒性传染病，检测样品可以是体液、血液、粪便及任何器官组织。

（1）间接法 将已知抗原吸附（包被）于固相载体（聚苯乙烯酶联板），孵育后洗去未吸附的抗原，随后加入含有特异性抗体的被检血清，然后洗涤未起反应的物质，加入酶标抗同种球蛋白（如被检血清是猪血清，则需用抗猪球蛋白），作用后再经洗涤，加入酶底物，底物被分解后出现颜色变化，颜色变化的速度及程度与样品中抗体的量有关，即样品中的抗体越多，颜色出现越快、色越深。再用酶联免疫检测仪检测吸光度值。

（2）双抗体夹心法 本法是检测抗原的方法，将特异性免疫球蛋白吸附于固相载体（聚苯乙烯酶联板）表面，然后加入含有抗原的溶液，使抗原和抗体在固相表面形成复合物，洗除多余的抗原，再加入酶标记的特异性抗体，作用后冲洗，加入酶的底物，颜色的改变与被测样品中的抗原量成正比。然后用酶联免疫检测仪检测吸光度值。

2. 斑点酶联免疫吸附试验

将待检查抗原样点在处理好的硝酸纤维滤膜（孔径 0.45μm）的圆圈内，而后用异种动物血清、牛血清白蛋白或明胶溶液等进行封闭处理，随后将上述硝酸纤维滤膜置于工作浓度的猪阳性血清中进行处理，再加酶标兔抗猪免疫球蛋白 G 作用一定时间，再加底物溶液作用 5～20 分钟后，终止反应显色，等硝酸纤维滤膜干燥，判断结果。“－”表示硝酸纤维滤膜不呈现斑点，与阴性对照相同；“＋”表示斑点较弱或点内有不均质的棕色点；“＋＋”表示斑点浅棕色，对比度清晰；“＋＋＋”介于＋＋和＋＋＋＋两者之间；“＋＋＋＋”表示斑点深棕色，背景白色。出现阳性反应的血清最高稀释度为该血清的斑点检测效价。

检测抗体的方法与检测未知抗原的方法类同，只是点样时用已知抗原点样，封闭后将点样后的硝酸纤维滤膜，按点样格子剪成小块，置入系列稀释的待检血清（1∶10，1∶50，1∶100，1∶200，…，1∶6400，1∶12800）中。同时，设阳性和阴性血清对照，37℃作用1小时，然后用洗涤液洗涤3次，每次3分钟，后面的操作同检测未知抗原时的一致。

（五）免疫胶体金技术

免疫胶体金技术的基本原理是以微孔滤膜为载体，包被已知抗原或抗体，加入待检标本后，经滤膜的毛细管作用或渗滤作用使标本中的抗原或抗体与膜上包被的抗体或抗原结合，再用胶体金结合物标记而达到检测目的（胶体金反应原理模式见图3-1）。该技术可快捷迅速得出结果；灵敏准确，结果受外界影响较少；可长期保存；安全简便，不需仪器和设备；成本少，所需试剂和样本量少。

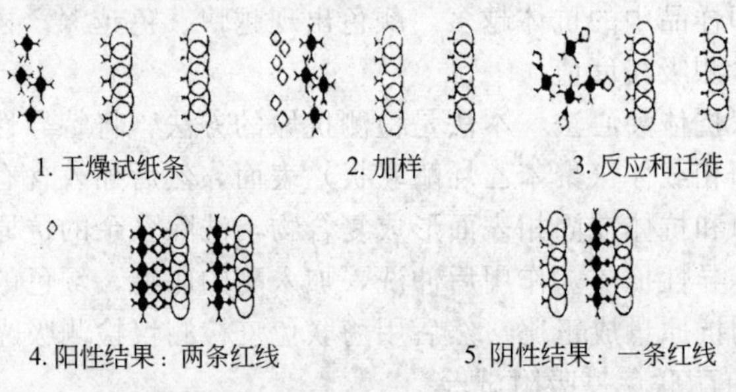

图3-1 胶体金反应原理模式图

在养猪生产实践中，用该技术可快速得出诊断结果或监测结果，如通过监测抗体滴度来快速检验疫苗质量并确定免疫最适剂量；通过监测母源抗体及时做出是否给母猪免疫接种和给仔猪超前免疫的决策；通过监测猪群的抗体滴度及时得知猪群的免疫水平或疫病的流行情况，以便及时采取相应措施。

（六）固相免疫吸附凝集技术

该技术是固相免疫测定技术与凝集反应或病毒血凝试验相结合的

新型免疫检测技术。最有实用价值的为红细胞固相吸附试验，用于病毒感染早期诊断，敏感性与 ELISA 和放射免疫测定法相当或甚至更高，特异性极高，试剂也经济，来源广泛，无需特殊设备，操作比其他固相免疫技术简单，国外已广泛应用。方法是首先用抗某种动物 IgM 的抗体包被固相载体（PVC 软板），再加入病毒抗原，后加入新鲜敏感的红细胞显示反应结果。

为扩大本技术的应用范围，用抗原或抗体致敏红细胞来显示反应结果，前者称间接红细胞固相吸附试验，用于检测特异性 IgM 抗体，诊断病原的早期感染；后者称反向间接红细胞固相吸附试验，它既可用双抗体夹心法检测抗原，又可用间接法检测抗体。用阅读放大镜观察结果：呈钮扣状沉淀物视为阴性；呈网状凝集视为阳性；小钮扣伴小片纱状为可疑。阳性标本按需再做滴度测定。

（七）单克隆抗体技术

该技术用细胞融合技术将免疫的 B 淋巴细胞和骨髓瘤细胞融合成杂交瘤细胞，通过筛选，经单个细胞无性繁殖后使每个克隆能持续地产生只作用于某一个抗原决定簇的抗体的技术。在疾病的诊断、预防和治疗等，显示出巨大的生命力。我国猪瘟单克隆抗体诊断试剂已在中国兽药监察所研制成功。该技术具有简便、快速、准确、省时、低廉等特点，推广应用前景广阔。

（八）聚合酶链式反应（PCR）

PCR 是模拟体内 DNA 的复制过程，由引物介导和耐热 DNA 聚合酶催化，在体外扩增特异性 DNA 片段的一种有效方法。应用 PCR 技术可直接从各种组织、体液中检测到病毒，不需分离培养，且具有较高的敏感性，可检出百万分之一的感染细胞，进行单拷贝的 DNA 检测。随着 PCR 技术的应用，其操作及步骤均不断改进衍生出了多种更具优势的新种类：如 PCR 与核酸杂交技术相结合，可提高检测的特异性，进行快速诊断和毒株分型；逆转录 PCR 已广泛应用于 RNA 病毒的检测；常温 PCR 不需扩增仪即可在常温下直接扩增模板 DNA 或 RNA，简便快速；多重 PCR 是在同一反应体系中加入一对以上的引物，当与各引物相对特异性互补的模板存在时，可在同一反应管中同时扩增出一条以上的目的基因，这一高度敏感、特异且简便的方法能同时将需要鉴别诊断的传染病一次得到确诊。

（九）免疫荧光试验

将抗原或抗体标记上荧光素，再进行抗原抗体反应。由于荧光素在紫外线的照射下能激发出可见的荧光，因此荧光的出现就说明标记物的存在，同时也反映了抗原抗体的存在。免疫荧光试验有直接法和间接法。其对可疑病料的检出率达100%，是一种特异、快速、准确的诊断方法。

第四节　猪病的传统诊断与治疗方法及民间土法

传统兽医诊断猪病是将患病猪与其所处的环境作为一个整体来考虑，综合运用兽医诊断的各种方法，全面了解猪病发生的原因、进展阶段、表现症状及猪群状况，从而对猪病的种类和发病阶段做出正确的判断。

一、传统诊断法

诊断法是指诊察病猪情况的方法。传统兽医完整的诊断方法主要有望、闻、问、切四种，即“四诊”。在诊察疾病中，四诊各有作用，一定要全面运用，做到“四诊合参”，才能做到正确诊断。切勿只强调某一种诊法，而忽视其他诊法，否则将导致诊断错误。要全面掌握“四诊合参”所获得的所有信息，加以综合分析，这样才能制订出综合全面的治疗方案。四诊的具体内容和本章第一节基本一致，这里不再赘述。

二、传统的治疗方法和民间土法

（一）补液疗法

常用于治疗热病伤津、肠炎脱水、失血、贫血等病症。猪的常用补液方法有耳静脉、腹腔、皮下、口服等4种。补液药物多用生理盐水、复方氯化钠、糖盐水。补液量的多少要根据病情轻重，猪体大小而定，一般200～2000mL。有强心、利尿、解毒、补充津液等作用。

临床实践证明，对于猪胃肠疾病，运用口服补液盐是最经济、方便又科学的补液方法。对于猪胃肠疾病若只重视抗菌药物消炎，而忽视口服补液，会使猪脱水和酸中毒而死亡，这是猪胃肠疾病得不到及时控制的最重要原因。应用口服补液盐的早晚及充分与否，往往决定猪的生死存亡。口服补液盐溶液（1000mL温水中加入葡萄糖20g、氯化钠3.5g、碳酸氢钠2.5g、氯化钾1.5g）让猪自由饮用，效果与静脉输液与腹部注射相当。若没有口服补液盐，也可按适当比例自制糖盐水给猪饮用。实践表明，用枸橼酸代替碳酸氢钠，用米汤代替补液盐中的糖和水分，可取得更佳效果。

（二）灌肠洗胃疗法

这种治疗方法，有通便、泻热、排毒的作用。适用于大便燥结、高热症、消化不良、肠炎、脑黄、丹毒、肺炎、中毒等疾病。

1. 灌肠疗法

（1）肥皂水或猪苦胆灌肠　主要用于猪大便秘结。35℃温水3000～4000mL，软肥皂50～100g，用双手搓溶于水中备用。患猪站立保定，术者将胃管一端接漏斗，另一端涂抹石蜡油后徐徐送入直肠，动作要轻缓，不要捅伤肠管。大猪可插入25～30cm，小猪8～10cm。助手将肥皂水缓缓加入漏斗，术者同时不断地将胃管向直肠内轻轻推进。灌完抽出胃管，用手堵塞肛门，让肥皂水在肠管内充分润肠，每天1次，轻症1次，重症3次即愈。在灌肠的同时，配合肌肉注射青霉素240万单位、链霉素200万单位，每天2次，效果更佳。猪苦胆灌肠方法与之相似，猪苦胆（新鲜或干枯）1～3个用一碗开水冲泡数分钟后，一半水内服，另一半水用注射器连接小皮管慢慢由肛门注入肠内，1～2小时后猪便秘就会好转（但注意妊娠母猪禁用本法，以防流产）。

（2）药物灌肠　主要适用于高热症及肠道疾病。常用猪、羊鲜胆汁加米醋混悬液进行直肠灌注，1～2个猪、羊胆汁（约80mL）加入米醋30～40mL，使呈蛋黄状（胆汁有2种，一种呈黄绿色者可少加米醋，不结块为宜；另一种呈青绿色者，可多加米醋不结块），搅拌均匀。然后用一根导尿管醮上调制好的胆汁插入直肠，用注射器将调制好的胆汁注入直肠内，并用手指堵塞肛门数分钟，以防药液流出。根据病情每天1次，连续1～2次即可。也可同时用一只猪、羊胆汁加蜂蜜250g，调均匀，给猪灌服。另外，灌注的药物也可用中药水煎液，一般每天灌注3～4次。对于仔猪副伤寒等肠道疾病效果较好。

2. 洗胃疗法

常用0.05%高锰酸钾溶液洗胃。先将猪口用木棍或开口器等开张，然后将胃导管缓慢送入胃中，确定胃导管已经插入胃中后，再用注射器通过胃管向胃内注入0.05%高锰酸钾溶液，并抽出胃内混合液，这样反复洗胃几次后，然后堵住胃导管外露一端的开口，缓慢抽出即可。常用于有机磷农药等食入性中毒等病症，如能同时结合其他药物治疗，效果更好。

（三）熏蒸疗法

熏蒸疗法常用于破伤风、猪流行性感冒等疾病的治疗和疫病的预防。熏蒸的药物一般可以用中药煎剂，也可用食醋等具有消毒作用的药物。药物熏蒸时，一般先将药液放入一个广口的盆内，盆口放一竹筛，竹筛内铺层麻袋片，然后将病猪捆好放入筛内，用麻袋覆盖好，只露出鼻孔、眼睛，熏蒸温度不超过45℃，以全身出汗为宜，时间约1小时，熏蒸过程中可把猪翻转几次，熏蒸后要避风，药液可再用，每天熏蒸1次，连续2天即好。也可用食醋或其他具有消毒作用的药物熏蒸整个猪舍。熏蒸时，首先将猪舍的门窗关闭或堵塞封严，运动场上搭蔽阳棚，用油布盖好，以减少空气流通，造成适度封闭的环境，每立方米室内用市售食醋10～15mL，放在容器内加水稀释1倍，在火炉或电炉文火加热，使食醋蒸发至干，每天1次，连用3天。此方既能病能治，又能防病，是猪病防治结合的方法，在猪场消毒，也是行之有效的常用方法。

（四）耳针疗法

猪耳从外观上大致可分为耳尖、耳垂、耳褶、二耳褶、三耳褶（即耳褶中三条棱）、半耳轮、耳褶窗、屏间切迹（如图3-2）。当猪患病时，在耳廓相应点（即耳穴）上就会出现一定的反应（敏感点）。

用针刺这些特定的敏感点来治疗疾病的方法，就叫耳针疗法。

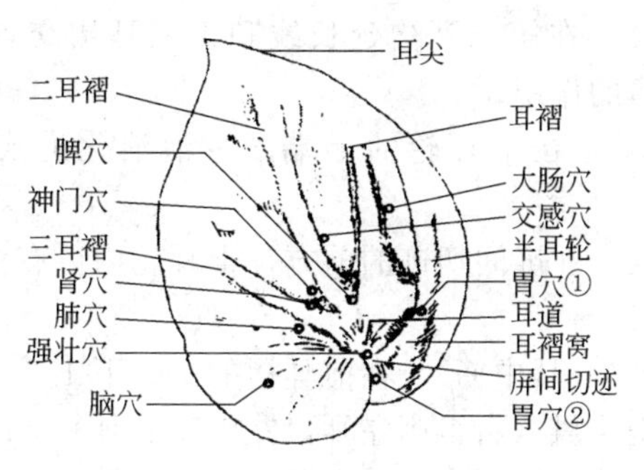

图 3-2　猪耳廓形态及（耳针）穴位

1. 操作方法

（1）取穴的方法　①根据病变部位直接针刺相应穴位。②用探棒在耳内均力探压，或用耳电针器寻找敏感点，然后针刺。③辨证取穴，如肺与大肠为表里关系，肺经有病，必传大肠，故除取肺穴外，还可加大肠穴。④常见病取穴：消化系统病以脾、胃、大肠穴为主，如出现泄泻、肠鸣或大便干燥时，可加针神门、交感穴，并施以不同手法；呼吸系统疾病取肺、大肠、脑、强壮等穴位；泌尿系统疾病，取肾、交感、神门、强壮等穴位。

（2）针刺方法　①方向，一般是向耳垂刺入，而有些穴位需斜刺，如交感穴等。②深度，一般刺过软骨，不穿过对面皮肤。③手法，右手持针，刺入后内外转之，还可采取强刺激提插法和弱刺激不捻针的方法。

2. 常用耳针穴位

（1）胃穴①　在第一耳褶的下端，膨大部位。主治消化道疾病，并有降温的作用。

（2）胃穴②　在耳褶窝靠屏间切迹的一端。主治消化道疾病。

（3）肾穴　在第二耳褶延长线和第三耳褶交点的下方。主治强腰肾、利筋骨、止痛、利水。

（4）脑穴　在屏间切迹的后方。有驱风作用。

（5）肺穴　在肾穴的下方与脾穴相对。主治呼吸道疾病。

（6）交感穴　在第二耳褶的中间。有行气活血、调和五脏的作用。

(7) 神门穴　在第二耳褶延长线和第三耳褶交点的上方。有安神、镇静、止痛的作用。

(8) 大肠穴　在半耳轮的上端。主治消化道疾病，有止泻的作用。

(9) 强壮穴　在屏间切迹的前方，半耳轮内。有活血行气、驱寒止痛的作用。

(10) 心筋穴（耳中筋）　在前耳褶的中、下1/3交界处，有驱风的作用。主治歪头风（右歪刺左耳，左歪刺右耳）。

(11) 脑筋穴（耳上筋）　在前耳褶的中、下1/3交界处。有祛风散寒、解表之功。

(12) 脾穴　在第一耳褶和第三耳褶的中间，胃穴的上部。主治消化不良、燥湿、利水。

（五）埋植疗法

将肠线或某些药物埋植在穴位或患部以防治疾病的方法。由于埋植物在体内有一定的吸收过程，因此对机体的刺激持续时间长，刺激强烈，从而产生明显的治疗效果。因埋植物有线类埋植物和药类埋植物的不同，因而埋植疗法分为埋线疗法和埋药疗法。常用于运动系统、呼吸系统和消化系统的某些病证。

1. 埋线疗法

常用缝合针埋线。用持针钳夹住带肠线的缝合针，从穴旁1cm处进针，穿透皮肤和肌肉，从穴位另一侧穿出；剪断穴位两边露出的肠线，轻提皮肤，使肠线完全埋进穴位内，最后消毒针孔。若用丝线，穿刺穴位后不必剪断，只需将穴外的丝线拴系一结，待病愈后将其抽出。

2. 埋药疗法

选择适当穴位，切开皮肤，做成皮肤囊，将常用的吸收缓慢的具有一定刺激的药物埋入穴位，消毒后以胶布封闭即可。埋入的药物可以是某些中药丸剂、白砒、红矾、蟾酥、白胡椒、花椒、雄黄等。临床上对猪瘟、破伤风、气喘病、水肿病、流行性感冒、传染性胃炎、弓形虫病、肺疫等多种疾病都有较好的疗效，而且取材方便，方法简单，价格便宜，疗效显著，是一种土法良方治疗猪病的技术。

蟾酥是一种最常用的埋植药丸，下面介绍一种自制蟾酥药丸方法。把捉来的活蟾蜍（癞蛤蟆），用清水冲洗其全身皮肤，用干净布片擦干，手持兽用注射针头或缝衣针，在蟾蜍头部两个隆起的顶部中央各垂直刺一次（以刺破皮肤为宜，不可太深），用药棉覆盖隆起点，用右手拇、中、无名指捏紧药棉挤压，蘸取蟾酥，依法连做多次，待整块药棉湿润为止，将药棉搓成比米粒直径略粗的棉条，置于阴凉通风处晾干，用剪刀剪成比米粒稍长的药丸，装瓶备用，这种药丸可治疗多种猪病，经济实惠。自己采集时，注意勿将白色浆液溅入眼内，以免引起眼部发炎。采过的蟾蜍仍放归野外，只要食物充裕，过15～20 天，可重新采集，直到寒露无食物时便止。

（六）穴位注射疗法

穴位注射疗法，又称水针术，是将某些中西药液注入穴位或患部痛点、肌肉起止点来防治疾病的方法。本法将针刺与药物疗法结合起来，具有方法简便、提高疗效、节省药量等特点。对于眼病、脾胃病、风湿病、损伤性跛行、神经麻痹、瘫痪等多种疾病，都有较好的疗效。若注射麻醉性药物，则称为穴位封闭疗法；若注射抗原物质，则称为穴位免疫。现在临床上常用于猪丹毒、仔猪白痢、气喘病、仔猪副伤寒、猪流感、红皮病、传染性胃肠炎、病毒性猪腹泻、感冒、咽喉炎、尿闭、腹泻、直肠脱出、便秘、胃肠炎、产后瘫痪、后躯风湿、后肢扭伤、原发性闭尿、直肠脱出、母猪不孕症、咳嗽、消化不良、僵猪等疾病的治疗。

（七）温熨疗法

是应用热源对动物患部或穴位进行温敷熨灼的刺激，以防治疾病的方法。主要包括醋麸灸、醋酒灸和软烧三种。

1. 醋麸疗法

用麸皮 10kg 炒干后，加陈醋 2.5kg 再炒，热度以 40～60℃ 为好，然后分装为两袋交替温熨患部穴位，抚摸患部有微汗为止。熨后注意保温，不要受风寒，一般用于背部及腰胯风湿、疼痛症，每日 1 次，可连用数日。

2. 醋酒疗法

把病猪保定好，用温醋将腰背部毛浸湿，盖上一块醋浸的粗布，再浇白酒用火点着，醋干加醋，酒尽浇酒。如此直到病猪出汗为止，灭火后盖上麻袋保温，勿使受凉，一般多用于腰背风湿病，破伤风也可应用。民间常用泥土和面糊掐成杯状，敷于穴位上，在杯中倒上烧酒点燃，将酒烧尽，即自行熄灭，称酒灸法。

3. 软烧疗法

适应于身体侧部的慢性关节炎、腰风湿与腰挫伤等病症。材料需准备圆木棍1根，长40cm、直径1.5cm，一端为木柄，另一端用棉花包好，外用纱布包扎，再用细铁丝结紧，呈圆形或长圆形棉纱球，长约8cm、直径3cm；小扫把1个；95%的酒精0.5L作为燃料；食醋1L、花椒30g，混合煮沸20分钟，待温备用。治疗时，把病猪保定在六柱栏内，以小扫把醮醋椒液，在患部周围上下大面积涂刷，再将上述棉纱球酿酒精燃着，于患部先缓慢燃烧（文火），待2～3分钟后患部皮温逐渐升高，此时可加大火力节律一致地摆动棉纱球，将火焰呈直线甩于患部及周围，在烧灼过程中要涂刷醋椒液，以免烧伤病猪，烧灼1次40分钟。

4. 热面坨疗法

主治猪破伤风。先在创口处进行扩创，用双氧水冲洗干净后，用5%碘酊做创口消毒，火烙封口。再用蛴螬（俗称地蚕）30个、花椒叶1把、大葱10根，共捣为糊状，荞麦面（小麦面）配合上3味药做成两个面坨放于锅内，用香油或棉油烧热。两个面坨轮流温烫于患处，直到小猪全身出汗为止，每日1次，连续2～3天即愈。

（八）艾灸疗法

艾灸术一般是用点燃的艾条或艾绒等对猪体的患部或穴位上熏灼，借以疏通经络，驱散寒邪，以调整机能、增强猪体抵抗力而收到治疗效果。民间常用灸术有艾卷灸、艾绒灸、烟熏灸等。

1. 艾绒灸

这是民间应用最普遍的灸法。用艾叶作原料，艾以陈旧为佳，越陈旧越易搓成艾绒。用艾作为灸料，热度温和，一般多用于寒湿、疼痛等症。艾绒灸有直接法和间接法两种。直接法是将点燃的艾绒置于穴位或患部上，待烧至底部时再换一个艾绒。间接灸是在艾绒与皮肤之间，隔放一姜片、蒜片或附子片（切成厚 0.3cm 左右的鲜姜片，用针刺上许多小孔），使皮肤不至灼伤，姜片或蒜片干枯后，换上新鲜的再灸。

2. 艾卷灸

将艾绒拧成绳索状或卷成纸烟形，长 15cm、直径 1.8cm。使用时，将艾卷的一端燃着，右手以执笔的姿势握另一端，对准施术部位，离皮肤 1.5～3cm，使病猪感到温热而不灼痛，灸 2～3min，还可用点燃的艾卷刺激一下，再拿开，如此重复施行。

3. 烟熏灸

常用于治疗各种外部炎症。用干桑树枝、干艾、桐油或麻油纸捻等，燃着熏患部。

（九）按摩疗法

按摩疗法是土法治疗猪病的传统技术，是属于外治法之一，是在中兽医经络学说理论指导下，在患猪体表一定经络穴道，通过按、推、掐、捋等手法反复刺激，从而使其经脉疏通，脏腑气血调和，正气内存，祛邪于外，使患病猪归于正常。

按摩又称推拿，是运用不同手法在患猪体表经络、穴位上施以机械刺激而防治疾病的方法。基本的手法以下几种。按，用手指或指掌在穴位上，向下用缓力反复按压；捋，用于耳、尾、四肢等穴位，手握肢、尾、耳等基部，向远端或近端来回反复操作；推，用手掌根部在穴位处反复推移；掐，用两指甲反复在穴位上掐压；揉，用手指或手掌贴附穴位皮肤，做轻微的带转移性的回环揉动，揉时掌指都不能离开皮肤；捏，用两指端在穴位上用力捏挤，致局部发热变红或紫红为度；分，用两手掌根部或两手拇指端，由穴位中心向两侧反复分推；合，用两手掌根部或两手拇指端，由两侧向穴位中心反复推；拍，用手掌拍打穴位。现常用于感冒、咳嗽、伤食、泄泻、产后热、产后瘫痪、中暑、食噎、闭尿等病症。

需要注意的是：一般每穴按摩时间为 1 次 1～3min；母猪怀孕期时，不能按摩腹部各穴，防止引起流产。按摩一般每日 1 次，连续 3～4 次为一疗程。

（十）烧烙疗法

是使用烧红的烙铁在患部或穴位上进行熨络或画烙的治疗方法。现常用于某些针药久治不愈的慢性顽固性筋骨、肌肉、关节疾患和破伤风、脑黄、神经麻痹等。猪常用间接烧烙。用草纸2张，重叠浸酒后，放在患部或穴位上，再将浸透醋的草纸2张，重叠在上面，用烧红的烙铁一直把纸烙干为止。也可用麦麸250g，用醋浸湿，装入干净布包内代替草纸。

（十一）刮痧疗法

是用刮痧器在猪体表一定部位按刮，以治疗疾病的方法。适用于高热症、咽喉炎、丹毒、感冒、中毒、中暑等病症。用白酒或盐水浸湿棉花在猪腰背、胸壁、腹侧、胯膝内侧、肘腕跗关节内侧、颈下部用力涂擦之后，用金属刮痧器刮之（也可用旧锄板或铁勺代替），刮至皮肤出现淤血为止。有疏通经络、引邪外出的作用。

第四章 猪传染病

一、猪瘟

猪瘟是由猪瘟病毒引起的猪的一种急性或慢性、热性和高度接触性传染病，临床以急性出血和发热为主要特征，死亡率极高。

【病原】 猪瘟病毒（CSFV）属黄病毒科瘟病毒属。尽管猪瘟病毒变异株不少，不同毒株间存在显著抗原差异，但都属于同一血清型。CSFV 野毒株毒力差异很大，有强、中、低、无毒株以及持续感染毒株之分，强毒株引起死亡率高的急性猪瘟，中毒株一般产生亚急性或慢性感染，低毒力猪瘟病毒可感染胎儿引起轻微临诊症状或亚临诊感染，但胚胎感染或初生猪感染可导致免疫失败或死亡。中等毒力毒株感染的后果部分取决于年龄、免疫能力和营养状况等宿主因素，而强毒株或低毒株感染，宿主因素仅起很小作用。无毒力株能引起高度病毒血症，但不表现任何临诊症状，呈持续感染。

【症状与病变】 根据临诊特征，可分为急性、慢性和迟发性 3 种类型。无论哪种类型，其发病率、病死率都在 90%以上。

急性 CSF 初期临床症状包括食欲减退、精神不振、结膜炎、呼吸困难、便秘或下痢；慢性病例与之相似，只是维持 2～3 个月后才会死亡。猪瘟的常见症状是高热，体温高于 40℃；仔猪常常扎堆在某个角落，仔猪表现的临床症状比成年猪明显，成年猪体温一般 39.5℃左右；母猪感染可导致流产和死胎，CSFV 可穿过胎盘感染胎儿，母猪在怀孕 50～70 天时被感染能导致仔猪持续性病毒血症，仔猪出生后初期表现正常，之后逐渐消瘦或发生先天性震颤，即迟发性猪瘟。

急性病例病理变化大多见出血、白细胞和血小板减少，皮肤、淋巴结、喉头、膀胱、肾脏及回盲绊出现淤点或淤斑；脾脏边缘梗死，淋巴结或扁桃体肿胀和出血。慢性病例在盲肠或大肠发生钮扣样溃疡及淋巴组织病变。先天性CSF可导致流产、胎儿木乃伊化、死胎或先天性畸形。

【辨证】 血热郁结三焦。

【治疗】 此病无有效药物治疗。目前常用土法良方治疗。治宜抗病毒、清热泻火、解毒。

方1 皮硝20g，蝼蛄7个。将蝼蛄捣烂，先服皮硝，后服蝼蛄，连服2剂。

方2 癞蛤蟆杀死后，晒干碾细，每头猪每天取癞蛤蟆粉15g，拌食灌服，每天1次，连用2～3天。

方3 吸取健康鹅翅膀根静脉血液或羊的静脉血液，给患猪注入10mL。

方4 1～2个独头大蒜捣烂、土霉素10片研末，与食盐50g混合后一起溶解于1000mL清石灰水中，纱布过滤，收滤汁（滤液不能见阳光）灌服，每天1次，连服2天。同时取10%维生素C 4mL、青霉素G钾300万单位、鸡蛋清16mL，混合1次肌注，每天1次，连注2次。上为50kg猪的剂量，可根据猪的大小酌情增减用量。

方5 雄黄2g，明矾3g，大蒜50g，朱砂2g，共捣烂加开水过滤，滤液灌猪，连喂3～5天，常收良效。

方6 鸡蛋清3个，绿豆粉100g，调匀供10kg以下小猪1次灌服。

方7 藿香正气水10～20mL拌饲或灌服仔猪，每天2次，连续喂3天，病重仔猪，用量加倍。

方8 贯众90g，水煎去渣取汁，加朴硝90g，供体重50kg猪1次灌服。

方9 细辛、陈皮、牙皂各10g，白芷12g，苍术、川芎、藿香、薄荷、半夏、贯众各15g，雄黄、明矾、朱砂各3g，石胡荽30g，共研细末，吹鼻。

方10 十大功劳35g，皂角10g，金锦香14g，虎杖16g，甘草7g，煎汁候温灌服，每日1剂，连服4剂。

方11 细辛、牙皂、生川芎、生草乌、雄黄、花椒、狗天灵盖各 5g，烧灰为末，一半吹鼻，一半灌服。

方 12　败酱草、夏枯草、金银花藤、大血藤各 15g，煎水 1 次灌服。

方 13　金包铁蛇或银包铁蛇 1 条，烧炭存性，研末调饲喂服。

方 14　茵陈、蒲公英、土茯苓各 30g，煎水，分 2～3 次灌服。

方 15　一枝黄花、野菊花、忍冬藤、千里光各 15～24g（鲜药加倍），煎水 1 次灌服。

方 16　新鲜的土黄连、山银花、白藓、山豆根、夏枯草各 250～300g，煎水灌服。另外，每次用桐油果壳炭 20～60g，煮水 1.5～2kg，洗全身，每日洗 1 次。

方 17　蚯蚓 25 条捣烂，加白糖 200g，香油 100g，调匀 1 次内服。

方 18　蒲公英、白矾、生地黄、地丁各 50g，煎水 1 次喂服。

方 19　绿豆 30g，双花 21g，鲜茅根 46g，煎水 1 次内服，供大猪 1 头或小猪 2～6 头用。

方 20　绿豆 125g，黄豆、黑豆各 62g，甘草 15g，双花 31g，煎水喂服。

方 21　将复方阿司匹林溶于水中，病猪断食 2～3 天，自饮，每头仔猪每次 2 片，每日 2 次。

方 22　生石膏 40g（先煎），知母 20g，生山栀 10g，生甘草 10g，板蓝根 20g，玄参 20g，金银花 10g，炒枳壳 20g，鲜竹叶 30g，大黄 30g（后下），水煎取汁，候温灌服，每天 1 剂，连服 2～3 剂。

方 23　白头翁 25g，地榆 25g，栀子 15g，川乌 10g，生草乌 10g，雄黄 10g，连翘 10g，牙皂 10g，狼毒 10g，泽泻 15g，郁李仁 15g，灶心土 10g。水煎，候温灌服，每天 1 剂，连服 2～3 剂。

方 24　猪瘟抗血清 25mL、庆大小诺霉素注射液 16 万～32 万单位。1 次肌肉或静脉注射，每日 1 次，连用 2～3 次。早期使用效果更好。

方 25　卡耳埋植：发病初期，耳中下部避开血管处的背侧，用宽针在皮下刺成一皮下囊，深约 20mm，放入适量白砒或红矾（约 0.06g），再将白酒 0.5mL 滴入针眼内，用手轻揉后，以胶布覆盖针眼即可。也可割破尾尖或耳尖，放入适量胡椒粉。再喂给 5～10 个核桃仁或杏仁效果更佳。

方 26 水针疗法。选百会、六脉、脾俞、后海等穴，选择将猪瘟血清、红霉素、黄芪注射液、清开灵、双黄连注射液、安乃近等药物分别按肌内注射量 1/3 注入上述穴位。每日 1～2，连续 3～5 日。

方 27 血针或白针疗法。主穴选山根、血印、尾根、尾尖，配穴玉堂、六脉、涌泉、滴水等；或主穴山根、百会、八字、尾尖，配穴涌泉、玉堂、三里、交巢等。

【预防】 本病主要以预防为主。在猪瘟流行地区，常采用疫苗接种，或辅以扑灭措施以控制本病。目前国内市场上主要有两种猪瘟弱毒疫苗，即细胞苗和兔体组织苗。

预防方法 应依照各地区和猪群的不同抗体水平情况，制订出相应的免疫程序。一般免疫猪瘟兔化弱毒疫苗 2 头份。非猪瘟流行区，仔猪 60～70 日龄时接种 1 次；猪瘟流行区，21 日龄第 1 次接种，65 日龄再接种 1 次；种猪群以后每年加强免疫 1 次。发病猪群中假定健康猪及其他受威胁的猪只，可用此苗作紧急预防接种。

二、口蹄疫

口蹄疫是由口蹄疫病毒引起的偶蹄兽的一种急性、热性和高度接触性传染病，临诊上以猪口腔黏膜、鼻吻部、蹄部及乳房皮肤发生水疱和溃烂为特征。

【病原】 口蹄疫病毒属于小核糖核酸病毒科。该病毒具有多型性及易变异的特点，已知有 7 个主型（即 A 型、O 型、C 型、南非 1 型、南非 2 型、南非 3 型、亚洲型）。各型不能交互免疫，各主型还有若干亚型，目前已知约 65 个亚型。口蹄疫病毒对外界环境抵抗力较强，1%～2%火碱液，3%～5%福尔马林、0.2%～0.3%过氧乙酸等消毒药液对本病毒有较好的消毒效果。

【症状与病变】 病猪蹄部出现水泡，多发于蹄壳与皮肤交界处，严重者可致蹄壳脱落、跛行、口腔黏膜、鼻盘、吻突也发生水泡或糜烂，吞咽、咀嚼障碍。哺乳母猪乳房出现水疱或烂斑，泌乳力下降。乳猪常呈急性胃肠炎、心肌炎而突然死亡。

除口腔、鼻盘及蹄部发生水疱和溃烂外，咽喉、气管、支气管和胃黏膜也有烂斑或溃疡；小肠、大肠黏膜可见出血性炎症。仔猪因心肌炎死亡时可见心包膜有弥散性及点状出血，心肌松软，似煮熟样；心肌切面有灰白色或淡黄色斑纹，有“虎斑心”之称。

【辨证】肺经受热。

【治疗】动物发生口蹄疫后，一般不允许治疗，而应采取扑杀措施。确需治疗时，宜严格隔离、精心饲养、对症施治、清解肺热、解表利湿、防止继发感染。

方1　口腔可用清水、食醋或0.1%高锰酸钾冲洗，糜烂面上可涂1%～2%明矾或碘酊甘油（碘7g，碘化钾5g，酒精100mL，溶解后加入甘油10mL）或冰硼散（冰片15g，硼砂150g，芒硝18g）涂搽。蹄部可用3%来苏儿洗涤，擦干后涂松馏油或鱼石脂软膏等，再用绷带包扎。乳房可用肥皂水或2%～3%硼酸水洗涤，然后涂以青霉素软膏或其他防腐软膏，并定期将奶挤出以防发生乳房炎。

方2　食醋洗患部后，用熟石膏粉、锅底灰等量混合，加食盐少许，撒在创面上，每日2次。

方3　口蹄疫抗血清按每千克体重0.5mL 1次肌内或静脉注射。同时用0.1%高锰酸钾溶液冲洗患部，然后涂碘甘油或龙胆紫溶液。对体质虚弱者，还可考虑适当给予强心补液和抗菌消炎等，增强其抗病力。

方4　冰片5g，硼砂5g，黄连5g，明矾5g，儿茶5g，患部以消毒水洗净后，研末撒布。

方5　贯众15g，桔梗12g，山豆根15g，连翘12g，赤芍9g，生地黄9g，花粉9g，荆芥9g，木通9g，甘草9g，绿豆粉30g，大黄12g。共研末加蜂蜜100g为引，开水冲服，每日1剂，连用2～3剂。

方6　血针或白针疗法。选山根、玉堂、承浆、卡耳、缠腕、涌泉、滴水、蹄门、耳尖等穴。

【预防】加强饲养管理，保持畜舍卫生，经常进行消毒，对购进的动物及其产品、饲料、生物制品等进行严格检疫，平时减少机体的应激反应，可以预防口蹄疫的发生。

在疫区最好用与当地流行的相同血清型、亚型的减毒活苗或灭活苗进行免疫接种。康复血清或高免血清用于疫区和受威胁区动物，可控制疫情和保护幼年动物。猪场一旦发生疫情，应立即上报有关主管部门，并立即采取有效措施，对患猪及可疑感染猪一律捕杀、深埋或焚烧。对怀疑受污染的粪便、饲料、圈舍及运输工具等，应进行严格彻底的消毒，禁止人畜流动，消灭传染源，防止疫情蔓延。对猪场或疫区及其邻近受威胁区的健康猪只，用口蹄疫灭活疫苗进行紧急免疫接种。在口蹄疫流行期或处理病猪等时，应注意防止经创伤接触感染。

三、流行性乙型脑炎

又称日本乙型脑炎，简称乙脑，是由流行性乙型脑炎病毒引起的一种人畜共患传染病，猪表现流产、死胎、木乃伊胎和睾丸炎，传播媒介为蚊虫，流行有明显季节性。

【病原】乙型脑炎病毒属于黄病毒科黄病毒属，具有血凝活性。在猪体内主要分布于中枢神经系统及肿胀的睾丸内。病毒对外界抵抗力不强，对化学药品较敏感。

【症状与病变】猪突然发病，体温升高至40～41℃，精神沉郁，食欲减少，粪干，尿黄，个别猪后肢轻度麻痹，运步踉跄。妊娠母猪主要表现为流产或早产，胎儿多是死胎，大小不等或木乃伊胎；患病公猪除一般症状外，高热症状后常出现睾丸肿胀，并多呈单侧性，有时呈双侧性，但程度不同。剖检见脑脊髓膜充血，脑脊髓液增多；肿胀的睾丸实质充血、出血和坏死灶；流产的胎儿常见有脑水肿、腹水增多、皮下有血样浸润、胎儿大小各异，有的呈木乃伊化。

【辨证】血热生风。

【治疗】治疗宜抗病毒、清解血热、祛风镇痉。

方1 生石膏、板蓝根各200g，大青叶100g，生地黄、连翘、紫草各50g，黄芩30g，水煎后1次内服，小猪分2次内服。

方2 栀子、丹皮、紫草各10g，鲜生地黄60g，大青叶30g，生石膏120g，黄芩12g，黄连15g，水煎取汁，冲入芒硝6g，候温内服。

方3 大青叶、生石膏、板蓝根各30g，连翘、厚朴、麦冬各12g，芒硝、大黄各45g，黄连6g，生甘草5g，黄柏9g，枳实21g，水煎2次，合并煎液，分早、晚2次喂服，每日1剂，连服3剂。

方4 板蓝根70g，大青叶70g，元明粉120g，青黛20g，滑石35g，生石膏150g，天竹黄25g，将上药煎水，候温冲入朱砂5g（另包），内服。

方5 大青叶50g，生石膏200g，元明粉10g（冲），黄芩20g，黑山栀、丹皮、紫草各15g，鲜生地黄100g，黄连5g，水煎一次灌服。

方6 安宫牛黄丸1～2粒，1次内服。

方7 康复猪血清40mL，一次肌内注射。青霉素G钾及磺胺类药每天2次肌内注射，交替使用，3～5天为1疗程，体弱猪给以维生素、安钠咖及补液糖输液。

方8 水针疗法。选天门、大椎、开关、脑俞等穴位，按肌内注射剂量的1/3注入板蓝根注射液、双黄连注射液、清开灵、天麻注射液，以及其他抗菌药物。每天2次，连续2～3天。

方9 白针或血针疗法。主穴选天门、脑俞、血印、大椎、锁口、山根、转脑等，配穴取涌泉、尾尖、开关、蹄头，每天针1次，连续2～3次。还可选锁口、开关、牙关、鼻梁、山根、寸子等穴位。

【预防】 预防本病首先应定期免疫接种。目前常用疫苗为5-3减毒株和14-2减毒株活疫苗，保护率均可达到90%以上。在蚊子季节到来之前的危险期，推荐公猪、小母猪和母猪接种疫苗。为防止母源抗体干扰，种猪必须在5月龄以上接种。防蚊灭蚊，根除传染媒介是预防本病的根本措施。因此，必须注意环境卫生，填平坑洼，疏通沟渠，排除积水，消除蚊子的滋生场所以及坚持各种消毒制度，同时也可使用驱虫药在猪舍内外定期喷洒灭蚊。夏季圈舍每周2次喷杀虫剂，如倍硫磷、敌敌畏、灭害灵等可有效减少本病的发生。

四、猪痘

猪痘是由猪痘病毒或痘苗病毒引起的一种急性、热性、接触性传染病，以皮肤发红斑、丘疹和结痂为主要特征。多发于1月龄左右的仔猪，大猪很少发病，一般能自然痊愈。如有并发支气管肺炎、肠炎或其他传染病时，死亡率就增高。

【病原】 猪痘病毒只能在猪源组织细胞内增殖，并在细胞胞浆内形成空泡和包涵体。痘苗病毒能使猪和其他多种动物感染，能在鸡胚绒毛尿囊膜、牛、绵羊及人等胚胎细胞内增殖，并在被感染的细胞胞浆内形成包涵体。

【症状与病变】病初发热，体温可高达41℃以上。在胁部、腹部、腿和耳内侧等皮薄毛稀的地方出现扁平、灰白色的直径为3～5mm的圆形斑疹。2天后变为丘疹，高1～2mm，直径1～2cm，偶尔会发生丘疹的融合。丘疹期还会伴随轻微的短暂的体温升高和食欲下降。病变出现1周后常会变为中间凹陷并且皱缩，最终会结痂、脱落，留下脱色的斑点。完全康复需观察15～30天，一般呈良性经过，死亡率不超过5%。如有其他病继发感染，则使病情加重，死亡率可达10%以上，特别是幼龄仔猪。

【辨证】肺经受热郁结成毒。

【治疗】治疗宜对症施治，清热解毒、消炎防继发感染。

方1 紫草50g，煎水擦洗患部或内服，每日1次。

方2 茅根50g，苇叶50g，桐花50g，煎水半碗，1次内服。

方3 花椒15g，艾叶15g，大蒜适量，煎水洗患部。

方4 葵花盘1个，煎水内服。

方5 地肤子适量，煎水洗患部。

方6 黑豆、绿豆各250g，甘草50g，煎水内服，供1头大猪或5～8头小猪1次服完。

方7 红柳花1把、芫荽子30g，水适量煎汁内服。供1头大猪或2～4头小猪1次服完。

方8 竹叶6g，生石膏15g，枇杷叶8片（刷去毛），煎汁，供1头大猪或2～4头小猪1次服完，连服数日。

方9 蒲公英、干芦根各15g，冬竹笋头30g（阴干或焙干），煎汁内服，供1头大猪或2～4头小猪1次服完。

方10 贯众250g，双花根250g，野菊花150g，大青叶250g，煎汁，供1头大猪或2～4头小猪3次服完。

方11 忍冬藤90g，枸杞根90g，煎水，内服并洗患处，可用于猪痘初起。

方12 南瓜藤62g，紫草30g，紫花地丁15g，煎汁内服，供1头大猪或2～4头小猪1次服完，每日3次。服后如拉稀，可灌服广木香3g，拉稀即止。

方13 茵陈20g，西瓜皮（晒干）30g，大黄10g，煎汁2次，混合煎液，大猪每日2次灌服。

方 14 田字草、杨柳叶、芫荽菜、灯芯草各适量，捣碎喂服。

方 15 灯笼草全草 1 把，煎水洗患处。

方 16 紫花地丁 9g，双花 12g，柽柳 12g，茜草 6g，前胡 9g，水煎 1 次内服。

方 17 浮萍草 13g，地肤子 12g，蝉蜕 10g，白矾 6g，煎水 1 次内服。

方 18 20%石灰水、80%桐油、冰片少许。将清石灰水与桐油混匀，加入少许冰片粉外擦。

方 19 金钱草、野菊花、白藜各 100g（鲜草为干草的 3 倍量），煎浓汁，候温外洗。

方 20 紫草、双花、连翘各 10g，芦根 15g，蒲公英 25g，甘草 5g，水煎内服或拌料中，1 天 1 剂，供体重 10～20kg 猪 1 次使用。

方 21 紫草 30g，双花 40g，升麻 25g，黄芪 30g，甘草 15g。研末，开水冲调，候温内服。5kg 左右体重猪，每日 15～20g，分 3 次内服；体重 30～40kg 猪，每日 120～150g，分 3 次内服。病重者可连服 3 天。

方 22 白茅根 50g，芦苇叶 50g，桐花 50g，煎水一次内服。

方 23 干葛 10g，麻黄 10g，桂枝 10g，白芍 10g，甘草 5g，升麻 5g，生姜为引，煎水一次内服。

方 24 葛根 15g，紫苏 15g，香椿树皮 25g，地骨皮 25g，荆芥 40g，升麻 30g，石膏 15g。煎水一次灌服。

方 25 清热解毒注射液 5mL，柴胡注射液 2mL，鱼腥草注射液 5mL，混合，1 次肌肉注射，每天 1 次，连续 3～4 天。

方 26 水针疗法，取肺俞、肺门、苏气、大椎、身柱、百会等穴，注射板蓝根注射液 6mL、氢化可的松注射液 10mg，每日 1 次，连续 2～3 日。

方 27 白针或血针疗法，主穴为尾尖、耳尖、鼻梁，配穴为苏气、三里、涌泉；也可以山根、血印、百会为主穴，配穴为玉堂、肺门、风门等。

【预防】本病尚无有效疫苗，应加强饲养管理，改善畜舍环境，加强猪本身抵抗力。一般不会引起较大损失。动物康复后可获得坚强的免疫力，猪痘病毒与痘苗病毒之间无交叉免疫。为了防止引入本病，在引进新猪时，必须对其猪场的病情进行详细的了解，并在新猪入场前检查皮肤上是否存在痘样病变，平时加强饲养管理，注意消灭血虱等体外寄生虫。

五、流行性感冒

猪流行性感冒是由猪流行性感冒病毒引起的一种急性、热性、高度接触性的呼吸道传染病。典型临床特征为：突发疾病，短期发热，食欲不振，嗜睡，咳嗽，呼吸困难及鼻腔流出分泌物。

【病原】病原体为猪流行性感冒病毒，属于A型流感病毒。根据A型流感病毒囊膜表面突起的纤突样糖蛋白血凝素（HA）和神经氨酸酶（NA）的性质，将猪流感病毒分为不同的亚型。现有16种不同型的HA和9种不同型的NA。HA具有凝集多种动物红细胞的性质。猪流感病毒对环境的抵抗力相对较弱，高热或低pH、非等渗环境和干燥均可使病毒灭活。

【症状与病变】猪只突然发病，常全群几乎同时感染，体温升高至40～41.5℃，有时高达42℃。精神极度萎顿，肌肉和关节疼痛，故俗称“串脚瘋”。病猪常卧地不愿站立，钻窝，寒战抖动；呼吸急促，腹式呼吸，咳嗽，气喘，呼吸困难；粪便干硬，眼和鼻腔流出黏性分泌物。病程较短，如无并发症，多数病猪可于7～10天康复；如有继发感染，可使病势加重，发生肠炎或肺炎而死亡。大体病理变化主要表现为病毒性肺炎，以尖叶和心叶最常见，严重病例则大半个肺受害。鼻、喉、气管和支气管黏膜可能有出血，充满带血的纤维素性渗出物。支气管淋巴结和纵隔淋巴结肿大、充血、水肿，脾轻度肿大，胃肠有卡他性炎症。

【辨证】湿热壅肺。

【治疗】本病目前尚无特效治疗方法，用土法良方治疗有一定疗效。治宜清热燥湿、解表祛湿。

方1 炒生姜50g，萝卜100g捣烂，松针叶100g，水煎取汁混料服用（仔猪用量减半），每日2次，连服3日。

方2 生姜31g，葱白62g，食盐15g，水煎汁，1次灌服。

方3 雄黄6g，芫荽根62g，葱白62g，生姜3片，水煎汁，白酒62g为引，1次灌服。

方 4　贯众 62g，水煎汁，分 2 次服。

方 5　葱白、橘皮各 15g，水煎服，每日 1 次。

方 6　芫荽根、神曲、薄荷、山楂、大葱头、麦芽各 60g，水煎灌服。多用于发热兼有腹胀者。

方 7　大蒜 62g（捣烂）、生姜 31g，松针叶 120g，水煎汁。每日 2 次，连服 2 天，仔猪减半。

方 8　羌活 10g，防风 10g，双花 12g，独活 10g，甘草 6g，水煎服，每日 1 剂。

方 9　一枝黄花 30g，野菊花全草 60g，薄荷 10g 或双花 20g，水煎分 2 次内服。

方 10　绿豆 15g，大白菜根（疙瘩）5 个、红糖适量，水煎内服。

方 11　葱白 100g，生姜 70g，水适量煮沸，用热水蒸熏猪口鼻，效果显著。

方 12　鸡蛋清 10～20mL，每日颈部肌肉注射 1 次，3 次即愈。此为体重 20～30kg 的病猪用量，大猪可适当增加用量。

方 13　姜粉 3g，炒杏仁 6g，麻黄 10g，白糖 30g，研为细末，开水冲服。

方 14　威灵仙 15g，辣蓼 25g，干姜 25g，葱头 15g，百草丹（干牛屎）100g。研末调服或煎水候温灌服。如有便秘，去干姜，加大黄 25g。

方 15　葛根 25g，黄豆 250g，鲜萝卜叶 500g，大葱 10 根，水煎服。

方 16　板蓝根、蒲公英各 100g，羌活 20g，煎水拌料喂服。

方 17　银翘解毒丸 2～4 丸冲服。

方 18　土茯苓 20g，柴胡 30g，菊花 25g，薄荷 30g，陈皮 30g，紫苏 20g，生姜为引，煎水 1 次内服。

方 19　苏叶、薄荷各 5g，野菊花 15g，水煎服，每日 2 次。

方 20　蛇莓（鲜草）60g，煎汁服，每日 2 次，连服 3～5 天。

方 21　黄芩 10g，双花 10g，陈皮 10g，连翘 10g，柴胡 10g，牛蒡子 10g，甘草 6g，水煎内服。

方 22　地龙 15g，板蓝根 60g，白糖 40g，水煎服。

方 23 石膏 30g，杏仁 15g，板蓝根 10g，桔梗 10g，麻黄 10g，薄荷 15g，甘草 15g，水煎服，每日 1 剂，连用 2～3 剂。

方 24 地龙 10g，石菖蒲 10g，穿心莲 10g，大蒜 5g，生姜 5g，蜂蜜 25g。上药研末，用蜜调匀。喂服，每日 5～15g，连用 2～3 日。

方 25 紫苏、杏仁、白茅根、桑白皮、地骨皮、金银花、薄荷各 5～15g。研末，加水调和灌服。

方 26 柴胡 50g，紫苏 25g，葛根 50g，知母 25g，芦根 50g，麦冬 25g。加水煎服。

方 27 桔梗、陈皮、贝母各 10g，茯苓甘草各 15g，杏仁 5g。煎水候温灌服。

方 28 银黄注射液 5～10mL，肌内注射，连续 2～3 日。

方 29 柴胡注射液 5～10mL，肌内注射，连续 2～3 日。

方 30 卡耳或尾尖埋植　自取活蟾蜍分泌出的毒液或市售蟾酥，制成绿豆大小的粒，装瓶备用，在病猪耳的卡耳穴处用刀刺一包囊，埋入蟾酥 1～2 粒，创口用胶带包扎即可。也可在病猪尾尖割一小口，将花椒末（微炒）埋入、包好。

方 31 水针疗法，选大椎、苏气、百会等穴，每穴按肌肉注射剂量 1/2 注入柴胡注射液、鱼腥草注射液、板蓝根注射液、清开灵、氨基比林注射液等药液。

方 32 血针或白针疗法，主穴为山根、血印、尾尖、鼻梁，咳嗽者配曲池、膻中、苏气穴，无食欲者加玉堂、后三里穴，便秘者加后海等穴。也可选耳尖、尾本、尾尖为主穴，配苏气、百会、山根等穴。

方 33 按摩疗法，主穴，捋血印、卡耳；配穴，推大椎、三台、苏气、断血。

【预防】 免疫接种和生物安全措施仍然是预防猪流感的主要措施。疫苗接种是防制该病的有效手段，在欧洲和美国已有用于肌内注射的商品化猪流感灭活佐剂疫苗。初次免疫接种应连续 2 次（间隔 2～4 周）。母猪每 6 个月进行 1 次加强免疫。采取综合性防治措施。加强饲养管理，密切注意天气变化；保持良好的猪舍环境卫生，环境消毒一般可选用 0.3%～0.5%过氧乙酸；保证猪的全面营养，提高猪只免疫力；防止易感猪与感染的动物接触。饲养员患流感时禁止进入猪场。

六、流行性腹泻

猪流行性腹泻是由猪流行性腹泻病毒引起的猪的一种高度接触性肠道传染病，以呕吐、腹泻和食欲下降为基本特征，各种年龄的猪均易感。本病的流行特点、临床症状和病理变化都与猪传染性胃肠炎十分相似，但哺乳仔猪死亡率较低，在猪群中的传播速度相对缓慢。

【病原】病原为冠状病毒科冠状病毒属的猪流行性腹泻病毒，为RNA病毒。病毒对外界环境抵抗力不强，对乙醚、氯仿等敏感，一般消毒药都可将其杀死。

【症状与病变】病猪呕吐、腹泻和脱水。粪稀如水，灰黄色或灰色，在吃食或吮乳后发生呕吐；体温稍高或正常，精神、食欲较差。不同年龄的猪症状各异，年龄越小，症状越重。1周龄以内的仔猪发生腹泻后2～4天脱水死亡，死亡率平均为50%；断奶仔猪、肥育猪及母猪常呈厌食、腹泻，4～7天恢复正常；成年猪仅发生厌食和呕吐。剖检时见尸体消瘦脱水，皮下干燥，胃内有多量黄白色的乳凝块；小肠病变具有特征性，通常肠管膨满扩张，充满黄色液体，肠壁变薄，肠系膜充血，肠系膜淋巴结水肿。

【辨证】寒湿内蕴中焦。

【治疗】治疗宜对症施治，祛湿健脾、温中散寒。

方1　白糖10g，食盐5g，氯化钾（用于肥田的钾肥也可）3g，碳酸氢钠3g，加温开水100mL溶化，再加10%黄连素20mL，充分混匀，供10头体重5kg左右的猪1日分2次灌服。同时肌注庆大霉素4万单位（5kg重猪1次用量，下同），后海穴注射10%维生素C 125mg和盐酸山莨宕碱5mg（或阿托品0.5mg），混合用尤佳，每天1次。重症猪加倍用药。

方2　枯矾6g，高粱500g炒至开花，煎水内服。

方3　杉木炭16g，锅底灰15g，牛粪烧灰25g，共为末，拌料1次内服。

方4　苍术、黄柏、木香各25g（40kg重猪1次用量），煎汁，每天1剂，连服2天。

方5　皂角13g，黄荆子15g，食盐8g，陈皮15g，煎水饮服。

方 6 泽泻 10g，炒白术 18g，焦诃子 12g，炒白芍 12g，车前子 10g，苍术 8g，锅底灰 12g，炒高粱 15g。共为细末，开水冲服。

方 7 败酱草、天花粉各 12g，炒白芍 10g，生葛根 15g，厚朴 8g，牡丹皮 12g，全当归 8g，薏苡仁 13g，枳壳 8g，泽泻 8g，煎水内服。

方 8 鱼腥草 30g，黄荆根 20g，煎水内服。

方 9 黄连、黄柏、黄芩、诃子、黄芪、陈皮、肉豆蔻、瞿麦、泽泻、乌梅、党参、茯苓、甘草各 5g，白头翁、双花各 10g。煎水内服，每日 1 剂（10kg 体重猪 1 日用量，大猪用药递增，小猪递减），连服 3 剂。

方 10 白头翁 16g，锅底灰 13g，灶心土 18g，共为细末，开水冲服。

方 11 早稻谷 250g，菝葜 120g，烧焦研末，煎水内服。

方 12 水针疗法。鸡新城疫Ⅰ系疫苗（每瓶 500 羽份）加 50mL 生理盐水稀释后交巢穴或肌内注射，剂量为每头仔猪 3～5mL，现配现用。

方 13 水针疗法。后海穴注射，上午用 2%黄连素注射液 5mL，下午按每千克体重 2～5mg 注射痢菌净注射液。连续 2 天。

方 14 白针或血针疗法。主穴为后三里、交巢、带脉，配蹄叉、百会等穴。

【预防】疫苗免疫接种是目前预防猪病毒性腹泻的主要手段。该病由于发病日龄小、发病急、病死率高，依靠自身的主动免疫往往来不及，因此现行的猪病毒性腹泻疫苗大多是通过给母猪预防注射，可在入冬前 10～11 月份给母猪接种弱毒疫苗，依靠初乳中的特异性抗体给仔猪提供良好的保护。感染的哺乳仔猪应让其自由饮水，对于育肥猪，建议停止喂料。新生仔猪口服鸡蛋黄或者含有猪流行性腹泻病毒免疫球蛋白的牛初乳具有预防作用，可预防本病。

平时特别是冬季要加强防疫工作，防止本病传入。禁止从病区引进新猪，做好消毒防疫工作。一旦发病，应限制人员、车辆进出，严格消毒。同时应立即封锁，严格消毒猪舍、用具、及通道等。并将未感染预产期 20 日龄以内的怀孕猪和哺乳母猪辖同仔猪隔离到安全区。对假定健康猪，紧急接种疫苗。

七、传染性胃肠炎

猪传染性胃肠炎是一种高度传染性病毒性肠道疾病，以引起2周龄以下仔猪呕吐、严重腹泻和高死亡率为特征。

【病原】 传染性胃肠炎病毒属于冠状病毒科、冠状病毒属。有囊膜，具多形性。病毒冷冻贮存非常稳定，而在室温或室温以上不稳定。病毒对光很敏感，在阳光照射下6小时全部死亡。可以被0.03%的福尔马林、1%的酚和醛的消毒剂、次氯酸钠、氢氧化钠、碘酒、氯仿等灭活。

【症状与病变】 潜伏期很短，一般15～18小时，有的长达2～3天。本病传播迅速，数日内可蔓延全群。仔猪突然发病，首先呕吐，继而出现频繁水样腹泻，粪便黄色、绿色或白色，夹有未消化的凝乳块。幼猪、肥猪和母猪的临诊症状轻重不一，通常只有1天至数天出现食欲不振或废绝。主要病理变化在胃和小肠。哺乳仔猪的胃涨满，滞留有未消化的凝乳块，胃底黏膜充血或不同程度出血，小肠内充满白色或黄绿色液体，含有泡沫和未消化的小乳块，肠壁变薄无弹性。

【辨证】 寒湿困脾。

【治疗】 本病尚无有效的治疗药物。治疗宜对症施治、燥湿健脾、温中散寒、防止酸中毒和继发感染。

方1　口服补液盐（氯化钠3.5g，碳酸氢钠2.5g，氯化钾1.5g，葡萄糖20g，加温水1000mL）供猪自饮，疗效显著。

方2　槐花2份，车前子3份，黑豆4份，白矾1.5份，绿矾0.2份，木炭末4份，共研细末，再加10份猪胆汁拌匀，开水冲成糊状灌服，每头50～100g，4日为1疗程。

方3　白术62g，生姜31g，煎水加红糖100g，1次内服。

方4　马齿苋、忍冬藤、车前草各63g，煎水饮服。

方5　取健康公猪精液5～20mL，肌内注射，每日1次，连用3天。

方6　辣蓼30～100g（鲜草100～200g），煎汁饮服。

方7　大蒜50～100g，加食盐5～10g，捣烂，喂服。

方8　毛青杠60g，仙鹤草40g，煎汤，每剂分2次内服。

方9　地榆、篇蓄、铁苋菜各60g，煎水内服。

方 10 杉木炭 16g，锅底灰 15g，灶心土 25g，共为细末，拌料喂服。

方 11 积雪草、马齿苋、一点红各 60g（鲜全草），水煎内服。

方 12 马齿苋 250g，常山 60g，鹅不食草 30g，煎水喂服。

方 13 红糖 100g，麦麸 750g，共炒煳后再加入 0.02%呋喃西林溶液 70mL，拌入粥中，自食（不可灌服），每日 2 次。

方 14 老鹳草、地锦草、铁苋菜、酢浆草各 60g，水煎候温内服。

方 15 取仙人掌 100～200g，去刺洗净，开水煮沸后继续文火煮 30 分钟，冷却后去渣取汁，加红糖适量拌匀，每日 4～5 次内服，连服 3 天（以上是成年猪量，视猪大小酌情增减）。

方 16 马齿苋、络石藤、鲜忍冬藤、车前草各鲜草 60g，水煎候温内服。

方 17 马齿苋、刺苋、凤尾草、鸡眼草、铁苋菜、三白草、马鞭草各鲜草 60g，加水煎至 500mL，每头小猪每次内服 5～15mL。

方 18 灶心土、锅底灰各 50～60g，开水浸泡，待温取上清液，让猪自食。

方 19 地榆炭 12g，黄连 10g，甘草 12g，白头翁 15g，白芍 12g，乌梅 15g，诃子 15g，大黄 9g，车前子 12g，水煎服（25kg 体重猪 1 日量）。

方 20 鲜樟树皮 200g，鲜松树二层皮 300g，地榆 30g，置锅内炒炭存性，加松木炭末 50g，红糖 100g，炒片刻，加水适量煮沸，候温内服。

方 21 黑胡椒 2 粒（5kg 重猪 1 次用量）研末，温水喂服，每日 2 次。

方 22 取猪胆汁或牛胆汁浸泡适量黄豆，待胆汁被黄豆吸干后，取出研末，喂服，每次 20～30g，每天喂 2 次。也可拌入猪饲料中投服或灌服，每天 2 次，连喂 3～5 天。

方 23 马齿苋 62g，水煎内服。

方 24 锅底灰 13g，白头翁 16g，灶心土 16g，共为细末，开水冲服。

方 25 新鲜大蒜捣烂 1 份，加白酒 2 份，浸泡于密封较好的容器内6小时．混入少许饲料喂服。每日2次，体重25kg以下1～5mL，25～50kg以上5～10mL，50kg以上的10～20mL。

方26 大黄10g，白头翁7g，黄柏10g，黄连10g，共研细末，开水调温服，每日1剂，连服3剂。

方27 黄连40g，三棵针40g，白头翁40g，大黄30g，甘草30g，苦参40g，胡黄连40g，白芍30g，车前子30g，地榆炭30g，棕榈炭30g，乌梅30g，诃子30g，研末分6次灌服，每日3次，连用2天以上。

方28 红糖120g，生姜30g，茶叶30g，白术30g，水煎1次喂服。

方29 马齿苋、凤尾草、铁苋、鸡眼草、三白草、刺苋、马鞭草各鲜草100g，加水1kg煎至500mL，每头小猪喂服5～15mL。

方30 穿心莲注射液2～10mL，肌内注射。

方31 卡耳埋植。耳中下部避开血管处的背侧，用宽针在皮下刺成一皮下囊，深约20mm，放入适量蟾酥1～2粒，以胶布覆盖针眼即可。

方32 水针疗法。选脾俞、后海等穴，将藿香正气水3～5mL、盐酸山莨菪碱5～10mg，或清开灵、双黄连注射液，或其他抗生素药物按肌注量1/2剂量注入上述穴位。

方33 白针疗法。主穴后海、百会、后三里，配穴脾俞、玉堂等；也可主穴后三里、后海、带脉，配穴蹄叉、百会。

【预防】本病应采用综合措施来防治。强化猪场的卫生管理、定期消毒、免疫预防是防止传染性胃肠炎的有效方法。大多数是对妊娠母猪于临产前20～40天经口、鼻和乳腺接种，使母猪产生抗体，可有效保护仔猪感染。国产的猪传染性胃肠炎与猪流行性腹泻二联灭活苗和弱毒苗，适用于疫情稳定的猪场。平时注意不从疫区或病猪场引进猪只，以免传入本病。当猪群发生本病时，应即隔离病猪，以消毒药对猪舍、环境、用具、运输工具等进行消毒，尚未发病的猪应立即隔离到安全地方饲养。

八、伪狂犬病

本病是由猪伪狂犬病毒引起的一种急性传染病。病猪的年龄不同，其临床表现也有差异，新生仔猪主要表现发热和神经症状，还可侵害消化系统，成年猪常为隐性感染，母猪流产、死胎、返情和屡配不孕，公猪表现为繁殖障碍和呼吸机能障碍。目前该病对养猪业影响很大，在许多国家的地位仅次于猪瘟。

【病原】猪伪狂犬病毒属于疱疹病毒科，基因组为双股线状DNA，只有一个血清型，但各毒株间毒力差异很大。病毒能在鸡胚及多种动物细胞培养上生长繁殖，产生核内包涵体。病毒对外界抵抗力很强，一般常用消毒剂对其都有效。

【症状与病变】病猪的年龄不同，其临床表现各异。

2周龄内哺乳仔猪：病初体温升高至41℃以上，呕吐、腹泻、呼吸困难，有神经症状，发抖，后肢麻痹，倒地呈划水状，最后衰竭死亡，发病率和死亡率可达100％。

3～4周龄乳猪：症状同上，病程略长，病死率可达40％～60％。部分耐过猪多有后遗症，发育受阻。

2月龄以上中猪：症状轻微或为隐性感染，仅见一过性发热、咳嗽，多在3～4天恢复。但也有出现严重症状者，偶尔可引起死亡。

妊娠母猪：早期感染常见返情现象，受胎40天以上感染时，常出现流产、死胎及延迟分娩现象，末期感染可产活胎，但多为弱仔，于产后不久死亡。

种猪：母猪表现为屡配不孕，公猪表现为睾丸肿胀、萎缩，丧失种用能力。

该病一般无特征性病理变化。眼观见肾脏有针尖状出血点，肝和脾有灰白色坏死灶，肺水肿。有神经症状者，脑膜明显充血、出血和水肿，脑脊液增多。

【辨证】疫毒内侵，血热生风。

【治疗】本病尚无有效药物治疗，以预防为主。治宜清热凉血、解毒祛风；紧急情况下用高免血清治疗，可降低死亡率。也可试用下列方剂。

方1 白芷10g，延胡索15g，川芎10g，细辛10g，麦冬10g，天冬10g，花粉10g，玄参10g，芍药10g，黄柏10g，前胡10g，黄芩10g，双花15g，知母15g，贝母10g，甘草10g。煎水内服。

方2 白芷15g，石菖蒲15g，细辛10g，桔梗15g，天南星15g，僵虫15g，法夏15g，大黄10g，杏仁15g，防风15g，广木香15g，天竺黄10g，全虫15g，秦艽15g。水煎内服。

方3 法夏15g，菊花15g，天麻25g，杭菊15g，防风15g，焦栀15g，天竺黄10g，枳壳15g，广皮10g，僵虫15g，黄连35g，茯苓15g，木香15g，钩藤30g，胆草15g。水煎内服。

方4 取健康猪血，加入等量灭菌10%柠檬酸钠溶液混合，每头猪每次肌内注射15～25mL，连用2～3次。

【预防】免疫接种仍是预防和控制本病的主要措施。目前，弱毒苗、弱毒灭活苗、野毒灭活苗及基因缺失苗已研制成功，种猪要定期以灭活苗免疫，育肥猪或断奶猪也应在2～4月龄时用活苗或灭活苗免疫；能有效预防该病的发生，但在无本病的猪场禁用疫苗。另外，对猪群进行抗体普查，对阳性猪进行隔离、淘汰，建立无猪伪狂犬病的猪群，对于根除该病起到一定作用。猪场要进行定期严格消毒，最好使用2%的氢氧化钠（烧碱）溶液或酚类消毒剂。在猪场内要进行严格的灭鼠措施，消灭鼠类带毒传播疾病的危险。对新引进的猪要进行严格的检疫、隔离，杜绝引进阳性种猪。

九、水疱病

猪水疱病是由一种肠道病毒引起的急性传染病，流行性强、发病率高，临床上以口鼻黏膜、蹄部等出现水疱或溃烂为特征，与猪口蹄疫极其相似，但其他家畜不发病。

【病原】猪水疱病属小核糖核酸病毒科肠病毒属。猪水疱病病毒为单股RNA病毒，与人的肠道病毒柯萨奇B5有亲缘关系。本病毒无血凝性。病毒对环境和消毒药有较强抵抗力，在50℃ 30分钟仍不失感染力。病毒在污染的猪舍内存活8周以上。病猪肉腌制后3个月仍可检出病毒。

【症状与病变】病初体温升高至40～42℃，可见蹄冠、趾间、蹄踵的皮肤发红、肿胀、疼痛，站立时频频举蹄、跛行。在蹄踵、趾间、蹄冠出现一个或几个黄豆至蚕豆大的水疱，继而水疱融合扩大，1～2天后水疱破裂形成溃疡，露出鲜红的溃疡面，常在蹄冠皮肤及蹄壳之间裂开。若继发细菌感染，局部化脓，造成蹄壳脱落，病猪卧地不起，食欲减退，精神不振。有些病猪的鼻盘、口腔黏膜和哺乳母猪的乳头周围也会出现水疱。

主要病变见于病猪蹄部、鼻、唇、舌面、乳房出现水疱，水疱破裂后创面有出血和溃疡，个别病例在心内膜有条状出血斑，其他内脏器官无可见病变。

【辨证】 湿热蕴结。

【治疗】 治疗宜针对病原和对症施治，清热利湿。

方1 高免抗血清5～15mL，1次肌内注射。

方2 3%盐水或0.1%高锰酸钾溶液冲洗水疱和溃烂处，然后在溃烂处涂碘甘油。口腔用稀释食醋或0.1%高锰酸钾溶液冲洗。蹄部用3%来苏尔液冲洗，擦干后涂松馏油或鱼石脂软膏或氧化锌鱼肝油软膏，再用绷带包扎。

方3 冰片5g，硼砂5g，黄连5g，明矾5g，儿茶5g，患部以消毒水洗净后，研末撒布。

方4 贯众15g，桔梗12g，山豆根15g，连翘12g，赤芍9g，生地黄9g，花粉9g，荆芥9g，木通9g，甘草9g，绿豆粉30g，大黄12g。共研末加蜂蜜100g为引，开水冲服，每日1剂，连用2～3剂。

方5 血针或白针疗法。选山根、玉堂、承浆、卡耳、缠腕、涌泉、滴水、蹄门、耳尖等穴。

【预防】 预防本病重在加强检疫，一旦发现疫情立即向主管部门报告，按早、快、严、小的原则，实行隔离封锁；合理接种疫苗，对疫区和受威胁区的猪只，定期免疫接种；病猪及屠宰猪肉、下脚应严格实行无害处理；环境及猪舍要进行严格消毒；实验人员和饲养员均应加强自身防护。

十、猪丹毒

猪丹毒是由猪丹毒杆菌所引起的一种急性、热性传染病，又称“红热病”，俗称“打火印”。临诊症状表现为急性败血型、亚急性疹块型和慢性心内膜炎型。该病多发生于夏季，春、秋季散发，冬季很少发生，常是地方性流行。该病广泛流行于世界各地，我国许多地区也有流行。

【病原】 病原为猪丹毒杆菌，也叫丹毒丝菌，属丹毒杆菌属，是一种纤细的小杆菌，革兰氏阳性，不运动，不产生芽孢，无荚膜。微需氧菌，在普通培养基上可以生长，但在血液或血琼脂上生长更佳。该菌抵抗力很强，在2%福尔马林、1%漂白粉、1%氢氧化钠或5%石灰乳中很快死亡，但对石炭酸抵抗力较强，对热和直射光较敏感，高温很快死亡。对青霉素最敏感，对链霉素中度敏感，对磺胺类、卡那、新霉素有抵抗力，但其抗药性可能会因地而异。

【症状与病变】本病根据症状可分为急性型、亚急性型和慢性型。

急性败血型：病猪体温升高至42℃以上，稽留，食欲减退，心率、呼吸均加快。有呕吐现象，先便秘、后拉稀，眼结膜充血，皮肤出现红斑，指压褪色、指去复原，病死率80%左右，不死者多转为疹块型或慢性型。

亚急性疹块型：有类似于急性败血型的一般症状但略轻，通常取良性经过。病初体温升高至41℃以上，其特征是皮肤表面出现疹块，先呈淡红色，后呈紫红色以至黑紫色，坚实、隆起，触摸突出于皮肤表面。初期疹块充血，指压褪色，后期淤血，指压不褪色。

慢性型：多由急性或亚急性转化而来，也有原发性的。常见浆液性纤维素性关节炎、疣性心内膜炎和皮肤坏死。

剖检以急性败血症的病理变化为主要特征。病死猪周身淋巴结肿胀、潮红、切面多汁。脾脏充血、肿大，呈樱桃红色；肾淤血，肿大，暗红，有出血性肾小球肾炎变化；胃肠道有卡他性出血性炎症，尤以胃和十二指肠最为明显。慢性型特征是疣状心内膜炎和慢性关节炎，心瓣膜上有灰白色增生物，关节肿胀，有浆液性纤维素性渗出液。

【辨证】肺热郁结成毒。

【治疗】治宜清热解毒、解表利湿。发病初期可皮下或耳静脉注射抗猪丹毒血清，效果良好。也可用抗生素治疗，疗效显著。首选药物为青霉素，链霉素、恩诺沙星疗效较佳，除此之外，土霉素、洁霉素、泰乐菌素也有良好疗效。下列土方治疗有一定疗效。

方1 青霉素每20万单位加入当天产的鸡蛋清5～6mL，反复摇动5分钟，混合均匀，按每千克体重4万～8万单位青霉素剂量，颈部肌内注射，重病猪可在间隔8～10小时后再补注1次。同时按每千克体重灌服4g硫酸镁效果更好。

方2 柳树二层皮1把、青蛙5个、蒲公英1把，共煎后加白糖

90g，灌服。

方3 大蒜31g，去皮洗净捣碎，加温开水100mL，用消毒纱布过滤，取滤液肌内注射，每次20～40mL，每日1次，连续注射1～3天。

方4 蚯蚓100条、白糖62g，用清水洗净蚯蚓，放入100mL冷开水中。撒入白糖浸泡4～6小时，过滤，滤液密封，用蒸锅蒸1小时灭菌。肌内注射，大猪1次20～30mL，小猪1次10～20mL，隔日1次。

方5 生姜、马鞭草各15g，大黄31g，共研细末，加食盐9g，香油31g，调服。

方6 生姜25g，活蟾蜍3只，捣烂，加醋100g，冲服，每天1次。

方7 用肥皂水擦浴全身，直到满身泡沫，不要擦掉，自然干燥，每天3次，结合药物治疗，对疹块猪丹毒效果很好，但要防止感冒。

方8 白菜汁150g，蚯蚓60g（捣碎）、麻油60g。水煎取汁候温服。

方9 白毛夏枯草125g，败酱草95g，煎水内服，每天1剂，连服4天。

方10 大青叶90g，板蓝根30g，贝母30g，赤芍30g，石膏30g，研为细末，开水冲调灌服。

方11 败齿草、筋骨草各120g，煎水喂服，连服4天。

方12 藿香15g，常山17g，射干15g，厚朴15g，双花30g，煎水内服。

方13 土茯苓30g，茵陈30g，蒲公英30g，煎水，分2次内服。

方14 花椒叶（或花椒30g）、鲜桑叶、桃叶各95g，煎水擦洗全身。

方15 龙胆草50g，白头翁50g，双花50g，秦皮50g，尿珠根100g，藿香50g，煎汤内服。

方16 蝼蛄8个，青竹蛇1条，吴茱萸10g，皂角子5g，冰片25g，共研细末，用瓶密封待用。体重25kg猪每次内服10g，吹鼻每次10～15g。

方 17 黄麻叶 250g，穿心莲 30g，水煎，供 5kg 重的猪 1 次服用。

方 18 山豆根 16g，十大功劳 25g，双花 16g，白毛夏枯草 10g，水煎灌服，每天 1 剂，连服 3 天。

方 19 麝香 6g，蟾酥 1.5g，轻粉 10g，枯矾 13g，乳香 13g，寒水石 13g（火煅）、铜绿 10g，朱砂 30g，共研细末。用时先用几滴酒把药浸湿，再加水调成糊状，口服。20kg 体重猪用 1g，25～30kg 体重猪用 1.2g，30～40kg 体重猪用 1.5g，50kg 以上猪用 1.9g。

方 20 连翘 10g，玄参 14g，双花 16g，紫花地丁 14g，牛蒡子 16g，黄芩 16g，煎水内服，每天 1 剂，连服 2 天。

方 21 臭牡丹根、鸡屎藤、紫荆树皮等份，共煎水，适量内服、外洗。

方 22 板蓝根、大青叶、紫草各适量，煎水内服。

方 23 寒水石 10g，连翘 20g，葛根 30g，桔梗 20g，升麻 30g，花粉 20g，白芍 20g，雄黄 10g，金银花 10g，研细末，分 2 次喂服，每日 1 剂，连用 2 天。

方 24 柴胡 15g，陈皮 15g，木通 9g，麦芽 20g，山楂 30g，神曲 30g，大黄 30g，甘草 9g，芒硝 60g，苍术 15g，白术 15g，水煎，候温喂服，每日 1 剂，连服 2～3 剂。用于猪丹毒后期，体温正常，便干、不食者。

方 25 地龙 30g，石膏 30g，大黄 30g，玄参 16g，知母 16g，连翘 16g，水煎，候温分 2 次喂服，每日 1 剂，连用 3～5 天。

方 26 穿心莲注射液 10～20mL，1 次肌内注射，每日 2～3 次，连用 2～3 天。对亚急性型猪丹毒有良效。

方 27 黄柏、栀子、大黄、黄芩各 95g，连翘、知母、天花粉、金银花、食盐各 50g，赤小豆、甘草各 45g，冰片 2g，黄连 10g，苦参 40g。加水 2500mL，浸泡 24 小时，水煎后浓缩至 1500mL，用 8 层纱布过滤 5 次，装入瓶内，消毒后，皮下或肌内注射，每次 5～10mL，连续 2～3 天。

方 28 了哥王根、鬼箭羽各 50g，葫芦茶、秤星木根、大泽兰、耳草、百眼藤、金银花等鲜草各 300g。水煎候温服，每日 1 剂，连用 2 剂。

方 29 土黄连、山银花、百解、山豆根、夏枯草各用鲜药 300g。水煎候温服，每日 1 剂，连用 2 剂。领用桐油果壳 300g，烧炭，煮水，刷洗全身，每日 1～2 次。

方 30 苦参、大黄、菊花、金银花、夏枯草各 45g，煎水，候温服，每日 1 剂，连用 2 剂。

方 31 蟾酥（用酒少许浸化）2.5g，净轻粉 15g，麝香 10g，枯矾 20g，寒水石 20g（火煅），铜绿 15g，乳香 20g，朱砂 50g。共研细末装瓶待用。用时先用几滴酒把药浸透，再加水调成糊状，用竹板将药刮起后，将药涂抹在猪的舌根上。25kg 左右猪每次用 2g，每日 1 次，可连用 2～3 次。

方 32 地龙 10g，石菖蒲 10g，穿心莲 10g，大蒜 5g，生姜 5g，蜂蜜 25g。上药研末，用蜜调匀。喂服，每日 5～15g，连用 2～3 日。

方 33 水针疗法。氨苄青霉素、磺胺嘧啶等药物分别按肌肉注射剂量 1/3 注射入肺俞、锁喉、后三里等穴位。每日 1～2，连续 3～5 日。

方 34 血针或白针疗法。主穴为山根、血印、肺俞、锁喉、尾尖，配穴为六脉、后三里、涌泉等；或主穴为血印、尾尖、天门、卡耳，配穴后三里、山根、八字、涌泉、滴水等；也可主穴血印、天门、断血、尾尖等穴，配穴为玉堂、山根等。

方 35 卡耳埋植。方法见猪瘟方。药物用红矾 25g，蟾酥 25g，葶苈子 25g，金银花 25g，冰片 1g，麝香（加入更好）0.5g。共研细末后，用适量蒜汁或白蜡制成药丸 100 粒。卡耳，25kg 猪 2～3 粒。

方 36 刮痧疗法。用白酒浸湿棉花在猪腰背、腹下部、颈下部用力涂擦之后，用金属刮痧器刮之（也可用旧锄板或铁勺代替），刮至皮肤出现淤血为止。

【预防】 预防接种是防制本病最有效的方法。每年春秋或冬夏二季定期进行预防接种，仔猪应在断奶后进行免疫，以后每隔 6 个月免疫 1 次。常用的疫苗主要有灭活苗、弱毒活疫苗、猪瘟—猪丹毒—猪肺疫三联活疫苗、猪丹毒—猪肺疫氢氧化铝二联灭活苗。同时加强饲养管理，做好定期消毒工作，增强猪体自身抵抗力；控制市场，加强检疫。

十一、肺疫

猪肺疫是由多杀性巴氏杆菌引起猪的一种传染病。一般分为最急性型、急性型和慢性型。本病是一种条件性传染病，在健康猪的上呼吸道中常带有本菌，当卫生条件差、猪只拥挤、患寄生虫病、长期营养不良或气候骤变时，猪的抵抗能力降低，细菌趁机大量繁殖而引起发病。本病遍布世界各地，一年四季、各种饲养管理状况下都能发生。

【病原】多杀性巴氏杆菌为革兰氏阴性球杆菌，兼性厌氧菌，在大多数营养丰富的培养基上生长良好，有16种菌体血清型。细菌存在于患病动物全身各组织、分泌物及排泄物里，只有少数慢性病例仅存在于肺脏的小病灶内。本菌对物理和化学因素的抵抗力较弱，普通消毒剂对本菌有良好的杀灭作用，但克辽林对本菌的消毒作用很差。

【症状与病变】临床上常分为最急性型、急性型和慢性型。

最急性型：病猪表现呼吸困难和特征性的张口呼吸、衰竭、发热等典型症状。死亡率较高，发生内毒素性休克，死亡和濒死猪的腹部皮肤出现紫色斑块。

急性型：除具有败血症的一般临诊症状外，还表现急性胸膜肺炎。常发生于生长期和育成期的猪，表现为咳嗽和腹式呼吸。

慢性型：是多杀性巴氏杆菌病最常见的表现形式，以偶尔咳嗽、腹式呼吸、不发热或轻微发热为特征。常见于保育后期或生长期的猪。该菌的继发感染加剧支原体的原发性感染程度，因此很难将多杀性巴氏杆菌感染与单纯猪肺炎支原体感染引起的临床症状进行区分。

多杀性巴氏杆菌产生的病变局限于胸腔，典型病变为肺脏膈叶前部和气管上部发生实变。肺脏的病变组织和健康组织之间存在明显的分界线，病变颜色从红色到浅灰色。严重病例表现不同程度的胸膜炎，并伴发脓肿，胸膜干燥，呈半透明状，常与胸壁发生粘连。

【辨证】肺热咳嗽。

【治疗】治疗宜抗菌消炎和对症施治、清利肺热。由于多杀性巴氏杆菌对许多抗生素具有广谱耐药性，且抗生素在发生实变的肺脏中很难达到抑菌浓度，因此用抗生素治疗多杀性巴氏杆菌病的效果并不好。通常用多种抗生素联合用药治疗该病，包括土霉素、长效土霉素、普鲁卡因青霉素、苄星青霉素、硫姆林等联合使用，也可通过饲料喂抗生素来治疗，但效果并不理想。临床使用下列土方有一定疗效。

方1 双花100g，六应丸100粒，板蓝根100g。共研细末，开水冲调，灌服，每日1剂。

方2 蒲公英200g，紫草100g，青黛50g，冰片1g，共研细末，开水冲凋，灌服，每日1剂，连用3～5天。

方3 鸡蛋清3个，硼砂45g，麻油100mL，灌服，配合抗生素治疗。

方4 蒲公英、苇根各50g，白矾25g，捣烂加水适量内服。

方5 马齿苋30g，半边莲25g，大青叶30g，紫花地丁18g（鲜品10倍量），捣烂榨汁，拌入少量清凉油1次喂服。

方6 石膏50g，地龙25g，玄参25g，大黄50g，知母25g，连翘25g，水煎灌服，每天1剂，连用5天。

方7 一枝黄花16g，土牛膝25g，射干13g，万年青根16g，白毛夏枯草15g，取鲜药捣汁灌服，每天2次，连服2天。

方8 枯矾、青黛各15g，硼砂9g，冰片3g，装入猪胆内阴干，急用时焙干研为细末，吹入喉中。

方9 射干、山豆根、双花、牛蒡子、寒水石各30g，连翘24g，僵蚕15g，马勃18g，甘草9g，雄黄12g，煎水，分2次灌服。

方10 癞蛤蟆1只、生姜15g，共捣烂，加醋65mL。冲服，每天1次。也可取癞始蟆1只，放入水中在太阳下晒4～5小时，取出癞蛤蟆，将水给猪饮下，第2天灌醋500mL，第3天灌少量姜水。

方11 白芷10g，穿心莲叶30g，黄连10g，连翘30g，冰片1g，共研成细粉末，吹鼻。

方12 一枝黄花500g，垂盆草250g，射干250g，将鲜草洗净捣烂，水煎灌服，连用2天。

方13 白矾、黄柏各16g，雄黄9g。共为细末，醋调敷于颈部。

方14 大蒜50g，板蓝根200g，雄黄15g，鸡蛋清2个，将板蓝根煎水，加大蒜、雄黄、鸡蛋清调服，每日1剂，连用3天。

方15 食醋100mL、三颗针皮20g，鲜蒲公英40g，紫皮大蒜20g，共捣烂，加2个鸡蛋清，调匀，1次内服。

方 16　蚯蚓 3 条，白糖 30g，蜂蜜 30g，鸡蛋清 3 个、白矾 15g，捣碎灌服。

方 17　白萝卜 2 个，捣烂取汁煮开，掺入蜂蜜 100g，内服。

方 18　苦参 60g，十大功劳 60g，马鞭草 60g，野菊花 40g，水煎取汁 300mL，灌服，每日 2 剂，连用 3 天。

方 19　麻黄 30g，杏仁 45g，炙甘草 45g，石膏 200g（先下），水煎，取汁候温分 2 次喂服，每日 1 剂，连用 2～3 剂。热甚各加黄芪、栀子、连翘、双花 10g；咳嗽各加贝母、桔梗等 10g。

方 20　白药子 9g，黄芩 9g，大青叶 9g，知母 6g，连翘 6g，桔梗 6g，炒牵牛子 9g，炒葶苈子 9g，炙枇杷叶 9g，水煎，加鸡蛋清两个为引，1 次喂服，每日 2 剂，连用 3 天。

方 21　金银花 30g，连翘 24g，丹皮 15g，大黄 20g，麦冬 15g，紫草 30g，射干 12g，山豆根 20g，黄芩 9g，元明粉 15g，水煎分两次喂服，每日 1 剂，连用 2 天。

方 22　大青叶，大黄，葶苈子，山豆根，麦冬，黄芩，胆草，生石膏各 15g。水煎候温喂服，每日 1 剂，连用 3 天。

方 23　桉树素注射液，3～9mL，肌内注射，每日 1 次，连续 2～3 日。

方 24　金银花 25g，山豆根 15g，桔梗 15g，荆芥 25g，芦根 10g，连翘 25g，知母 15g，地萱草 25g，野菊花 25g，栀子 15g。水煎候温，加蜂蜜 100g，分两次喂服，每日 1 剂，连用 2～3 天。

方 25　射干 100g，山豆根 100g，麦冬 75g，玄参 75g，桔梗 50g，甘草 50g，绿豆 200g。水煎候温，分 2～3 次服。

方 26　黄连、黄芩、黄柏、栀子各 25g，款冬花 50g，贝母 25g。水煎候温，加蜂蜜 100g，一次喂服，每日 1 剂，连用 2～3 天。

方 27　术部埋植。火硝 30g，雄黄 10g，食盐 100～150g，把配好的火硝、雄黄研为细末装瓶备用。使用时再取食盐炒熟后研成细粉末，与上药一起拌匀备用。选择病猪颈部皮下肿胀处施行手术切口，切口时，将病猪侧卧固定，在第一颈椎骨后相等喉头稍后方，气管食道左右两侧距气管食道旁约 3cm 处，先用碘酒消毒后，再做直接切口，切口大小视病猪的大小，一般为 6～8cm，深度一定要紧靠气管和食道，然后将药末埋植病猪手术切口的底部和周围，撒上药末后不再做其他处理。为巩固疗效，可肌内注射注射用的青霉素或卡那霉素160万～200万单位，效果更佳。

方 28 尾部埋植。将病猪尾巴切开一小口，埋植麦粒大蟾酥丸1粒，用布包好即可。

方 29 水针疗法。清开灵、双黄连注射液，或抗血清、青霉素、链霉素等分别按肌内注射剂量1/3注入苏气、肺俞、大椎等穴。每日2次，连续3～5日。

方 30 血针或白针疗法。主穴为苏气、肺俞、曲池、尾尖，配穴为山根、玉堂等穴；或主穴为苏气、肺俞、大椎，并配尾尖、山根等穴。也可主穴选山根、血印、肺俞、锁喉、尾尖，配穴为六脉、后三里、涌泉等。

方 31 火针疗法。阿是穴为主，在喉部、咽喉、下颌水肿处触摸到坚硬圆滑的硬块处，选2～8穴，配穴为喉俞、肺俞等穴。隔3日施针1次，7日为1疗程。

【预防】预防本病必须加强饲养管理、做好兽医卫生工作；降低饲养密度、采用全进全出和自繁自养等途径改善猪的生活环境、减少病菌的传播，预防和控制疾病的发生；注意通风换气和防暑防寒，如气候突变或寒流侵袭时，应保持猪舍温度适宜，防止猪感冒；提高猪体免疫力，消除或减少降低猪抵抗力的一切不良因素；饲喂营养全面的饲料，注意圈舍环境卫生。

十二、仔猪副伤寒

仔猪副伤寒是由沙门氏菌引起的仔猪的一种传染病。多发于20日龄至4月龄的小猪，6个月以上的猪很少发生。临诊上多表现为败血症和肠炎。本病一年四季均可发生。

【病原】病原为沙门氏菌，革兰氏阴性，兼性厌氧菌，存在于动物的肠道中。沙门氏菌生命力顽强，分布广泛，在水中可延长存活时间，对干燥、腐败、日光等因素有一定抵抗力，对化学消毒剂的抵抗力不强，一般常用的酚类、氯类和碘类消毒剂均可灭活。通常情况下，对多种抗菌药物敏感，但由于抗生素的滥用，对常用抗生素普遍耐药。

【症状与病变】临床症状为败血症及小肠结肠炎，急性败血症后存活的猪出现肝炎、肺炎、小肠结肠炎以及偶见脑膜脑炎。患小肠结肠炎的猪，后期可发展成慢性消耗性疾病，偶尔为直肠狭窄。根据临床症状可分为急性型和慢性型。

急性型副伤寒：突然发病，无显著症状，很快死亡。病程稍长些的病猪，表现嗜睡，体温升高至40.5～41.6℃，食欲废绝，排淡黄色恶臭粪便，胸前、腹下皮肤呈蓝紫色或有出血斑，病程2～4天，死亡率高。

慢性型副伤寒：体温升高，食欲不振，寒战，粪便呈灰白或黄绿色水样，有恶臭并混有大量坏死组织，眼结膜常有脓性分泌物，皮肤出现紫斑，最后食欲废绝，衰竭死亡。部分病猪经数周症状缓解，成为僵猪。

【辨证】疫毒内侵，湿困中焦证。

【治疗】治宜燥湿解毒、健脾止泻。在临床疾病中，该菌具有大多数抗生素的耐药性，因此，抗生素对该病治疗效果较差，但经口服后可减少此菌的传播，对未感染的猪有预防作用。

方1　陈茶叶30g煎浓汁，加红糖100～150g，喂服。

方2　杏仁、麻黄各15g，黄芩、荆芥、桂枝各20g，川芎、大枣各12g，桔梗、防风各25g，生姜、甘草各10g，水煎服，或研成细末，开水冲凋。每日1剂，连服2～5日。

方3　石榴皮、雄黄、大蒜、高良姜、贯众、苦楝子、大黄各15g，煎汤灌服。

方4　大蒜500g，甘草120g，切碎后加白酒500mL，浸泡2日，取汁加锅底灰调成糊状，每头每天喂20g，连服2日。

方5　鲜枫叶、马齿苋各60g，鲜松针30g，取一半药水煎，一半加水捣汁，两液混合。每天喂服2～3次，连用3～4天。

方6　白茅根、白头翁、芦根、椿根白皮、车前草各30g。煎水灌服。

方7　黄连、龙胆草、双花、白头翁各10g，煎水灌服。同时交巢穴注射10%黄连素10mL。

方8　猪大肠适量，加黄连12g，煮熟喂服，1次不愈，连用2次。

方9　地锦草、铁苋菜、老鹳草、酢浆草各60g。煎水灌服。

方10 鲜竹叶、车前草、马齿苋各50g，捣烂，加白糖少许，拌食喂。

方11 雄黄250g，生半夏500g，杜仲500g，明矾250g，贯众500g，黄柏500g，五味子500g，油皂250g，黄芩500g，胡椒200g，使君子250g，寸香25g。共研细末，喂服，体重5～15kg小猪2～5g，20～30kg中猪4～10g，40～60kg大猪6～20g。

方12 地榆6g，胡椒3g，锅底灰10g，混合研末，开水冲服，每日1～2次。同时用氯霉素4mL注射于交巢穴，维生素C注射液0.5g肌内注射。

方13 黄柏30g，焦山楂60g，连翘20g，牡丹皮30g，双花30g，切碎混合，水煎至体积为150mL，喂服，每头30mL，每日1剂。

方14 断肠草、了哥王各125g，桂枝31g，花粉6g，蒜头93g，加水2L，煎成500mL，分3次服。

方15 地榆80g，白花蛇舌草40g，煎水灌服。

方16 黄连10g，黄芩15g，黄柏15g，栀子20g，地榆炭15g，水煎，候温分2次喂服，每日1剂。

方17 青木香10g，苍术6g，黄连10g，车前子10g，地榆炭15g，炒白芍15g，白头翁10g，烧大枣5枚（为引），研末1次喂服，每日1剂，连用2～3剂。

方18 黄芩6g，陈皮6g，莱菔子9g，金银花9g，苦参9g，神曲9g，柴胡9g，连翘6g，槐木炭6g，水煎，分2次喂服，每日1剂，连用2～3剂。

方19 连翘75g，金银花75g，天花粉、鹤虱各5g，槐花、白头翁、秦皮、黄连、黄芩、芦根、桉树叶各10g，水煎，分3次，候温灌服。

方20 黄连、黄柏、通草各15g，白头翁、甘草各10g，车前子、滑石粉各25g，研末，分4次服。

方21 山羌活，粉葛，木贼、过山龙（地枇杷）、阴笋子（去皮）各50g，神砂草、威灵仙、前胡各25g，水煎候温灌服。

方22 高良姜、贯众、苦楝子、石榴皮、大蒜、雄黄、大黄各10～15g，水煎候温灌服。

方 23 水针疗法。双黄连注射液，庆大小诺霉素或氟哌酸等对沙门氏菌敏感的抗生素按肌肉注射剂量的 1/3 分别注入脾俞、后海等穴位。每日 2 次，连续 3～5 日。

方 24 血针或白针疗法。主穴为后三里、后海、脾俞、尾尖，配穴为百会、苏气、血印等；或主穴为玉堂、后三里、血印、脾俞、尾尖等，配穴为百会、山根、后海、大椎等穴。

方 25 卡耳埋植。见猪瘟方。

【预防】 除抗生素治疗外，对该病的成功防治主要依靠控制猪群传染病的日常管理措施。移除并隔离病猪、猪栏严格消毒、经常清洗水槽、严格控制猪及工作人员从潜在污染区进入清洁区。努力改善饲养管理及环境卫生，防止猪拥挤，降低猪应激，对于预防该病有一定效果。也可以通过营养学途径预防该病，可以饲喂二乙酮脂肪酸或其他挥发性脂肪酸、甘露糖、乳糖、生物原及重金属。

十三、仔猪黄痢

仔猪黄痢是由大肠杆菌感染引起的，乳猪以拉黄色稀粪为主要症状的一种急性、致死性肠道传染病。常成窝发病，发病率、死亡率高。

【病原】 大肠杆菌为革兰氏阴性无芽孢的直杆菌，兼性厌氧，在麦康凯琼脂上呈红色菌落，在伊红美兰琼脂上产生黑色带金属闪光的菌落。大肠杆菌在动物肠道内，正常条件下是不致病的共栖菌。对外界不利因素抵抗力不强，对高温抵抗力弱，干燥环境中容易死亡，但对低温有一定的耐受力。对一般化学消毒药、强酸、强碱都比较敏感，一般常用消毒药均可达到消毒效果。

【症状与病变】 最急性型，不显临床症状就突然死亡。病仔猪往往突然发生腹泻，粪便呈黄色浆糊状或黄色水样，并含有凝乳小片；肛门松弛，呈水样喷出。随即很快消瘦、脱水，最后因衰竭昏迷而亡。一般无呕吐现象。剖检可见小肠急性卡他性炎症和败血症的变化。小肠黏膜红肿、充血或出血，小肠内充满气体，肠壁变薄、松弛。胃黏膜发红，肠系膜淋巴结肿大。重症者，心、肝、肾等脏器有出血点或小坏死灶。

【辨证】 湿热内蕴中焦。

【治疗】治宜燥湿解毒、健脾止泻，抗菌消炎止痢，并宜早宜快。通过药敏试验确定大肠杆菌敏感的抗生素，在此之前，应用广谱抗生素进行治疗。口服含有葡萄糖的电解质溶液对脱水和酸中毒有效。另外，具有抑制肠毒素分泌作用的药物如氯丙嗪和硫酸黄连素对治疗腹泻有一定的作用。

方 1 活蚯蚓放在 15%石灰水中洗净，去水稍干后，以 1∶1 比例加入白糖拌匀，放入容器中任其溶化，6 小时后取上清液，装入盐水瓶中隔水煮沸 20～30 分钟后备用，每头每天服 8～10mL，分早晚 2 次服用，连服 2～3 天。

方 2 白头翁 3g，秦皮 5g，地榆 3g，老鹳草 3g。水煎 1 次喂服。

方 3 地榆 94g，蓼子草 125g，叶下珠 94g，广木香 63g。将地榆用醋炙后，与其余药合煎，取汁，每头仔猪内服 10～15mL，每日 3 次，连用 2～3 日。

方 4 甘草 10g，苍术 200g，荞麦 30g，白头翁 250g，大蒜 20g，煎汤分 3 次喂母猪，每日 1 剂。

方 5 马齿苋 100g，地锦草 100g，六月雪 50g，仙鹤草 50g。煎汁内服，每头 20mL，每天 2 次，连服 2 天。

方 6 罂粟秆 1 份，凤尾草 2 份，紫珠 1 份，共煎，取汁，每次每头内服 10mL。

方 7 苍术 15g，猪苓 15g，厚朴 9g，茯苓 15g，陈皮 15g，甘草 3g，按蒸馏法合并水醇法制备 1∶1 提取液，每头每次肌内注射 10～15mL，或交巢穴注射 3～7mL。

方 8 罂粟壳 100g，加水 3 升煎煮，浓缩成 500mL，凉后加入 25g 土霉素粉，混匀，每头仔猪每次喂服 4～5mL，每天 4 次。

方 9 炒黄芩 100g，炒地榆 300g，炒白术 300g，炒白芍 200g，翻白草 200g，六月雪 400g。加水 5kg，煎至 2kg 左右，取汁，然后用 12 层纱布过滤，再用药棉渗透法过滤，药液高压消毒。每头仔猪肌内注射 4～8mL，每天 2 次，连续 2～3 天。

方 10 马齿苋 100g，大蒜 50g，海金沙 100g，苦参 50g，加水 1000mL 煎汁至 200mL，每头每次灌服 5～10mL，每天 3 次。

方 11 南瓜根汁 1 酒杯，喂服，每天 3 次，连服 2～3 天。

方 12 黄连 10g，苍术 3g，雄黄 0.3g，锅底灰或茶油饼（煅灰）

4.5g，醋或酸菜水适量。先将黄连、苍术研末，再与雄黄、锅底灰（或茶油饼炭末）混匀，密封装瓶。用时以醋或酸菜水将药粉调成糊状，分2次喂服，每日1次，连服2～4日。

方13 大蒜100g，95%乙醇100mL，甘草1g。大蒜用乙醇浸泡15天以后取汁1mL，加甘草末，调糊1次喂服，每日2次至愈。

方14 黄连5g，黄柏20g，黄芩20g，金银花20g，乌梅20g，草豆蔻20g，泽泻15g，茯苓15g，山楂10g，甘草5g，诃子20g，神曲10g，研细末，分2次喂母猪，早晚各1次，连用2剂。

方15 肾中穴封闭疗法。0.5%～1%盐酸普鲁卡因1～4mL，注入肾中穴（髋结节前约1cm，距背中线约1.5cm处），用9号针头刺入约0.3～0.5cm将药液注入，每日1次，左右肾中穴交替进行。

方16 水针疗法。后海、脾俞、后三里等穴位，分别按肌肉注射剂量1/3注射穿心莲注射液、痢菌净注射液或其他抗生素，每天1～2次，连续2～3天。

方17 火针疗法。选后海穴，以烧红的火针或大头针刺入3～5cm。

方18 白针疗法。选后海、脾俞、后三里等为主穴，配穴为尾根、百会、六脉等。

方19 电针疗法。以后海为主穴，后三里、六脉为配穴；或百会为主穴，脾俞、后海为配穴。

【预防】本病重在预防。注意加强饲养管理，搞好环境卫生，做好产前消毒和产后消毒，尤其是母猪乳头和体表的消毒；尽快让初生仔猪吃上和吃足初乳；创造仔猪适宜的生活环境，猪舍饲养密度不宜过高，注意保温通风；供给妊娠母猪和哺乳母猪全价饲料，可使胎儿发育健全和仔猪的营养需要；采取“自繁自养”、“全进全出”的管理模式，完善种猪引进检疫制度。

母源性免疫是控制新生仔猪黄痢最有效的手段之一，一般在产仔前1个月左右对母猪进行免疫。另外，口服外源性蛋白酶如菠萝蛋白酶，可以预防仔猪腹泻。也可以使用一些中药预防该病。可以使用黄连25g，加水1L，煎至500mL，仔猪刚产下先喂2～3mL，然后才让其吃初乳，2天后重复1次；还可用海金沙鲜全草50g，洗净切碎，加水500mL，煎取100mL药液，喂给哺乳母猪及初生小猪，可起预防作用。

十四、仔猪白痢

仔猪白痢是由猪致病性大肠杆菌等因素引起的10～30日龄仔猪常发的一种常见的肠道传染病，一年四季均可发生。大肠杆菌是一种条件性病原菌，当某些诱因使仔猪抵抗能力降低或消化障碍时，即可诱发本病。冬天，早春及炎热的夏季，气候突变是引起本病的重要原因。

【病原】病原为大肠杆菌，引起本病的大肠杆菌血清型主要是O_8∶K_{88}，O_5∶K_{88}，O_{60}，O_{115}，O_{141}，O_{147}等，有的地方与仔猪黄痢、猪水肿病的血清型相同。

【症状与病变】病猪突然发生腹泻，排出乳白色或灰白色的腥臭黏腻的浆状、糊状粪便，随即食欲减退、精神沉郁、喜卧、怕冷、眼结膜苍白，严重脱水，衰竭死亡，病程2～3天，较长的1周左右。个别病猪病初体温升高到40～45℃，下痢出现后体温降至常温。剖检见胃肠黏膜轻度充血，肠壁变薄，部分肠段黏膜脱落，肠内有少量内容物和气体，肠系膜淋巴结水肿，其他器官无明显变化。

【辨证】湿热内蕴中焦。

【治疗】治宜燥湿解毒、健脾止泻，抗菌止痢，可以参照仔猪黄痢的治疗，应用下列处方也有一定的效果。

方1 新鲜韭菜1000g，洗净捣烂，用纱布包好，榨汁，每天服10～20mL，连服2～3天。还可加入适量红糖，效果更佳。

方2 白胡椒1g，土霉素2.5g，锅底灰25g，研末拌料喂服，每天2次，连用2～3天。

方3 茄秧全草适量，煎浓汁，加入适量红糖，每头仔猪灌服50mL，每日3次。

方4 红糖4g，二丑16g，煎水，拌料喂母猪，每天3次。

方5 杉树皮灰100g，炒食盐93g，研细用水冲服，连用5～6次。

方6 白头翁、瞿麦各500g，煎汁分早晚2次喂服。

方7 高粱适量，炒焦研末，混入饲料中喂给母猪。或红高粱500g，炒焦煮粥喂仔猪。

方 8 取新鲜泡桐叶捣烂，去渣留汁，拌入饲料中，早晚各 1 次，连用 2～5 天。仔猪体重 2kg 以下用 2～5mL，2～5kg 用 5～10mL，5～15kg 用 15～20mL。

方 9 大蒜 250g，煮熟，捣烂加稻草灰（或锅底灰）混合喂母猪和仔猪。

方 10 新鲜采取的山羊抗凝血 3mL，1 次肌内注射，每天 1 次，连用 3 天。

方 11 木炭粉 600g，烟囱中的煤烟灰 600g，共研细，过筛拌匀，灌服，每千克体重用量 2～3g，每天 3 次，连用 2～3 天。

方 12 白头翁 50g，胡黄连 75g，龙胆草 30g，黄柏 50g，加水 500mL 煎至 100mL，内服，每次 3mL，每天 3 次。

方 13 白头翁 1000g，龙胆草 250g，木炭末 250g，喂服，母猪每次 50g，小猪每次 15g。

方 14 木炭粉 6 份，深层红土 1.5 份，蛋壳 6 份，研成细末粉，干饲料 2 份，研末混合，每天每头猪加水灌服 5g。

方 15 大蒜 50g，甘草 60g，切碎混匀，也可加入适量白酒，灌服，每头猪每天 5.5g。

方 16 大蒜 50g，鲜马齿苋 500g，共捣碎取汁，用水稀释 4 倍，视仔猪日龄大小，每头灌服 10～30mL，每天 2～3 次，连服 4～5 天。

方 17 当天产的鸡蛋清 5～20mL，肌内注射，每日 1 次，连续注射 1～3 次。

方 18 取鲜猪胆 1 个，大蒜 100g 捣烂，呋喃唑酮片 1 粒碾碎，锅底灰 4g，混合拌匀，每日分为两次喂服，连服 2 天。

方 19 木炭末 500g 炒 10 分钟，加醋 250mL 和捣碎的大蒜 200g 炒 15 分钟，用水调成糊状，涂在仔猪舌上让其舔食。

方 20 虎杖切片烘干研末，灌服，每次 10g，每天 2 次。

方 21 锅底灰 1～2g，土霉素 0.25g，研细，温开水调成糊状，早晚各 1 次，连用 3 天。

方 22 番石榴叶 2000g，水煎，拌料喂母猪。

方 23 锅底灰、芝麻叶（烧灰）各 50～100g，拌料喂母猪和仔猪。

方 24 杠板归、地锦草、龙胆草各 60～80，煎水内服，每日 3 次，连服 2 天。

方 25 锅底灰、神曲各等量，混合喂仔猪，每次 5～8g，每日 2 次，连用 3～5 天。

方 26 穿心莲、凤尾草各 100g，白头翁 50g，捣烂成糊状，涂于仔猪舌头上，每头每天 5g，每日 2 次，也可将药 30g，拌入饲料喂母猪。

方 27 锅底灰 10g，地榆炭 5g，胡黄连 3g，地锦草、铁苋菜各 1 把，煎汁喂服。

方 28 马齿苋 100g，加明矾、面粉少许，煮成糊状，喂给 10 头仔猪，每日 2 次，连服 3 天。

方 29 牛粪烧灰（最好黄牛粪），将粪灰掺入饲料中，早晚各 50g，喂母猪和仔猪，连用 2 天。

方 30 黄连 100g，苦参 200g，白头翁 160g，白胡椒 40g，研末，拌料喂母猪，每次 50～100g，每天 2 次。

方 31 石榴皮 10g，枣树皮、柿树皮（去外边粗皮）各 20g，烤黄共研细末，喂服。

方 32 地榆 5 份（醋炒）、白胡椒 1 份，锅底灰 5 份。研末混合，喂服，每次用 10g。

方 33 车前子 50g，石榴皮 10g，1 次喂服母猪。

方 34 马齿苋 750g，地锦草 500g，血见愁 500g，车前草 250g。煎水至每毫升含生药 1g，每次灌服 15～20mL，每日 1 次，连用 3 天。

方 35 白头翁 500g，加水 1000mL，煮 20 分钟，取汁喂母猪。

方 36 锅底灰 60g，大蒜 15g，将大蒜捣烂，用锅底灰混合，用水调成糊状，每次 6g，每日 2 次，连用 2～3 天。

方 37 绿豆、骨头各 500～1000g，茅根 250～500g，水煎分 2～3 天拌料喂母猪。

方 38 五味子 500g，枯矾 90g。将五味子炒焦与枯矾共研细末，每头仔猪 3～6g 拌料喂服。亦可喂母猪，每次 15g。

方 39 50％十滴水溶液，肌内注射 1～2mL，每日 1 次，连用 3～5 日；乳头沾草的哺乳母猪，肌内注射十滴水 5～10mL，每日 1

次，连用3～5天。

方40 胡豆秆（烧炭）、鸡屎藤各50～100g，煎汤灌服。

方41 蚕豆秆、大蒜秆各50～100g，烧灰研末喂服，每次半食匙。

方42 车前子50g，石榴皮40g，炒黄研末，混于饲料中，1次喂母猪。

方43 木炭末7g，白头翁7g，麦芽5g，黄柏5g，食盐1g。共为细末，开水调服。

方44 金樱子根250g，煎水取汁，拌料喂服。

方45 冰糖60g，山楂30g，高粱1碗（炒焦），共为细末，开水冲调，灌服。

方46 乌梅150～200g，焦山楂100g，压碎，煎水，带药渣拌食喂母猪。

方47 紫皮蒜100～200g，苍术40g，炒焦高粱500g，茯苓40g。把苍术和茯苓煎水，将大蒜捣烂，高粱研末，混在猪食内喂母猪。

方48 陈醋31g，鱼腥草、黄荆叶各16g，捣烂取汁喂服，每天2次，连用5～6次。

方49 马齿苋20g，乌梅10g，加水500mL，煎至200mL，饮服。

方50 苍术15g，白芍5g，山药10g，泽泻20g，共为细末，拌入饲料内服，每天1次。150kg哺乳期母猪50g，100kg以下母猪30g，仔猪15～20g，连喂1～3天。

方51 白酒60mL、雄黄30g（研末），调匀喂服（15头仔猪用量），2次服完。

方52 马鞭草、紫地榆各300g，山药150g，共为细末，混于母猪饲料，让母猪自食，每日1剂。若仔猪热重，加白茅根250g，尿淋漓加木贼250g，能采食的仔猪让其自食。

方53 猪蹄甲1个，用砂土炒至黄色，研成细末，每次3g，连用3～5次。

方54 胡椒50g，研末拌料喂母猪，每次25g。

方55 将脱粒后的玉米芯烧成灰，每次5g，每日3次，拌入饲料中喂服，如仔猪不吃饲料，可以喂服母猪。

方 56 大蒜 62g，白胡椒 62g，明雄 16g，白酒 125g。将大蒜捣烂浸泡在酒内，12 小时后将白胡椒、明雄研成末，放入大蒜液内，将此药涂于母猪乳头，让仔猪吮食。

方 57 白桦树皮烧成炭，研末，灌服。20 日龄内小猪每次 10g，20 日龄以上的小猪 13g，每日 2 次，连服 2 天。

方 58 青矾 100g，明矾 50g，研末后用醋调成糊状，涂于仔猪舌头上，每次 3g，每日 2 次，连服 3～4 天。

方 59 薤白 100～200g（鲜品 300～400g）、萝卜子 100g，食醋 150g。捣烂或研成末后加醋，混在猪食内喂母猪。

方 60 白胡椒 5g，大蒜 5g，锅底灰 10g，研末混合，每日 2 次，每次 5g 内服，连续用药 1～2 天。

方 61 苍术、山药各 50g，泽泻、白芍各 100g。烘干研末，灌服，每次 15～20g，每日 2 次，或母猪服倍量。

方 62 地榆、水辣蓼、翻白草、马齿苋、凤尾草各 150g，陈皮、山楂、仙鹤草各 75g，黄柏 50g，金银花 100g，黄连、神曲各 40g。加水 7kg，煎存 3kg，上清经多层纱布过滤后，按每千克体重 0.8mL 用量肌内注射，每天 1 次。

方 63 石榴皮 50g，枣树皮、柿树皮（去粗皮）各 100g，烤黄研末，供 5 头仔猪服用。

方 64 苘麻子，炒焦研末，水调成糊状，灌服，每头每次 5g。

方 65 金银花 100g，加水煎至 100mL，上清过滤；大蒜 10g，加水 100mL 浸泡 2～3h 过滤除渣。金银花煎液与大蒜浸出液按 2∶1 混合后灌服，5kg 猪灌服 20mL。每日 2 次，连用 2 日。

方 66 水针疗法参见仔猪黄痢方 15；也可在后海穴注射 0.5% 普鲁卡因 0.2mL。

方 67 埋线疗法。后海、脾俞、后三里，任选 1 穴埋线。

说明：火针疗法、电针疗法、白针疗法等参见仔猪黄痢方 16～18。

【预防】本病主要是采取综合防制措施，积极改善饲养管理及猪舍的环境卫生条件；加强妊娠母猪和哺乳母猪的饲养管理；搞好仔猪的饲养管理；注意预防性给药，可用大蒜 2000g，捣泥，加入 4000mL 白醋浸泡 2～3 天，取汁。初生仔猪在吃母乳前滴服 1mL，每日2次，从第2次起用药加倍，连服3天；也卡用黄连25g，加水1000mL，煎至500mL，仔猪刚产下先喂2～3mL，然后才让仔猪吃奶，2天后重复1次，若已发病，酌情增其量。

十五、仔猪水肿病

仔猪水肿病是由溶血性大肠杆菌所引起的断奶前后仔猪的一种特有的肠毒血症。一年四季均可发生，但以冬春季多见，呈散发性，不广泛传播。发病率平均不高，但死亡率达可达80%～100%。

【病原】引起仔猪水肿病的大肠杆菌称为肠毒血症大肠杆菌，有多种血清型，最常见的血清型为 O_{138}：K_{81}，O_{139}：K_{82} 和 O_{141}：K_{85}，O_{98}，O_{115}，O_{121}，O_{147}，O_{157} 等。在鲜血琼脂上培养可出现β型溶血环，在形态、染色反应、培养特性和生化反应上与其他类型的大肠杆菌相似。

【症状与病变】突然发病，很快死亡。有的仔猪表现不安，没发出叫声，即倒地而死。有的倒地侧卧，不能站立，张口呼吸，数小时后死亡。有的前一天晚上没有任何异常，早上死在圈内。水肿是本病的特征临诊症状，常见于脸部、眼睑、结膜、齿龈，有时波及颈部和腹部皮下。剖检病理变化主要为水肿。胃部、胆囊、喉头、大肠系膜常见水肿，淋巴结有水肿和充血、出血的变化；心包和胸、腹腔有较多积液，暴露于空气后则凝成胶冻状；有的病例没有水肿变化，但有内脏出血变化，出血性肠炎尤为常见。

【辨证】水湿内停。

【治疗】治宜抗菌消炎、利水消肿。

方1 桉树叶（生品）45g，五加皮19g，大腹皮15g，地骨皮10g，茯苓皮15g。煎汁内服。

方2 苍术、白术、猪苓、泽泻各5～10g，煎汁内服。

方3 杠板归茎叶30g，车前草60g，芫花叶30g，紫金牛60g，煎水灌服，每日1剂，连服3剂。

方4 灯芯草、淡竹叶、甘草各5～10g，煎汁内服。

方5 大蒜6～8头、赤小豆500g，商陆16g，生姜10g，煎水内服。

方6 商陆2份，甘遂根1份，大戟1份，芫花1.5份。共研细末，加米醋调匀后涂敷在病猪肚脐上，纱布包扎，6 小时后撕去，停 6 小时再敷 1 次。

方 7 黄芩、黄柏、大黄、茯苓、泽泻等量混合，研成粉末，口服，每头猪 20～80g，同时给强心利尿剂，并肌注土霉素 0.25～0.5g。

方 8 黄柏、大腹皮、陈皮各 20g，黄连、黄芩、桑白皮、茯苓皮、姜皮（夏天可不用姜皮）各 15g。煎汁喂服，每日 3 次，连用 4～5 剂。

方 9 鱼腥草（鲜全草）2 份，野荞麦根 1 份，洗净捣烂，敷于猪肚脐上，用布包扎好，敷 1 昼夜，连敷 2 次。

方 10 马蹄金鲜草 60g，洗净与鲫鱼加水煮熟后取汁内服。

方 11 仙鹤草、龙胆草、泽泻、茯苓、车前子、木通各 15g，焦白术、何首乌、当归各 25g，蝼蛄 7 个，甘草 5g，水煎取汁喂服。

方 12 凤尾草 60g，双花藤 100g，车前草 40g（均用鲜全草），水煎取汁，拌食喂服，每日 1 剂，连服 5 剂。

方 13 茯苓皮、大腹皮、猪苓、泽泻各 5～10g，煎汁内服。

方 14 白术 9g，木通 6g，茯苓 9g，陈皮 6g，冬瓜皮 9g，猪苓 6g，泽泻 6g，石斛 6g，水煎分 2 次喂服，每日 1 剂，连用 2 剂。

方 15 海金沙、灯芯草、破故纸各 15g，萆薢 30g，淡竹叶（带根）25g，甘草 10g。水煎内服，一日 2 次，连用 2 日。

方 16 水针疗法。选后三里、天门、百会、尾根、大椎、后海等穴，按肌内注射量的 1/2 注射抗血清、丁胺卡那霉素、磺胺嘧啶钠、呋喃苯胺酸等药物。

方 17 白针或血针疗法。选山根、承浆、耳尖、太阳、丹田、百会、尾根、尾尖等穴，每日 1 次，连用 2 天。也可选天门、蹄门、带脉、尾本为主穴，配穴为耳尖、大椎、后三里。

方 18 卡耳埋植。见猪瘟方。

【预防】本病防治应采用综合性防治措施。按照以预防为主、防治结合的原则，采取“管、消、防、治”综合防治措施。加强饲养管理，防止饲料单一；在断奶前后应做好防应激和饲料的调配工作；断奶时不要突然改变饲料和饲养条件及方法；限制喂高蛋白、高能量饲料，增加纤维素含量，适当增加抗应激药物、抗生素和硒等，以增加抗病力。同时搞好圈舍、周围环境卫生和消毒工作，实行全进全出，每批仔猪转入前、转出后都对猪舍和周围环境进行彻底清扫或洗刷、消毒。搞好预防注射和药物预防。

十六、仔猪红痢

仔猪红痢又称仔猪传染性坏死性肠炎，是由C型魏氏梭菌的外毒素所引起的1周龄以内仔猪高度致死性的肠毒血症，以血性下痢，病程短，病死率高，小肠后段的弥漫性出血或坏死性变化为特征。该病世界上所有养猪国家都有发生。

【病原】 产气荚膜梭菌，又称魏氏梭菌，有5个血清型，其中C型菌株是导致该病的主要病原。本菌为革兰氏阳性、有荚膜和芽孢，形成芽孢后，对外界抵抗力强，80℃ 15～30分钟，100℃ 5分钟才被杀死，冻干保存至少10年内其毒力和抗原性不发生变化。主要产生致死性毒素α和β毒素。β毒素是C型菌株主要致病作用的毒素。

【症状与病变】 主要侵害1～3日龄仔猪，仔猪出生数小时至1天之内即可出现症状。初期体温升高，病猪表现精神不振，食欲减退，被毛无光泽，走路摇晃等症状；排出红色黏液粪便，污染后躯，很快进入濒死状态，病程1～3天，死亡率极高，一旦发病很少康复。病程稍长者，出现间歇性或持续性腹泻，病猪消瘦，生长停滞，于数周后死亡或淘汰。病理变化常见于空肠，浆膜下和肠系膜中有数量不等的小气泡，空肠绒毛坏死，肠腔充满含血液体；病程长的以坏死性炎症为主，黏膜呈黄色或灰色坏死性假膜，易剥离；脾脏边缘有小点出血，肾呈灰白色，皮质小点出血。

【辨证】 湿热内蕴中焦。

【治疗】 本病以预防为主。搞好猪舍和周围环境特别是产房的卫生消毒工作尤为重要；做好妊娠母猪的免疫接种。治宜抗菌止泻，利湿止血。在没有免疫的猪群爆发该病时，用马抗毒素血清进行被动治疗效果较好，疗效可以持续3周以上。

方1 仙鹤草200～500g，加水5L，煎至2.5L，将药液拌食喂服，每天3次，连服2天。

方2 黄连70g，槐米70g，乌梅100g，柿干100g，姜黄60g，车前子90g，仙鹤草90g，泽泻90g，猪苓80g，加水3L，煎汁500mL，灌服，每次10mL，每日2次。

方3 槐米6g，生地炭9g，山楂炭9g，大枣15g，红糖为引，水煎分2次灌服，每日1剂。

方4 锅底灰10g，椿白皮10g，煎汤分2次灌服，每日1剂。

方5 凤尾草、马齿苋、铁苋、鸡眼草、三白草、马鞭草各鲜草100g，加水1000mL煎汁500mL，灌服，每头5～10mL。

【预防】 在母猪饲养期、配种前、分娩前2～3周注射C型梭菌类毒素疫苗是预防本病最好选择。加强免疫应在下一胎次分娩前第3周进行。对刚出生仔猪口服抗生素（如氨苄青霉素、阿莫西林等）有一定的预防作用，出生后立即开始使用，连用3天。头孢噻呋可用于治疗。在母猪分娩前后，给予杆菌肽亚甲基水杨酸盐可以预防仔猪的梭菌感染。

十七、链球菌病

猪链球菌病是由链球菌引起的猪的急性传染病。临床上主要表现为淋巴结脓肿、脑膜炎、关节炎以及败血症等症状。本病在初发地区呈暴发性流行，传播迅速，短期内可使大部分猪发病和死亡。大小猪均可发病，但哺乳仔猪发病较少。病猪和带菌猪是本病的主要传染源。

【病原】 猪链球菌为革兰氏阳性菌，需氧或兼性厌氧菌，普通培养基上生长不良，在加有血液、血清的培养基中生长良好。到目前为止，已鉴定出35个荚膜血清型，与疾病最为相关的是猪链球菌2型，该型亦是临床分离频率最高的血清型。该型菌株对各种常用消毒剂抵抗力不强，一般在1分钟内即可杀死，但污物和有机物的存在会影响消毒剂对细菌的杀灭作用，因此，清除猪舍内表面污物对提高消毒剂的作用是非常重要的。

【症状与病变】 突然发病，在最急性病例，病猪可能不出现预兆症状而突然死亡。脑膜炎是最典型的症状，是早期诊断的基础。早期出现运动失调、姿态反常，很快不能站立、角弓反张、惊厥等神经症状。其他症状包括心内膜炎、关节炎、流产和阴道炎。明显的组织学病变一般发生在肺、脑、心脏和关节。主要病变是嗜中性粒细胞性脑膜炎和脉络膜炎、纤维素性或化脓性心外膜炎和化脓性支气管肺炎。关节炎病例中，最早见到的变化是滑膜血管的扩张和充血，关节表面可能出现纤维蛋白性多发性浆膜炎；关节囊壁增厚，滑膜形成红斑，滑液量增加，并含有炎性细胞。

【辨证】湿热内停，高热生风。

【治疗】治宜抗菌消炎和对症施治，清解湿热、凉血祛风。在治疗时，选用抗菌药物应考虑细菌的敏感性、感染类型和给药途径等几个方面。目前提高仔猪成活率的最好方法是及时发现脑膜炎早期症状，立即用适当抗生素对感染猪进行非肠道途径治疗，注射青霉素和地塞米松效果较好。也可通过饮水给药或在饲料中添加药物进行治疗，一定要迅速，无论采用哪种方法，治疗至少持续5天以上。

方1 断肠草去皮，加水煎服1～2小时，喂服，按大猪20～30g，中猪10～20g，小猪5～10g生药量，每天2次，连服3天。

方2 连翘、蒲公英、地丁、大黄、山豆根、射干、甘草各10g，麦冬15g，双花15g。煎水内服。

方3 野菊花、忍冬藤、白毛夏枯草各60g，紫花地丁30g，七叶一枝花15g，水煎喂服。

方4 水针疗法。选天门、大椎、百会等穴，按肌内注射剂量1/3注射先锋霉素V等抗生素或复方磺胺嘧啶钠、清开灵、双黄连注射液、板蓝根注射液等药液。

方5 卡耳埋植。见猪瘟方。

方6 白针或血针疗法。主穴为山根、百会、涌泉、滴水、后三里，配穴为蹄叉、脑俞、天门、太阳、前后寸子等。

【预防】对本病应坚持以预防为主的原则。猪链球菌病是一种人畜共患病，一经发现有猪链球菌病疫情，要坚持早发现、早报告、早诊断、早隔离、早治疗。在生产和断奶过程中，减小断奶日龄差异，统一使用自家疫苗和抗生素，可以减少仔猪死亡率。猪场的选址应尽量位于相对较高处，并选择在全年大部分时间为上风处。要实行全进全出制，并按不同日龄分群，做好不同猪群间的隔离。同时，加强饲养管理，做到规范化、科学化饲养管理、防疫制度化、经常化，提高养猪防病的水平；要随时清扫猪舍，保持圈舍及周围环境的清洁卫生；坚持灭鼠、灭蚊、灭蝇；定期驱除体内外寄生虫，做好粪便、废水和其他固体废弃物的无害化处理。

十八、坏死杆菌病

猪坏死杆菌病是由坏死杆菌引起的一种慢性传染病。常因猪皮肤和黏膜创伤或咬伤，病菌乘机侵入而致病。多发生于多雨、潮湿和炎热季节，以5～10月间最多，呈散发性。其特征是多种组织坏死。多见于皮肤和皮下组织、消化道黏膜，有的在内脏形成转移性坏死灶。

【病原】坏死杆菌为多形性杆菌，革兰氏阴性，无荚膜、鞭毛和芽孢，严格厌氧菌。能产生多种毒素，对理化因素抵抗力不强，常用消毒剂均有效，但在污染的土壤中和有机质中能存活较长时间。患病和带菌动物为主要传染源。

【症状与病变】最常见的是坏死性皮炎，多发生在病猪臀部、胸腹部、耳根、肩胛部等处皮肤或皮下，初为突起小丘疹，盖有干痂的结节，进而痂下组织迅速发生坏死和溃烂，伤口逐渐扩大，炎症向深部发展和蔓延，烂孔中流紫红色或灰黄色恶臭脓性液体，创口边缘不齐，坏死灶数量不等。少数病例，其病变深达肌肉、腱、韧带和骨骼，造成透创或趾端腐脱；个别病猪全身或大块皮肤干性坏死。

仔猪主要表现坏死口炎和肠炎。表现食欲不振，体温升高，腹泻，口臭，气喘、流涎、鼻孔流出黄色脓性分泌物，口腔黏膜红肿、齿龈、舌、上颌等处出现灰白色或灰褐色粗糙的假膜，其下为溃疡面；坏死进一步发展到咽喉处时，出现进食和呼吸困难、呕吐、颌下水肿。坏死性鼻炎病猪鼻黏膜出现溃疡，形成黄白色坏死假膜。

【辨证】内毒郁结。

【治疗】动物一旦发病，应及时隔离治疗。治宜抗菌消炎、强心，对症施治、清热解毒。在采用局部治疗同时，要根据病型不同配合全身治疗和强心、解毒、补液等对症疗法，提高治愈率。

方1 对腐蹄患猪，应用清水洗净患部并清创，再用1%高锰酸钾或5%福尔马林或10%硫酸铜冲洗消毒，然后在创口内填塞适量硫酸铜和水杨酸粉或高锰酸钾和磺胺粉，创面可涂木焦油福尔马林合剂或5%高锰酸钾或10%甲醛酒精液。软组织可用磺胺软膏、碘仿鱼石脂软膏等药物。

方2 猪胆汁或牛胆汁加适量生石灰，阴干后研成粉末，敷于病猪体表疮口处，每日1次。

方3　砒霜15g，冰片15g，红花15g，明矾适量，共研细末填入创口内。

方4　大黄、石灰等量，炒黄，混合填入创口。

方5　陈石灰100g，雄黄30g，加桐油调成糊状，填满创口。

方6　枯矾10份，硫磺15份，干黄瓜叶13份，冰片1份，花椒（焙焦）5份，共研细末，用炼过的植物油调敷患部。

方7　生石灰加入猪或牛胆囊中，干燥7天后，研末填入创口。

方8　用刀刮去坏死组织，再用陈石灰填充深部的溃疡内，1～2次可治愈。

方9　将桐油加热至沸点，趁热涂患部，随即撒上石灰粉。

方10　雄黄6g，冰片0.45g，风化石灰1.5g（炒过），混合研细，用炼过的菜油调敷患部。

方11　植物油烧开后趁热灌入创口，一般面积小的创面1次可愈。

方12　红砒1份、枯矾、冰片各3份，混合研末，涂抹创面。

【预防】本病无特异性菌苗预防，只有采取综合性防制措施，加强饲养管理，必须经常保持猪舍、运动场、猪体及用具的清洁与干燥，消除发病因素，避免皮肤和黏膜损伤，一旦发生，及时隔离治疗。在多发季节，可在饲料中加抗生素类药物进行预防。

十九、破伤风

破伤风是由破伤风梭菌经伤口深部感染引起的一种急性中毒性传染病。临诊以骨骼肌持续性痉挛和对外界刺激反射兴奋性增高为特征。所有年龄猪均易感，大多数病例为青年猪，因阉割伤口感染、脐带感染而引起。本病分布广泛，呈散发。

【病原】破伤风梭菌是一种厌氧型革兰氏阳性杆菌。在动物体内外均可形成芽孢，可产生多种外毒素，其中痉挛毒素为最主要致病毒素。本菌繁殖体抵抗力不强，一般消毒剂均能在短时间内将其杀死，但芽孢抵抗力强，在土壤中可存活几十年。

【症状与病变】发病初期，患猪常从头部开始表现强直性痉挛，采食、咀嚼和吞咽均缓慢而不自然，随即全身肌肉呈现强直性痉挛，四肢硬直，形如木猪，行走困难。严重者牙关紧闭，瞬膜突出，流涎，颈强直，背僵直，腹部蜷缩，有的倒卧不起、角弓反张。患猪通常对外界刺激的反应性增强，凡有声、光、触动的刺激都可使症状加剧。患猪的体温、呼吸、脉搏通常无变化。患猪若诊治不及时，多呈急性经过而死亡。

【辨证】肝热生风。

【治疗】患病猪预后较差。治宜清肝熄风，安神止痉。首先将动物移至安静清洁环境，及时用双氧水清洗处理创口，注射抗毒素、抗生素、镇静剂。

方 1 在创口处进行扩创，双氧水洗净，5%碘酒消毒，火烙封口。花椒叶 100～150g、蛴螬（俗称地蚕）30 个，大葱 10 根，共捣为糊状，加荞麦面，做成两个面坨，用香油或棉籽油烧热，两个面坨轮流热敷患处，直到猪出汗，每日 1 次，连续 2～3 天。

方 2 大蒜 30g，去皮捣泥，加入 100mL 冷开水，浸泡 10 小时左右，用 10 层消毒纱布反复过滤，取滤液，肌内注射，大猪 20mL，中猪 15mL，小猪 10mL。对痉挛严重者，可配合肌内注射 20%硫酸镁 10mL，每天 1 次，连续 3～4 天。

方 3 红皮大蒜 75g 捣泥，加 70%酒精 500mL 拌匀，浸泡 4 小时，用消毒纱布挤压取汁。大小猪一律肌内注射 20mL，每日 2 次。

方 4 蚱蝉地肤散：蚱蝉 20 只、炒地肤子 100g，麝香 0.5g，研末冲黄酒 500mL，内服。

方 5 穿山甲（炙黄）15g，蝉蜕 10g，刺猬（烧炭存性）15g，熟附片 30g，加水共煎 2 小时，1 次内服 100～150mL。

方 6 壁虎 2～3 只，处死后加水 800mL，煎至 500mL 内服，每日 1 剂，连服 2～3 天。

方 7 蜘蛛 7～10 只用沸水烫死，晒干，放瓦片上焙干研末，加黄酒 15～30mL，调匀 1 次内服，每日 2 次，连服 7 天为 1 疗程。同时配合胡椒卡尾疗法，即在尾尖穴开一切口，出血后取胡椒粉 5～10g，填进伤口内，用纱布包好，一般用药 1～2 个疗程。

方 8 全蝎 10g，蝉蜕 15g，葛根 20g，天南星 10g，防风 15g，白芍 10g，桂枝 15g。水煎取汁，候温内服，每日 2 次，连服 3 剂。

方 9 蝉蜕 30g，水煎取汁，1 次喂服，喂前用热米醋 500mL（加温至 60℃左右）洗擦头部，并热敷腰部，每天 1～2 次，连用 3～

5剂。

方10　炙全蝎60g，净蝉衣200只，共研成细末，加酒250g，调匀分2次灌服。

方11　麝香3mg，乌梢蛇30g（焙干研末），混合内服。

方12　荆芥50g，蛇1条，薄荷50g，水煎后1次内服。

方13　活蟾蜍适量，清水洗净，放入纱布袋内，按5∶2加水，置高压锅内加温至120℃，保温2小时，自然冷却后，取出纱布袋弃去，将煎出液过滤，放蒸馏器内蒸馏，取液分装消毒备用。按每千克体重肌内注射2mL，每天肌内注射1～2次，连注4～5次。

方14　皂角1个，薄荷叶25g，煎水1次内服。

方15　香油250g，蛴螬10个，蚯蚓20条，油炸后捣碎1次内服。

方16　细辛、防风、藜芦、牙皂各等份，共为细末，取4g吹入猪鼻孔内。

方17　制南星30g，壁虎7条（焙干），蝉蜕15g，共研细末，温开水冲服，连服3～4剂。

方18　蜈蚣2条（焙干）、牛黄丸1粒（研末），葱白为引，水煎1次内服。

方19　蜘蛛（慢火炒黄）7个，僵蚕7个，毒壁虎（蜥蜴）2～3个烧为炭，共为细末，加黄酒100mL，内服。

方20　土鳖虫10个，蛴螬10个，露蜂房15g，干毛桃60g，蝉蜕10g。共研细末，开水冲调，候温供50kg体重猪1次内服，每日1剂。

方21　红秆蓖麻根30g，煎汤100mL，1次内服。

方22　干蝎2g，麝香0.2g，共研粉末，一半吹鼻，一半敷伤口。

方23　花蛇朱砂饮：半夏50g，朱砂5g，白花蛇50g，天麻50g，共为末，每次服50g，热黄酒500mL，灌服。

方24　雄黄末3g，溶于95%酒精120mL中，加注射用水200mL，肌内注射，每次10mL，每天2次，连用7天。

方25　马钱子3粒、大米250g，炒黄研末内服。

方26　全蝎15g，蔓荆子15g，僵蚕15g，制天南星10g，薄荷

25g，白附子15g，川乌15g，防风20g，制半夏10g，蝉蜕10g，乌梢蛇25g，蜈蚣2条。煎水冲酒100mL，一次内服。用于40kg左右猪。

方27 僵蚕100g，红花50g，川芎75g，续断40g，防风50g，全蝎75g，钩吻50g，黄酒250mL为引，分4～8次灌服。

方28 朱砂、雄黄、麝香、皂角、通关散、油菜籽各5g。共为细末，用竹管吹入鼻孔，或以麝香少许投入耳内，可缓解牙关紧闭。

方29 天麻、南星、乌蛇、独活、地鳖各15g，防风20g，蜈蚣4条，煎汁加朱砂15g，麝香0.5g，黄酒200mL，冲服。小便不利加木通、车前子各15g，大便秘结加大黄、芒硝各25g。

方30 水针疗法。百会、天门穴，注射破伤风类毒素1万～2万单位，隔日再注1次。并可同时按肌内注射剂量的1/2注射氯丙嗪、青链霉素等药物解痉消炎。

方31 火烙疗法。伤口，彻底清创、开放创口后施火烙术。

方32 卡耳埋植。见猪瘟方。

方33 火针疗法。选百会、天门为主穴，锁口、开关为配穴。

方34 白针疗法。天门、太阳、锁口、牙关、肾门、百会为主穴，配穴为血印、大椎、尾尖、八字；也可以锁口、牙关、开关尾主穴，配穴为百会、涌泉、后寸子。

【预防】本病应以预防为主。加强对猪的饲养管理，保持猪舍内、外的清洁卫生，清除猪圈内易造成猪体外伤的铁钉与刺状异物，避免猪体遭受创伤；如有受创伤时，要及时消毒处理伤口；在对猪去势、助产、断脐带等手术时，要严格消毒处理术口。利用破伤风抗毒素进行被动免疫，抗生素进行预防和破伤风类毒素进行主动免疫都是必要的。

二十、李氏杆菌病

猪李氏杆菌病是由李氏杆菌引起的一种散发性传染病，主要表现为脑膜脑炎、败血症和流产。本病为散发，一般只有少数发病，但病死率较高。各种年龄的猪都可感染，妊娠母猪和幼猪较易感。

【病原】病原是产单核细胞李氏杆菌，革兰氏阳性。本菌不耐酸，对食盐耐受性强，对热的耐受性比大多数无芽孢杆菌强，常规巴氏消毒法不能杀灭。一般消毒剂都易使之灭活。2%的火碱、10%石灰乳10分钟内可杀灭本菌。

【症状与病变】猪李氏杆菌病在临床上多是急性经过。病初低热、意识障碍，做圆圈运动、战栗，痉挛倒地，四肢做游泳状划动等，反应性增强，有轻微刺激就发出惊叫，呈阵发性兴奋；后期昏迷，麻痹。仔猪多发生败血症，体温升高到41℃以上，精神委顿，食欲废绝，伴有咳嗽、下痢，耳、腹部皮肤发紫，呼吸困难，常在1～3天死亡。妊娠母猪发生流产。有神经症状的猪，剖检后可见脑膜和脑有充血、炎症和水肿的变化，脑脊液增加，脑干变软，有小脓灶。败血症的患猪，有败血症变化，肝脏有坏死。

【辨证】血热生风。

【治疗】治宜镇静解痉、清热熄风和对症施治。早期应用大剂量磺胺类药物，或与青霉素、四环素、氟苯尼考等并用，以及氨苄青霉素和庆大霉素合用，都具有较好疗效。病猪兴奋不安时，可用水合氯醛灌服。

方1　栀子、黄芩、菊花、大黄、茯苓、远志各20g，生地黄25g，木通15g，芒硝50g，琥珀2.5g，煎汁供体重30kg猪1次内服。

方2　丹皮、黄芩、生地黄、栀子各30g，蝉脱、茯神、远志、赤小豆各15g，天竺黄、钩藤各10g，甘草5g，水煎2次，取汁供体重50kg猪3次内服。头嘴着地、眼红半睁半闭者，可加菊花、草决明各15g；粪便不畅者，加大黄30g，水通20g，芒硝15g；烦躁不安，易受惊恐者，加琥珀2g；怀孕母猪可加杜仲20g，艾叶10g。

方3　水针疗法。选择天门、百会、大椎、脑俞等穴位，按肌内注射量的1/2注入复方磺胺嘧啶注射液、氨苄青霉素、双黄连注射液、清开灵、天麻注射液等药物。

方4　白针或血针疗法。主穴选天门、血印、涌泉、滴水，配穴为百会、六脉、大椎、牙关等穴。

【预防】本病重在预防，必须加强饲养管理，保证猪群营养全面合理；正确处理粪便；坚持消灭猪舍及附近的鼠类；用漂白粉消毒被污染的水源，及时驱除寄生虫，增强猪抵抗力；一旦发病，应立即隔离治疗，严格消毒，深埋病死猪，防止人感染本病。

二十一、传染性萎缩性鼻炎

又称慢性萎缩性鼻炎或萎缩性鼻炎，是由支气管败血波氏杆菌和产毒素多杀性巴氏杆菌引起的猪的一种慢性接触性呼吸道传染病。以鼻炎、鼻中隔扭曲、鼻甲骨萎缩和病猪生长迟缓为特征，临诊表现为打喷嚏、鼻塞、流鼻涕、鼻出血、颜面部变形或歪斜，常见于2～5月龄猪。

【病原】 病原为产毒素多杀性巴氏杆菌和支气管败血波氏杆菌。支气管败血波氏杆菌为球杆菌，革兰氏阴性，需氧菌。两菌抵抗力不强，一般消毒剂均可使其致死。

【症状与病变】 表现鼻炎，打喷嚏、流涕和吸气困难。病猪常因鼻炎刺激黏膜而表现不安，摩擦鼻部，严重患猪两鼻孔出血不止。继鼻炎后常出现鼻甲骨萎缩，致使鼻梁和面部变性。有的病猪出现脑炎和肺炎。病理变化一般局限于鼻腔和邻近组织，最特征的是鼻腔软骨和鼻甲骨的软化和萎缩，特别是下鼻甲骨的下卷曲最为常见。也有萎缩限于筛骨和上鼻甲骨的，甚至鼻甲骨消失。鼻腔常有大量的黏液脓性甚至干酪样渗出物，急性时渗出物含有脱落的上皮碎屑；慢性时，鼻黏膜苍白，轻度水肿，鼻窦内充满黏液性分泌物。

【辨证】 肺经湿热。

【治疗】 治宜清热燥湿、解表。临床一般采取综合治疗的方法进行有效治疗，如加强管理、改善环境、化学治疗及疫苗接种等。没有一种办法适用于所有感染的猪群。磺胺类药物是第一个成功用于控制本病的药物，单用或与其他抗生素以及磺胺增效剂合用有一定疗效。四环素、长效土霉素对小猪注射也可控制本病的发生。新的氯喹诺酮类药物对支气管波氏杆菌有一定疗效。还可用下列方法治疗。

方1 贝母、防风、白芷、半夏、大黄、百合、薄荷各16g，桔梗、冬花各22g，细辛9g，蜂蜜62g。共研为末或水煎，分2次内服。

方2 紫皮蒜400g捣汁，加生理盐水600mL，芝麻油250mL，混合摇匀，用药棉蘸药涂于猪鼻黏膜上。

方3 黄柏15g，双花15g，连翘12g，苍耳子20g，丹参12g，辛夷12g，生石膏20g，水煎内服，每日1剂。

方4　知母、白藓皮、麦冬、牛蒡子、射干、甘草、川芎各12g，当归、栀予、黄芩各15g，苍耳子13g，辛夷9g，水煎取汁，1次内服。

方5　黄芩15g，石膏20g，知母12g，当归15g，双花12g，栀子15g，牛蒡子12g，辛夷10g，苍耳子20g，薄荷12g，射干12g，白芷12g，桔梗12g，荆芥穗9g，川芎12g，甘草10g，水煎内服，每日1剂。

【预防】本病应采用综合防制措施，必须加强饲养管理，改善猪舍环境卫生和通风条件；严格检疫制度；严格疫苗接种和定期药物预防等。为了控制母仔链传染，应在母猪妊娠最后1个月内预防性给药，乳猪出生3周内最好选用敏感的抗生素注射或喷雾。也可在母猪产前2个月和1个月分别接种，提高母源抗体滴度，对仔猪有一定保护力。

二十二、气喘病

猪气喘病又称地方流行性肺炎，是由猪肺炎支原体引起的一种慢性、接触性呼吸道传染病。主要临诊症状为咳嗽和气喘，病理变化特征是肺的尖叶、心叶、中间叶和膈叶前缘呈肉样或虾肉样实变。本病在一年四季，不分品种、年龄、性别均可发生，寒冷、多雨、潮湿、气候突变、猪只拥挤加剧本病的发生。新发病地区常急性暴发，病情严重，发病率和死亡率均高。

【病原】病原为猪肺炎支原体，又称猪肺炎霉形体，呈多形态，革兰氏阴性，但着色不佳，姬姆萨或瑞氏染色良好。能在无细胞人工培养基上生长，生长条件要求较严格。本菌对自然环境抵抗力不强，一般在2～3天失活，对青霉素、链霉素、红霉素和磺胺类药物不敏感，对壮观霉素、土霉素、卡那霉素、泰乐菌素、林可霉素、螺旋霉素敏感。常用化学消毒剂均能达到消毒的目的。

【症状与病变】急性型猪气喘病，突然暴发，仔猪、怀孕母猪及哺乳母猪较为多见。呼吸次数增加到每分钟60～100次，呼吸困难，呈明显的腹式呼吸，咳嗽低沉，呈犬坐姿势，有时呈痉挛性阵咳，体温一般不高。若有继发感染，体温高达40℃以上，病情恶化，死亡率高。慢性型猪气喘病以咳嗽和气喘为主，以早晚，运动及饲喂之后咳嗽最多。随病情发展，出现呼吸困难和明显腹式呼吸，有时呈犬坐式，张口喘气，病程可延至数月或半年以上。如没有继发感染，死亡率不高。

病理变化主要见于肺、肺门淋巴结和纵膈淋巴结。急性死亡可见肺有不同程度的水肿和气肿。在心叶、尖叶、中间叶及部分病例的膈叶前缘出现融合性支气管肺炎，以心叶最为显著。早期两侧病理变化对称，出现肉变，随着病程延长或病情加重，出现胰变。继发感染细菌时，引起肺和胸膜的纤维素性、化脓性和坏死性病理变化，还可见其他脏器的病理变化。

【辨证】风寒闭肺。

【治疗】治疗宜抗菌消炎、止咳平喘、解表散寒。针对猪肺炎支原体的抗生素能够控制疾病的发展，但并不能去除呼吸道或痊愈器官中的病原体。选用抗生素治疗在猪的应激期时使用（包括断奶期或混养期）效果较好。

方 1　蟾蜍 1 个焙干，研成细粉，用温开水冲服，每天 1 剂，连服 7 天。

方 2　童子尿 10 份，葶苈子 1 份，浸泡 24 小时，拌料喂服。每日 2 次，连喂 2 天。50kg 体重的猪 1 次喂 46～62g，小猪酌减。

方 3　绿豆 50g，全蛇 1 条，鸡蛋清 6 个，加水煮沸，候温 1 次灌服。

方 4　枇杷叶 33g，曼陀罗花 1.5g，桔梗 30g，小远志 30g，水煎 1 次灌服。

方 5　取猪胆汁，用 6 层纱布过滤后，用 100℃高温消毒 2 小时，暗处冷藏。使用时，将胆汁与饲料混合喂服，每天 3 次，每次 20～30mL，连服 3～5 天。还可取鲜胆汁 3～5mL，加入 1/2 蒸馏水稀释，再加入等量鲜鸡蛋清充分混合，供 50kg 体重的猪 1 次肌内注射，隔天 1 次，3～5 天为 1 疗程。

方 6　柑橘皮（干）30g，蒜头 90g，生姜 60g，捣烂加少许食盐，拌入饲料煮熟喂食。

方 7　明矾 50g，鸡蛋清 2 个，混合 1 次内服。

方 8　瓜蒌 1～2 个压碎，加 1000mL 水煮，冲入白糖 50g，鸡蛋清 1 个，白矾 25g，喂服。

方 9 曼陀罗叶 35g，断肠草叶 35g，生石膏 30g，晒干研末，过筛混合，喂服，每 5kg 体重服 2g。

方 10 山羊新鲜抗凝血 3mL，1 次肌内注射，每天 1 次，连用 3 天。

方 11 枇杷叶（去毛）、桃树枝（去青皮）、夜关门、柳树枝（去青皮）、桑白皮、金鸡尾各 30～50g，鱼腥草 20～30g，竹叶 1 把（加少许盐炒），水煎服。

方 12 桑白皮、耳挖草、山豆根、肺形草、竹叶心各 30～50g，土麻黄、威灵仙、前胡、土红花各 15～25g。水煎灌服。

方 13 孵化过的死鸭胚，全蛋捣碎后，微火烤干，研末筛粉与饲料混合后喂服，每日 120～180g，分 3 次服。

方 14 白糖 300g，地龙 8～12 条（黑白颈者为好），加适量水溶化后灌服。

方 15 鸡蛋清 5～10mL，加适量盐水混合，肌肉注射，每次间隔 2～3 天，连用 2 次即愈。

方 16 曼陀罗（叶、花均可）15g，研末用温开水灌服。

方 17 大蒜 10～20g，捣烂，1 次灌服。

方 18 癞蛤蟆洗净，剖腹去内脏，腹内塞入完整鸡蛋 1 个，用线扎紧，黄泥巴涂裹包住，放入火中煨至蛋熟。喂服，每日 1 次，连服 3～5 日。

方 19 鲜鱼腥草 250g，水煎，1 次喂服。

方 20 玉米或谷子浸泡于新鲜人尿中 4～6 小时后，倒出尿液，将玉米或谷子喂猪。每日 1 次，连喂 3 天。用于顽固性气喘。

方 21 沙棘 18g，甘草 9g，葡萄干 12g，栀子 6g，木香 6g，共为末，混入料内喂服，成年猪每次 20g。每日 1～2 次，连服 3～7 日。

方 22 杏仁油 500mL，用火熬到无沫时放凉，再加入研细的土霉素碱 70g，搅匀，颈部和肩背部两侧深部肌肉多点注射，隔日 1 次，重者连用 5 次，轻症 3 次。25kg 以下的猪每次 3～5mL，25～50kg 的猪每次 5～8mL，50kg 以上的猪每次 10～12mL。如每次配合维生素 B_6 口服或肌内注射 0.5～1g，效果更好。

方 23 蜂蜜 30g，艾灰 30g，头发灰 15g，枯矾 20g，白萝卜籽

9g，共煎汁内服。

方 24 断肠草籽 250g，加水煎煮 4 小时，至药液 1000mL，反复过滤，浓缩至 500mL，灭菌。体重 10～20kg 的猪每次耳根皮下注射 5mL，5 天为 1 疗程，间隔 2 天进行第二个疗程，一般进行 4 个疗程。

方 25 葶苈子 25g，瓜蒌 25g，麻黄 25g，金银花 50g，桑叶 15g，白芷 15g，白芍 10g，茯苓 10g，甘草 25g，水煎，候温 1 次喂服，每日 1 剂，连用 2～3 剂。

方 26 麻黄 9g，杏仁 9g，桂枝 9g，芍药 9g，五味子 9g，甘草 9g，干姜 9g，细辛 6g，半夏 9g，研细末，每头每日 30～45g 拌料喂服，连用 3～5 天。

方 27 水针疗法。以苏气、肺俞、六脉为主，各穴按肌内注射剂量 1/3 注入硫酸卡那霉素或利高霉素、鱼腥草、清开灵、地塞米松等药物。

方 28 荔枝 200g，紫苏 100g，枇杷叶 200g，斑叶朱砂根 150g，裸花紫珠 150g，白背叶 200g，朱砂根 200g，加水 5kg 煎存 2.5kg，一日分 3 次喂服。连用 4～5 剂。

方 29 黄连 5g，黄芩 15g，款冬花 15g，天冬 15g，麦冬 25g，甘草 10g，贝母 15g，橘皮 10g，枇杷叶 10g，桔梗 15g，桑白皮 10g，苦杏仁 5g，茯苓 5g，麻黄 25g，葶苈子 5g。水煎候温，一日分 2 次服。连用 3～5 日。

方 30 苏子 200g，芥子 200g，萝卜籽 300g，葶苈子 15g，射干 20g，甘草 20g。水煎，一次灌服，连用 3～5 剂。

方 31 百部、枇杷叶、茵陈、陈皮各 10g，甘草、杏仁各 5g，紫菀、贝母、桔梗各 15g，天冬 25g，水煎，一次灌服，连用 3～5 剂。

方 32 瓜蒌 2 个，加水 1000mL，煎至 200mL，加白糖 50g，鸡蛋清 1 个，白矾 25g。一次灌服，连用 3～5 剂。

方 33 蟾酥卡耳埋植。见猪瘟方。

方 34 白针疗法。主穴为苏气、肺俞、卡耳，配穴为山根、血印、后三里、尾尖等穴。

方 35 火针疗法。以颈部、咽喉、下颌水肿硬块处取穴，配以锁喉、肺俞等穴。3日施针1次，7日为1疗程。

方36 血针疗法。选山根为主穴，尾尖、蹄头等为配穴。

【预防】对本病必须坚持综合性防制措施。加强猪的饲养管理，给予优质全价饲料，做好经常性的卫生防疫及消毒工作，保持栏舍的清洁、干燥、通风。坚决贯彻“自繁自育”的方针，不从外地引入猪只；如必须从外地引进种猪时，应从无本病流行地区选种，并严格隔离检查3个月，确认无此病后方可混群饲养。并坚持免疫预防和药物预防。疫苗是预防气喘病的有效方法，目前商品化疫苗包括全细胞佐剂苗和弱毒苗，保护率可达80%以上。

二十三、传染性胸膜肺炎

猪传染性胸膜肺炎是由胸膜肺炎放线杆菌引起的高度接触性呼吸道疾病。该病主要以肺出血、坏死和纤维素性渗出为病变特征。各年龄段猪只均可感染，发病率和死亡率常在20%以上，最急性型的死亡率可高达80%～100%。

【病原】胸膜肺炎放线杆菌为革兰氏阴性小球杆菌，有时呈线状或多形性。能产生毒素，有鞭毛，有荚膜或不完全荚膜。不形成芽孢，有菌毛。血清型12种，都能引起严重发病和死亡。本菌的感染是剂量依赖型的，低剂量感染猪无临床症状，但机体产生相应抗体，感染菌量略微增加即是致死性的。因而在集约化养殖场中控制环境中胸膜肺炎放线杆菌的含量对于防制本病非常重要。

【症状与病变】本病潜伏期1～2天，一般分为最急性、急性、亚急性和慢性四型。

最急性型：同舍或不同舍个别猪只突然发病，体温达41.5℃以上，精神沉郁，食欲不振，有短暂轻微的腹泻和呕吐，无明显的呼吸道症状。疾病后期出现高度呼吸困难，呈犬坐姿势，鼻孔流出泡沫样淡粉色血样分泌物，心衰，耳、鼻和四肢皮肤出现紫斑，在24～36小时内死亡。个别幼龄猪只并不出现上述临床症状，因败血症死亡。病死率高达50%～100%。剖检可见鼻液血色，气管和支气管充满泡沫状血色浆液性分泌物。其早期病变颇似内毒素休克性病变，表现为肺泡与间质水肿，淋巴管扩张，肺充血、出血和血管内有纤维素性血栓形成。肺炎病变多发于肺的后上部，特别是靠近肺门主支气管周围，常出现周界清晰的出血区或坏死区。

急性型：同舍或不同舍的多数猪只患病，体温 40.5～41℃，精神沉郁，食欲不振，呼吸困难，常出现心脏衰竭。病程根据肺部病变程度及开始治疗时间的不同而异，可能发生死亡，也有可能转为亚急性或慢性型。剖检见两侧性肺炎，常发生于尖叶、心叶和隔叶的一部分。病灶区呈紫红色，坚实，轮廓清晰，间质积留血色胶样液体，纤维素性胸膜炎明显。

亚急性和慢性型：多由急性型转化而来，体温不升高或很少升高，少数的达 39.5～40℃。病情较轻猪只呈连发性或间歇性咳嗽，食欲不振，日增重减少，出现一定程度的呼吸异常。这种症状经过数日乃至一周，或治愈或进一步恶化。病猪不爱活动，驱赶猪群时常常掉队，仅在喂食时勉强爬起。慢性感染期的猪群症状表现不明显，也可能被其它呼吸道感染所掩盖（如支原体、细菌和病毒感染）。亚急性型剖检见肺部出现大的干酪性病灶区或含有坏死碎屑的空洞。由于继发细菌感染，致使肺炎病灶转为脓肿，后者常与肋胸膜发生纤维性粘连。慢性型则常于隔叶见到大小不等的结节，其周围有较厚的结缔组织环绕，肺胸膜粘连。

【辨证】湿热蕴肺。

【治疗】治疗宜抗菌消炎、清热燥湿、止咳平喘。

方 1 丁胺卡那霉素注射液 60 万～120 万单位，10%葡萄糖注射液 20mL，1 次静脉注射，每日 3 次，连用 2～3 天。同时肌内注射 20%磺胺嘧啶钠注射液 5～15mL，每日 2 次，连用 2～3 天。

方 2 知母 10g，川贝 10g，款冬花 10g，葶苈子 10g，百部 10g，马兜铃 10g，金银花 10g，黄芩 10g，黄药子 10g，白药子 10g，杏仁 9g，枇杷叶 15g，栀子 12g，大黄 6g，甘草 5g，水煎取汁，候温供体重 40kg 的猪只 1 次灌服，每日 1 剂，连续 2～3 日。

方 3 水针疗法。选择肺俞、大椎、天门、身柱、苏气等穴，注入乙基环丙沙星 3～10mg/kg 体重或青霉素 80 万～160 万单位，或阿莫西林 15mg/kg 体重，每日 2 次，连续 3～5 日。

【预防】本病重在预防。必须改善猪场环境卫生条件，注意通风换气，保持舍内空气新鲜，猪舍及周边环境要定期消毒；采取“全进全出”饲养方式；加强饲养管理，保证猪群全面合理营养，合理安排饲养密度，防止气温骤变、减少转并群等应激；严格检疫引进猪只，防止带入本菌；定期预防注射；发现本病，立即隔离治疗，避免患猪与健康猪接触，阻止病原传染。

二十四、痢疾

猪痢疾曾称为血痢、黑痢、黏液出血性下痢、弧菌性痢疾或密螺旋体病，是由猪痢疾短螺旋体引起的猪的一种肠道传染病。其主要特征是黏液性出血性结肠炎，黏液性或黏液性出血性下痢，大肠黏膜发生卡他性、出血性炎症，有的发展为纤维素性坏死性肠炎症。各种年龄和品种的猪均易感，7～12 周龄猪发生较多。一般发病率约 75%，病死率 5%～25%。病猪和带菌猪是主要传染源。

【病原】 病原为猪痢疾短螺旋体，革兰氏阴性、耐氧的厌氧螺旋体，在血琼脂上呈强 β-溶血。对外界环境抵抗力较强，在土壤中 4℃能存活 102 天，－80℃存活 10 年以上。对消毒剂抵抗力不强，普通浓度的过氧乙酸、来苏儿和氢氧化钠均能迅速将其杀死。

【症状与病变】 潜伏期从 2 天到 3 个月不等，自然感染通常 10～14 天发病。腹泻是猪痢疾最为一致的症状，但严重程度不同。最急性感染的猪，几乎没有或腹泻出现几小时后死亡。大多数猪初期表现为拉黄到灰色的稀软粪便，厌食。感染后几小时到几天，粪便中出现大量黏液并常带血块，逐渐见到含有血液、黏液和白色黏液纤维素性渗出物的水样粪便，会阴部同时被污染。持续腹泻导致脱水，伴随渴欲增加，感染猪虚弱，运动失调且消瘦。

一致性的特征病变在大肠内，回盲结合处有一条明显的分界线。急性期的典型变化是大肠的肠壁和肠系膜发生充血和水肿。大肠黏膜常覆有黏液和带血斑的纤维蛋白，结肠内容物软或呈水样且含有渗出物。肠壁水肿随着病程发展而减轻。随着纤维素性渗出物的增加，黏膜病变更加严重，可形成带血的黏膜纤维素性假膜。肝脏充血，胃基底部充血或出血。

【辨证】 湿热内蕴中焦。

【治疗】 治疗宜抑杀病原体、清热燥湿、凉血止泻。发病后可用药物治疗，常用于治疗猪痢疾的药物是硫酸黏杆菌素、泰乐菌素、林可霉素。在用药物治疗时，应注意给药途径。患病严重的动物可通过非肠道途径给药，对大多数病猪，饮水或混饲给药5～7天是治疗急性痢疾的首选方法。急性痢疾的治疗好转后需以低于治疗剂量的药物混于饲料中给药2～4周，预防再次感染。

方1 鲜马齿苋250g，煎水取汁，加红糖25g，1次灌服。

方2 木炭末7g，白头翁7g，麦芽5g，黄柏5g，食盐1g，共为细末，开水冲调灌服。

方3 锅底灰1把，米醋120mL，混合1次灌服。

方4 蟾蜍1～2只，烧灰研末，拌料1次喂服。

方5 党参4g，生葛根35g，木香2g，藿香5g，茯苓5g，炙甘草3g。煎水1次喂服。

方6 鲜侧柏叶120g，鲜马齿苋、鲜韭菜各150g，捣烂，煎汁灌服。

方7 苦参20g，白头翁15g，黄连15g，黄柏20g，乌梅20g，秦皮20g，诃子20g，甘草15g，煎汁喂服，每日1次，连服5天。

方8 鸦胆子5g，白头翁10g，黄连3g，炒槐末5g，黄芩5g，黄柏3g，马齿苋3g，苦参5g，罂粟壳3g，甘草2g，温水浸泡24小时，煮沸取汁，另取大蒜20g，捣烂，加白酒30mL，猪每次口服25～50mL，每天2次。

方9 水针疗法。后海穴注入10%葡萄糖注射液1～2mL、0.5%普鲁卡因注射液1～2mL、双黄连素注射液2mL等，或按肌内注射剂量的1/3注入丁胺卡那霉素、痢菌净等药物。也可注射公猪精液，每次2mL。每日1次，连用3天。

方10 火针疗法。主穴为脾俞、后海、三脘，配穴为尾根、天门、乳基等穴。用火柴点燃后烧灸。配合用药：内服白头翁汤合乌梅散加减。

【预防】控制本病主要采取综合防制措施。预防本病应加强饲养管理，严禁从疫区引进生猪，猪场实行全进全出制；保持圈舍卫生，饮水应加含氯消毒剂处理，对易感猪群可用药物进行防制，结合粪便消毒、处理，可以有效控制疾病的发生。

二十五、钩端螺旋体病

钩端螺旋体病是由钩端螺旋体引起的一种传染病。临诊表现形式多样，主要有发热、黄疸、血红蛋白尿、出血性素质、流产、皮肤和黏膜坏死、水肿等。

【病原】病原为钩端螺旋体，属于钩端螺旋体科、细螺旋体属，革兰氏阴性。猪钩端螺旋体呈螺旋形，细长条状，通常两端弯曲成钩，在暗视野才能看到。一般在水田、池塘、沼泽及淤泥中可以生存数月或更长。对酸和碱均敏感，一般常用消毒剂的常用浓度均易将其杀死。

【症状与病变】急性病猪有时无明显症状而突然死亡。一般体温升高达40～41.5℃，吃食减少或不食，精神不振，反应迟钝，寒战；大便秘结，呈深褐色、算盘珠状，尿黄或呈茶褐色及血尿。部分病猪出现不同程度的黄疸。有些病猪头、颈或全身皮肤下发生水肿，或皮肤出现针尖大小、数量不等的出血点，发痒，常在墙壁、食槽、栏杆等硬物上摩擦，而使皮肤发炎溃烂。部分病猪后期出现抽搐、肌肉痉挛，行动僵硬，摇摆不定等症状。怀孕母猪常发生流产、死胎或呈木乃伊状。

皮肤、皮下组织、浆膜和黏膜有不同程度的黄疸，胸腔和心包有黄色积液。心内膜、肠系膜、肠、膀胱黏膜等出血。肝脏肿大呈棕黄色，胆囊肿大、淤血。慢性者肾有散在的灰白色病灶。水肿型病例在上下颌、头颈、背、胃壁等部位出现水肿。

【辨证】湿热内蕴。

【治疗】治疗宜抗菌消炎和对症施治、祛湿泻热、行气解毒。可用抗生素治疗钩端螺旋体感染，对于无临床症状的带菌猪，链霉素和四环素族抗生素有一定疗效。而急性、亚急性患病猪的治疗，单纯用大剂量青霉素、链霉素和土霉素等往往需要结合对症治疗，应用10%葡萄糖注射液、10%维生素C注射液等静脉注射以强心、利尿对提高治愈率有重要作用。

方1 生地黄15g，双花20g，玄参15g，黄芩15g，连翘15g，栀子12g，茵陈15g，大黄12g，车前子10g，木通9g，厚朴10g，甘草10g。水煎内服，每日1剂。

方2 黄芩18g，双花25g，生地黄12g，连翘20g，薏苡仁15g，玄参10g，赤芍10g，厚朴10g，枳实12g，生蒲黄15g，大黄10g，甘草9g，水煎内服，每日1剂。

方 3 生大黄 25g（酒炒）、鲜茵陈 36g，生栀子 28g。水煎浓汁内服，每日 3 次，连服 2～3 天。

【预防】 预防本病首先要消灭鼠类等宿主，杜绝传染源；改放养为圈养，减少与鼠类和污染水接触的机会；用漂白粉液或火碱液消毒场地和水源；本病常发地区可注射钩端螺旋体多价菌苗免疫接种。

第五章 寄生虫病

猪寄生虫病的病原体分属于扁形动物门、线形动物门、棘头虫动物门、原生动物门和节肢动物门，包括吸虫、绦虫、线虫、棘头虫、球虫和疥螨、虱等，这些寄生虫栖居于猪体内或体表的不同部位，造成宿主消瘦、食欲不振、贫血、营养不良、发育迟缓、腹泻、皮肤瘙痒等诸多症状，从而影响猪的生长发育，严重的还可导致死亡，对养猪业危害严重。

一、蛔虫病

猪蛔虫病是由猪蛔虫寄生在猪的小肠中而引起的一种常见的寄生虫病，其流行和分布极为广泛，3～6个月龄的小猪最易感染。特别在不卫生的猪场和营养不良的猪群中，感染率很高，一般都在50%以上。当猪只感染后，生长发育不良，严重者发育停滞，甚至造成死亡。

【病原】猪蛔虫新鲜虫体呈粉红稍带黄白色，体表光滑，是一种形似蚯蚓，前后两头稍尖的圆柱状大型线虫。雄虫长约12～25cm，尾端向腹部卷曲。雌虫长约30～35cm，后端直而不卷曲。一条成熟雌虫24小时内可产卵10万～20万个，随粪便排出的新鲜虫卵，在适宜的温度与湿度下，经3周左右发育为成熟虫卵后才能感染猪只。具有感染性的虫卵，随着饲料或饮水被猪吞食后，先入胃肠，在小肠中幼虫逸出卵壳后，钻入小肠壁，随血液或直接经组织而进入肝脏，再随血液经有心室而达肺脏，如不能到达肺脏时即死亡。幼虫至肺微血管中后稍停留一段时期再经肺泡上行到气管中，由咳嗽等动作而再被吞咽，经食道、胃，再至小肠中长大而成成虫。一个感染性虫卵从猪吃后到发育成成虫，需2～2.5个月。一般在猪小肠中寄生期约为

7～10个月，最后随粪便自然排出体外。

【症状与病变】猪蛔虫幼虫和成虫阶段引起的症状和病变是各不相同的。

(1) 幼虫移行至肝脏时，引起肝组织出血、变性和坏死，形成云雾状的蛔虫斑。移行至肺时，形成蛔虫性肺炎。临床常表现为咳嗽、呼吸增快、体温升高、食欲减退和精神沉郁，病猪伏地不起。幼虫移行时还引起嗜酸性粒细胞增多，出现荨麻疹和某些神经症状之类的反应。

(2) 成虫寄生在小肠时机械地刺激肠黏膜，引起腹痛。蛔虫数量多时常凝集成团，阻塞肠道，导致肠破裂。有时蛔虫可进入胆管，造成胆管阻塞，引起黄疸等症状。成虫还能分泌毒素，作用于中枢神经和血管，引起一系列神经症状。成虫夺取宿主大量的营养，使仔猪发育不良、生长受阻、被毛粗乱，常是造成“僵猪”的一个重要原因，严重者可导致死亡。

【辨证】虫积。

【治疗】治宜驱杀虫体、健脾消食。

方1 使君子15g，白术15g，党参12g，山药20g，石榴皮12g，雷丸12g，芒硝50g，陈皮12g，甘草10g，鹤虱12g，共研细末，拌料喂服。

方2 山药32g，贯众32g，神曲50g，何首乌32g，谷芽50g，麦芽50g，鸡内金12g。共研细末，拌料喂服。

方3 山楂50g，神曲50g，党参15g，榧子15g，鹤虱10g，苏木12g，雷丸15g，谷芽50g，麦芽50g，黄芪20g，当归12g，甘草10g，使君子15g，何首乌15g。共研细末，拌料喂服。

方4 红荷麻150g，红牛膝15g，地肤子32g，苎麻苕100g。煎水拌料，连服5剂。

方5 山楂30g，麦芽30g，槟榔30g，贯众20g，白术10g，山药10g，陈皮10g，酒曲200g，何首乌10g，胡满腾650g。共研细末，拌料喂服。

方6 使君子250g，槟榔1500g，蜀椒50g，榧肉100g，仙鹤草50g，苦楝子1500g，雷丸100g，乌梅100g。水煎取汁，拌料喂服。

方7 使君子15g，南瓜子32g，山药32g，鹤虱15g。共研细末，拌料喂服。

方 8 使君子 20g，南瓜子 30g，槟榔 20g，贯众 15g。共研细末，拌料喂服。

方 9 使君承气汤：大黄 32g，芒硝 32g，雷丸 15g，鹤虱 12g，榧子 12g，贯众 12g，甘草 6g，红糖 150g，使君子 30g。共研细末，小猪分 6 次，中猪份 3～4 次，调红糖（溶于水）拌料喂。

方 10 驱虫平胃散：使君子 32g，贯众 30g，雷丸 15g，山药 50g，鸡内金 12g，苍术 32g，陈皮 25g，厚朴 15g，白术 15g，山楂 50g，神曲 32g，麦芽 32g，甘草 10g。共研细末，拌料分 2～3 次喂服。

方 11 化虫丸加减：黄连 16g，乌梅 12g，雷丸 15g，榧子 15g，鹤虱 10g，甘草 10g，使君子 15g，川楝核 10g。共研细末，拌料喂服。

方 12 大蒜 5 份、干辣椒 1 份，混合捣泥，按每千克体重 1g 投服。

方 13 北鹤虱 10～20g，研末灌服。

方 14 川楝皮 3～15g，水煎成浓汁，拌料喂服。

方 15 使君子 20～40g，制成丸剂或水煎拌入饲料中喂服。

方 16 胡栀子根 150～200g，水煎后加入芒硝 150g，拌少量料喂服。

方 17 苦楝子，小猪用 5～10 粒，水煎服，服后 3～4 小时，喂生豆浆，或芒硝 100g 以适量水溶解后喂服。

方 18 了哥王叶、使君子各 200g，水煎调粥喂服。

方 19 生南瓜子 5～15g（捣烂）、芒硝 5～15g，拌料喂服，日服 2 次。

方 20 使君子、槟榔各 50g，鹤虱 25g，雷丸 25g，共研末冲开水灌服（5 头小猪的用量）。

方 21 芝麻秆 100g，水煎服，每日 1 次，共服 3 次。

方 22 川谷根 100g，水煎喂服。

方 23 花椒 200g，麻油 100g，先将油入锅内煮，再加入花椒，待花椒熬裂煮酥，去药渣候温 1 次喂服。适用于蛔虫肠梗死。

方 24 葱白取汁 50mL，加食物油 100mL，喂服。适用于蛔虫肠梗死。

方25 雷公藤、贯众各50g，拌料喂服。

方26 花椒30g，用文火焙黄捣碎，乌梅30g，压碎混合后加温水，调匀灌服。

方27 使君子、乌梅各35g，苦楝皮、槟榔、鹤虱各15g，共研细末。按每千克体重用1g，灌服，10日后再服1次。

方28 槟榔3g，乌梅15个，石榴皮6g，共研细末，混饲料中，成猪1次服用，仔猪酌减。

方29 白杨树根皮（刮去外皮晒干）10g，花椒6g，共研细末，混入饲料中，成猪1次服用，仔猪酌减。

方30 南瓜子95～155g，研末，仔猪1次服用。

方31 生丝瓜子120粒，去壳捣烂，供25kg猪1次内服。

方32 土荆芥全草40g，炒干研成细末，早晨空腹用温开水冲药20g，灌服，第二天再服20g。

方33 大蒜头10g，槟榔末10g，将大蒜打碎与槟榔末混合，用开水1次服用。

方34 钩吻（断肠草）20g，滑石25g，研末，10kg以上猪每天5～10g，连服7天。

方35 苦楝树二层皮、百部各10g，煎服（50kg体重用量）。

方36 槟榔、苦楝树二层皮、大黄、芒硝各10g，煎服（50kg体重用量）。

方37 石榴皮、使君子各15g，乌梅3个，槟榔13g（25kg体重用量），煎汤，1次空腹灌服。

方38 丙硫咪唑每千克体重10mg，1次喂服。

【预防】

（1）定期按计划驱虫。

（2）避免猪粪污染。仔猪断奶后尽可能饲养在没有蛔虫卵污染的圈舍或牧场。

（3）保持猪舍和运动场清洁。猪舍应通风良好，阳光充足，避免阴暗、潮湿和拥挤。猪圈内和运动场要勤打扫，勤冲洗，勤换垫草。定期消毒。场内地面保持平整，周围须有排水沟，以防积水。

（4）猪粪需无害化处理。猪的粪便和垫草清除出圈后，要运到距猪舍较远的场所堆积发酵，或挖坑沤肥，以杀灭虫卵。

（5）严防引入病猪。在已控制或消灭猪蛔虫病的猪场，引入猪只时，应先隔离饲养，进行粪便检查，发现带虫猪时，须进行1～2次驱虫后再与本场猪并群饲养。

二、旋毛虫病

猪旋毛虫病是由旋毛虫引起的。成虫寄生于肠管，幼虫寄生于横纹肌。人、猪、犬、猫、鼠类等动物均能感染。

【病原】成虫细小、白色，肉眼几乎难以辨识，虫体前细后粗，较粗的后部占虫体一半稍多。雄虫长1.4～1.6mm，直径0.04～0.05mm；雌虫长3～4mm，直径0.06mm。成虫与幼虫寄生于同一个宿主，宿主感染时先为终宿主，后为中间宿主。宿主吃了含有旋毛虫包囊幼虫的肌肉而感染，包囊入胃后被溶解释出幼虫，幼虫在十二指肠、空肠内经两昼夜变为成熟的肠旋毛虫。交配多在黏膜内进行，交配后雄虫死去，雌虫钻入肠腺中（部分钻到黏膜下的淋巴间隙中）发育，于感染后第7～10天开始产幼虫（1条雌虫可产1000～10000条幼虫），雌虫在肠黏膜中寿命仅5～6周，幼虫经肠系膜淋巴结入胸导管再到右心，经肺转入体循环（感染后第12天血液中出现大量幼虫）而分布到全身。只有进入横纹肌（肋间肌、膈肌、舌肌、嚼肌中较多），纤维内才进一步发育，首先虫体增长，然后盘卷。在感染后21天开始形成包囊，到7～8周完全形成。每个包囊里有1条幼虫，少数3～4个，最多6～7个，包囊形成后6～7个月开始钙化，但钙化不波及幼虫时，幼虫不会死亡。

【症状与病变】旋毛虫病可分为由成虫引起的肠型和由幼虫引起的肌型两种。猪肠型成虫侵入肠黏膜而引起食欲减退、呕吐、腹泻、粪中带血。对猪危害主要是肌型，幼虫进入肌肉，表现体温升高、疼痛、麻痹、运动障碍、声音嘶哑，呼吸、咀嚼与吞咽呈不同程度的障碍，消瘦、眼睑和四肢水肿。少数死亡，多于4～6周后康复。

在横纹肌（膈肌、舌肌、咬肌、肋间肌、喉肌、胸肌等）的肌肉里可检出旋毛虫。肌肉发生变性，肌纤维肿胀、横纹消失，严重者肌纤维发生坏死、肌间结缔组织增生。

【辨证】虫积脾虚。

【治疗】本病以预防为主，治宜驱杀虫体、活血行气。

方1 乌梅4个，诃子15g，槟榔15g，苦楝根皮15g，贯众15g，雷丸12g，木香12g，枳壳12g，南瓜子30g。共研为细末开水冲调，空腹灌服。

方2 苦楝根皮15g，槟榔20g，使君子15g，木香12g，雷丸12g，芜荑12g，莪术9g，三棱9g，乌梅4个，百部15g，共为细末，开水冲后，空腹内服。

【预防】

（1）加强饲养管理，防止猪感染旋毛虫病。禁止用未经处理的碎肉垃圾和残肉汤及有旋毛虫的猪肉以及洗肉的水喂猪。实行舍饲饲养，做好防灭鼠工作，对饲料加强保管，防止鼠类污染。防止猪吃到含有旋毛虫病的动物尸体和粪便及污染物和昆虫。

（2）在猪旋毛虫病常发地区，定期对该病进行流行病学和血清检测，对检出的阳性猪、可疑猪隔离及时治疗。

（3）加强肉品卫生检验，尤其对猪、犬肉旋毛虫检验。生猪屠宰厂、肉联厂将旋毛虫检验作为重要检验项目。加强自食自宰的检验工作。对检出的病肉，按章严格处理。

三、食道口线虫病

食道口线虫病是由食道口科食道口属的多种线虫寄生于猪的结肠中引起的线虫病。虫体的致病力轻微，但严重感染时可以引起结肠炎。由于幼虫寄生在大肠壁内形成结节，故有结节虫之名。

【病原】常见于猪的食道口线虫有以下几种：

（1）有齿食道口线虫　虫体乳白色，口囊浅，头泡膨大，雄虫的大小为（8～9）mm×（0.14～0.37）mm，交合刺长1.15～1.3mm。雌虫的大小为（8～11.3）mm×（0.416～0.566）mm，尾长350μm，寄生于结肠。

（2）长尾食道口线虫　虫体呈暗灰色，口领膨大，口囊壁的下部向外倾斜。雄虫的大小为（6.5～8.5）mm×（0.28～0.40）mm，交合刺长0.9～0.95mm。雌虫的大小为（8.2～9.4）mm×（0.40～0.48）mm，尾长400～460μm，寄生于盲肠和结肠。

（3）短尾食道口线虫　雄虫的大小为（6.2～6.8）mm×（0.310～

0.449)mm，交合刺长1.05～1.23mm。雌虫的大小为（6.4～8.5）mm×(0.31～0.45)mm，尾长81～120μm，寄生于结肠。

【症状与病变】只有严重感染时，大肠才产生大量结节，发生结节性肠炎。粪便中带有脱落的黏膜，猪只表现腹痛、腹泻或下痢、高度消瘦、发育障碍。继发细菌感染时，则发生化脓性结节性大肠炎。也有引起仔猪死亡的报道。

【辨证】虫积脾虚。

【治疗】治宜驱杀虫体。

方1　雷丸、榧子、槟榔、使君子、大黄各等份，共研细末，开水冲服。25kg体重者服3～15g，50kg体重者服18～21g。

方2　炒苦楝根皮5～15g，煎水1次内服。

方3　丙硫咪唑每千克体重10mg，1次喂服。

【预防】注意搞好猪舍和运动场的清洁卫生，保持干燥，及时清理粪便；保持饲料和饮水的清洁，避免幼虫污染。每吨饲料中加入0.12%潮霉素B，连喂5周，有抑制虫卵产生和驱除虫体的作用。牧场被污染时，应换至干净的牧场放牧。

四、毛首线虫病

毛首线虫的虫体前端呈毛发状，故称毛首线虫。其前部细，后部粗，整个外形又像鞭杆，故又称鞭虫。该寄生虫主要寄生在猪的大肠内，对仔猪危害较大，严重感染时可引起仔猪死亡。本病遍及全国，主要危害仔猪。

【病原】猪毛首线虫呈乳白色，体前部（食道部）呈细长线状，内为食道，约占虫体全长的2/3；体后部（体部）较粗短，内有肠管及生殖器官。雄虫后部呈螺旋状弯曲，体长为20～52mm，尾部钝圆，有一根交合刺藏在具有很多小刺的刺鞘内。雌虫体长为39～53mm，体后部较粗直。该虫卵黄褐色，呈腰鼓状，两端有塞状构造，壳厚、光滑，很容易识别。

雌虫在猪的肠道内产卵，虫卵随粪便排出体外，在适宜的环境中，经15～30天，虫卵内的幼虫可发育到感染期。猪经饲料或饮水吞食了感染性虫卵，其中的幼虫在猪肠腔里逸出，钻入并固着在大肠黏膜上，约经1个月左右，便发育为成虫。

【症状与病变】轻度感染精神倦怠，体温略升高，体形消瘦，被毛无光泽，饲料转化率降低；严重感染时，病猪身体极度衰竭，弓背，行走摇摆，体温高达41℃，食欲减退，全身苍白，脱水，顽固性下血痢，脱落的肠黏膜随粪便排出，延至5～6天因呼吸困难衰竭而死。解剖病变主要见大量虫体粘在盲肠黏膜上，在钻入处大量虫体周围分泌炎性渗出物形成纤维性坏死性薄膜，并聚集成圆形的囊状结节，肠黏膜层溃疡状坏死，主要侵害盲肠和结肠段，并有充血、出血和水肿现象。

【辨证】虫积脾虚。

【治疗】治宜驱杀虫体。

参见蛔虫病治疗项。也可将精制敌百虫（90％农用敌百虫亦可）60g，溶解于31mL75％酒精内，再加入31mL注射用水即可。按每7～10kg体重用1mL，一般只注射1次。若有中毒现象，可注射适量阿托品解除。

【预防】定期驱虫，特别在流行地区，每年春、秋两季要定期驱虫。其次搞好粪便管理，堆肥发酵。具体可参考猪蛔虫病预防措施。

五、猪后圆线虫病

猪后圆线虫病又称猪肺线虫病，是由圆形目、后圆科、后圆属的线虫寄生于猪的支气管和细支气管引起的寄生虫病。由于虫体呈丝状，寄生于肺脏，故得名肺丝虫病或肺线虫病。本病主要危害仔猪，引发支气管炎和肺炎，并影响仔猪的生长发育和降低肉品质量，严重感染时造成仔猪大批死亡，给养猪业带来一定的损失。本病在猪群中的感染率一般为20％～30％，高的可达50％。

【病原】我国常见的为野猪后圆线虫和复阴后圆线虫，萨氏后圆线虫很少见。均寄生于气管，但通常多在细支气管第二次分支的远端部。虫体呈乳白色或灰色，呈细丝状，雄虫长11～25mm，雌虫长20～50mm。口囊很小，口缘有一对分三叶的侧唇。食道略呈棍棒状。交合伞一定程度地退化，背叶小；肋部分融合，交合刺一对，细长，末端有单钩（野猪后圆线虫、萨氏后圆线虫）或双钩（复阴后圆线虫）。两条子宫并列，至后部合为一阴道；阴门紧靠肛门，前方覆一角质盖，后端有时弯向腹侧。猪粪中的肺线虫卵呈棕黄色，椭圆形，大小为（57～59）μm×（43～49）μm，卵壳厚，表面粗糙不平，卵内含一蜷曲的幼虫。

猪后圆线虫寄生在猪的支气管里，虫卵随气管上行到咽喉部，被猪咽入消化道，并随粪便排出。在适宜的温度和潮湿的土壤中，经1～2天幼虫即可形成或从虫卵中孵出，当蚯蚓吞食了幼虫或虫卵后，经10～20天发育成感染性幼虫。猪啃土觅食，吞食了带虫的蚯蚓或感染性幼虫（蚯蚓死后逸出的）时，幼虫穿透肠壁经血液循环移行到肺脏，经小支气管，再到大支气管，经过25～35天便可发育为成虫。

【症状与病变】少量寄生症状不明显，严重感染时，病猪主要表现消瘦，发育不良和阵发性咳嗽，特别是早晚、运动、采食后或遇冷空气时更为剧烈。病初还有食欲，之后食欲减退甚至废绝，精神沉郁，极度消瘦，呼吸困难急促，最后极度衰弱而死亡。即使病愈，猪只生长发育缓慢。

病理变化主要在肺脏，可见部分支气管增厚、扩张，肺尖叶和膈叶腹面边缘常见有局限性肺气肿，呈灰白色，界线明显，微突起，肌肉样硬变的病灶，切开后从支气管流出黏稠分泌物及白色丝状虫体。若与病原微生物混合感染诱发支气管肺炎，则病变更明显而复杂。

【辨证】虫积虚咳。

【治疗】治宜驱杀虫体、补气止咳。

方1 贯众、鹤虱、使君子、百部、党参、熟地黄各50g，共研细末，分为6包，每天早晚各1包，混入饲料中，连服3～5天。

方2 海群生每千克体重0.1～0.2g，配成30%溶液，皮下注射；或按每千克体重0.1～0.3g内服，隔3～5天1次，连用2～3次。

方3 使君子9g，石榴皮9g，贯众、槟榔各6g，用法：水煎供25kg体重猪1次喂服。

方4 乌梅4个、槟榔15g，使君子25g，苦楝根皮15g，木香12g，贯众15g，枳壳15g，甘草10g，煎汤加蜂蜜100g，空腹1次灌服。

方5 鹤虱、使君子、槟榔、芜荑、雷丸、贯众、乌梅、百部、诃子、大黄、榧子各30g，干姜、附子、木香各15g，共为细末，蜂蜜250g为引，开水冲后空胃灌服。

方6 枯矾10g，百部50g，煎汤分3次内服，每日1剂，连服数剂。

方7 贯众、鹤虱、使君子、百部、党参、熟地黄各50g，共研细末，分为6包，每天早晚各1包，混入食中饲喂，连服数天。

方8 百部150g，槟榔50g，贯众100g，共研末，分为6包，每天早晚各1包，混入食中饲喂，连服数天。

方9 百部60g。煎水供体重50kg猪1次灌服。

方10 碘片1g，碘化钾2g，蒸馏水1500mL，混合、灭菌后按1kg体重0.5mL气管内注射，间隔2～3天后重复使用1次，连用3次。

【预防】 在猪肺线虫病流行地区，每年春秋对猪群进行定期驱虫。要经常清扫粪便，运到离猪舍较远地方堆积发酵。猪场经常用1%热碱水或30%草木灰水消毒，以便杀死虫卵。为了防止猪吃蚯蚓，猪场应建于高地干燥处，铺水泥地面，注意排水，保持干燥，杜绝与蚯蚓接触。

六、冠尾线虫病

猪冠尾线虫病又称猪肾虫病，是有齿冠尾线虫寄生于猪的肾盂、肾周围脂肪和输尿管等处引起的。虫体偶尔寄生于腹腔和膀胱等处。本病分布广泛，往往引起仔猪生长迟缓，母猪不孕或流产，严重者可造成大批死亡，严重影响养猪业的发展。常呈地方性流行，是热带和亚热带地区猪的主要寄生虫病。

【病原】 虫体粗壮，呈灰褐色，形似火柴杆，体壁较透明，其内部器官隐约可见。雄虫长20～30mm，交合伞小，交合刺两根。雌虫长30～45mm。卵呈长椭圆形，较大，灰白色，两端钝圆，卵壳薄，长99.8～120.8μm，宽56～63μm。

【症状与病变】 幼虫钻入皮肤时，常引起化脓性皮炎，皮肤发生红肿和小结节，尤以腹部皮肤最常发生。同时，附近体表的淋巴结常肿大。幼虫在猪体内移行时，可损伤各种组织，其中以肺脏受害最重。

尸体极度消瘦，皮肤上有小结节，淋巴结肿大。肝脏肿大，结缔组织增生、硬化，切面上有淡黄色钙化结节。门静脉内有栓子。有的肝脏脓肿。肾盂脓肿，结缔组织增生；输尿管壁增厚，有数量不等的虫体包囊，包囊内有虫体。膀胱黏膜充血明显，腹水增多，肺脏和胸膜面上有淡黄色结节或脓肿。

【辨证】虫积。

【治疗】治宜驱杀虫体。参照猪蛔虫病。

槟榔 9g，贯众 9g，蛇床子 9g，鹤虱 9g，苦楝皮根 9g，甘草 6g，加水 1000mL，水煎内服。

【预防】

（1）猪舍及运动场所经常清扫，保持地面的清洁和干燥。疏通粪尿排放沟，并对粪尿进行集中处理；圈舍、运动场所及用具用1%～3%漂白粉定期消毒。猪只要经常进行尿检，发现阳性猪只，立即隔离治疗。对买进的猪只和外运的猪只进行严格的检疫，防止本病的感染和传播。

（2）将患病猪和假定健康猪分开饲养，将断乳仔猪饲养在无污染的圈舍内。注意补充维生素和矿物质，以增强猪只对疾病的抵抗力。调教猪只定点排便，以利于粪尿的疏通和集中处理。

（3）定期用左旋咪唑、丙硫咪唑等进行驱虫。

七、姜片吸虫病

姜片吸虫病是由片形科姜片属的布氏姜片吸虫寄生于猪和人的小肠内引起的一种人畜共患寄生虫病。主要流行于亚洲的温带和亚热带地区，在我国主要分布在长江流域以南各省。主要造成仔猪和儿童的发育不良。

【病原】姜片吸虫新鲜时为肉红色，肥厚，是吸虫类中最大的一种，形似斜切的姜片，故称姜片吸虫。腹吸盘强大，在虫体的前方，与口吸盘十分靠近。两条肠管弯曲，但不分枝，伸达虫体后端。睾丸 2 个，分枝，前后排列在虫体后部的中央。卵巢一个，分枝，位于虫体中部稍偏前方。卵比较大，淡黄色，长椭圆形或卵圆形，卵壳很薄，有卵盖。卵内含有一个卵细胞。

【症状与病变】姜片吸虫以强大的口吸盘和腹吸盘紧紧吸住肠黏膜，使吸着部位发生机械性损伤，引起肠炎、肠黏膜脱落、出血甚至发生脓肿。感染强度高时可能对肠道造成机械性阻塞，甚至引起肠破裂或肠套叠而死亡。由于虫体大，虫体吸取大量养料，使病畜呈现贫血、消瘦和营养不良现象。虫体代谢产物被动物吸收后，可使动物发生贫血和水肿。

幼猪感染后发育不良，被毛稀疏无光泽；精神沉郁，低头，流口涎，眼黏膜苍白，呆滞。食欲减退，消化不良，但有时有饥饿感；下痢，粪便稀薄，其中混有黏液。

【辨证】 虫积血虚。

【治疗】 治宜驱杀虫体。

方 1 新鲜松针 500g，洗净后放锅内文火煎煮，至松针变黄、煎汁呈青绿色时停火，候温取汁拌料喂服（50kg 体重猪 1 次用量）。

方 2 槟榔 50～100g（50kg 体重猪 1 次用量）切碎加水煎汁，空腹 1 次灌服。

方 3 槟榔 25g，木香 5g，水煎取汁，早晨空腹投服，连服 2～3 次（25kg 体重猪 1 次用量）。

方 4 槟榔、雷丸、贯众、甘草各 25g，水煎取汁，空腹 1 次投服（25kg 体重猪 1 次用量）。

方 5 使君子、石榴皮各 15g，贯众、槟榔各 10g，水煎取汁内服（25kg 体重猪 1 次用量）。

方 6 吡喹酮按每千克体重 50mg 内服。

【预防】 根据姜片吸虫的生活史和本病的流行病学特点，采取综合性的防治措施。

（1）定期驱虫，秋末驱虫 1～2 次，选 2～3 种药交替使用。

（2）在流行区，人粪与猪粪应同样加以管理，以免人畜互相传播。

（3）不要让猪下塘自由采吃水生植物，流行地区的青饲料应加热杀灭囊蚴和扁卷螺，或经青贮发酵后喂猪。

（4）消灭中间宿主扁卷螺。在每年秋末冬初比较干燥季节，挖塘泥积肥，晒干塘泥，以杀灭螺蛳。低洼地区，塘水不易排净时，则以化学药品灭螺，（10 万～50 万）分之一浓度的硫酸铜，0.1%的生石灰，0.01%茶子饼以及硫酸氨、石灰氮等均可。

（5）防止病原传入。从外地买回的猪只应隔离检查，证明无虫或经驱虫后，再合群饲养。

八、猪囊尾蚴病

猪囊尾蚴病是猪带绦虫的幼虫－猪囊尾蚴寄生于猪的肌肉和其他器官中所引起的一种寄生虫病，又称猪囊虫病。是一种散发性、传染性寄生虫病。本病呈世界性分布，在我国各地均有散发流行，尤其是东北、华北和西南广大地区常有发生，不仅影响养猪业发展，而且严重危害人体健康，是一种重要的人、畜共患病。

【病原】猪囊尾蚴外观呈椭圆形、囊泡状，大小（6～10）mm×5mm，囊内充满液体，囊壁为一层膜，壁上有一个圆形粟粒大的乳白色小结节，其内是一内陷的头节，头节上有4个吸盘，最前端的顶突上有25～50个小钩，分两圈排列。成虫猪带绦虫寄生于人小肠，长2～5m，由700～1000个节片组成。头节圆球形，有4个吸盘、顶突及两圈小钩，幼节宽度大于长度，成节近正方形，每节一组生殖器官。卵巢分两叶，还有一个副叶。孕节几乎全为子宫占据，子宫向两侧分出7～12对侧支，内充满虫卵。卵呈卵圆形或略椭圆形，直径31～43μm，卵壳有两层，内层较厚，浅褐色，有辐射状条纹，外壳薄，易脱落。卵内有一个具3对小钩的胚胎，称六钩蚴。孕节随人粪排出，虫卵被猪吞食后，六钩蚴在肠道逸出，经血液循环到达肌肉及其他脏器发育为猪囊尾蚴。人误食生的或未煮熟的含囊尾蚴的猪肉后，囊尾蚴便在人的小肠发育为成虫。

【症状与病变】猪囊尾蚴严重感染时临床表现营养不良，生长受阻，消瘦，贫血和水肿，前肢僵硬，叫声嘶哑，短时干咳，呼吸急促。小猪常吃食正常，但生长缓慢如僵猪，有的眼底或舌下有突起结节，有的肩胛肌肉表现严重水肿，增宽，后臀部肌肉水肿隆起，外观成哑铃状或狮子形；走路前肢僵硬，后肢不灵活，左右摇摆。如虫体大量寄生在脑部，能引起神经症状，可导致死亡；若寄生在眼部，会引起视力障碍，严重者可失明；寄生于眼睑或舌部表面时，寄生处呈现豆状肿胀。尸体剖检时，在咬肌、深腰肌和膈肌及心肌、肩胛外侧肌和股内侧肌均可以发现囊尾蚴。

【辨证】虫积。

【治疗】治宜驱杀虫体、理气止痛。

方1 大黄、贯众、百部各63g，煎水分3次混食服。

方2 将新鲜槟榔切片，用400～500mL开水浸泡数小时，再煎至200～500mL，先喂南瓜子，半小时后再服槟榔煎汁，再隔2小时喂硫酸镁（30g硫酸镁溶于200mL水内）。

方3 槟榔6～12g，水煎取汁，1次灌服。用于猪红颈囊尾蚴。

方4 南瓜子（炒黄）150g，槟榔120g，黄芪60g，雷丸60g，共研细末，蜜炼为丸，每次服15g，每日3次。

方5 石榴皮63g，水煎分3次混食服。

方6 丙硫咪唑按每千克体重20～50mg用药，1次喂服。

【预防】

（1）加强肉品卫生检验。有关部门应对宰前宰后的生猪，尤其是进入市场的猪肉，要认真负责地进行检验，一旦发现病猪肉，要严格按国家规定的检验条例处理，以防止人感染绦虫病。

（2）在该病可能存在的地区，人、畜要定期服药预防，仔猪断奶后驱虫1次，以后每隔1～2个月驱虫1次；种公猪每年驱虫1次，因多数驱虫药会损伤精子，需选用高效低毒的药物驱虫；母猪在妊娠期内不宜驱虫，以免损伤胎儿。

（3）搞好粪便的治理与处理，做到人有茅厕猪有圈，改变“连茅圈”养猪和利用人、鸡的生粪便喂猪的不良习惯。病人、病猪排出的粪便应挖深坑或泥封进行生物热处理，以杀死幼虫、虫卵，切断传染源，防止污染。

（4）改变不良食肉习惯。应将肉品炒熟炖透，杀灭寄生虫和其他微生物后食用。生肉、熟肉、蔬菜分别存放，切勿混淆；切肉的砧板、刀具也应有别或经彻底洗刷、消毒后再用，以防造成污染而引起感染。

九、细颈囊尾蚴病

细颈囊尾蚴病是泡状带绦虫的中绦期幼虫—细颈囊尾蚴寄生仔猪的肝脏浆膜、大网膜、肠系膜及其他器官引起。

【病原】 细颈囊尾蚴呈乳白色，囊泡状，囊内充满透明液体，俗称水铃铛，大小如鸡蛋或更大，直径约有8cm，囊壁薄，在其一端的延伸处有一结节，即其头节所在。通常囊体之外还有一层由宿主组织反应产生的膜包裹，故不甚透明。成虫寄生于犬、狼和狐狸等动物的小肠内，蚴虫寄生于猪、绵羊、山羊的肝脏浆膜、大网膜、肠系膜、肝、肺等处，偶见于牛及其他野生反刍动物。

【症状与病变】幼虫移行期对宿主的危害较大，特别是仔猪，破坏肝实质和微血管，穿成孔道，导致出血性肝炎，此时仔猪表现腹泻、腹痛等症状。幼虫自肝脏出来之后多呈慢性经过，严重感染时，病猪消瘦、黄疸、腹部膨大，生长缓慢，影响育肥和繁殖。

【辨证】虫积肝胆。

【治疗】治宜驱杀虫体。

方 1　槟榔，每头猪 6～12g，研细或煎水取汁，1 次灌服。

方 2　小贯众 50g，研末加水冲服，每日 1 次，连服 3～4 次。

方 3　吡喹酮按每千克体重 50mg 内服，连用 5 天。或将吡喹酮与灭菌液体石蜡按 1∶6 的比例混合研磨均匀给猪分 2 次深部肌内注射，每次间隔 1 天。

【预防】

① 搞好圈舍环境卫生和消毒工作，加强犬的管理，严禁犬入猪舍。青饲料如蔬菜类等在饲喂前须清洗干净。

② 在养犬地区，搞好犬、猪的定期驱虫。8 月龄前犬、猪驱虫每月 1 次，8 月龄后犬、猪驱虫每 3 个月 1 次，可按每千克体重 50mg 吡喹酮或每千克体重丙硫苯咪唑 50mg 口服，或按每千克体重用南瓜子 3～5g、槟榔 3～5g 喂服。

③ 勿用猪屠宰废弃物喂犬。

十、猪大棘头虫病

猪大棘头虫病是由寡棘吻科、大棘吻属的蛭形大棘吻棘头虫寄生于猪的小肠内引起的寄生虫病，以空肠为最多。也感染野猪、狗和猫，偶见于人。我国各地都有报道。

【病原】成虫寄生于猪的小肠，幼虫寄生于金龟子一类甲虫。雄虫长 7～15cm，逗点状。雌虫 30～63cm 长，与猪蛔虫相似。虫体前端稍粗，后端较窄，为长圆柱状，淡红色或灰白色，表皮较厚，有明显的环状横纹。头端有一可伸缩的吻突，上有 6 列向后弯曲的钩。体腔内有排泄系统，由一对肧肾组成；有神经系统，而无消化系统，靠体表吸收营养物质。虫卵长椭圆形，深褐色，两端稍尖，卵内含有一幼虫称棘头蚴。虫卵大小平均为 91～47μm。中间宿主为各种甲虫和金龟子。虫卵被中间宿主吞食后，在后者的肠管内化。棘头蚴穿过肠壁进入体腔发育，在甲虫和金龟子的蛹期、幼虫期或成虫期一直保持生活能力和感染性。幼虫在中间宿主体内的发育期限因外界温度而异，可存活 2～3 年之久。猪吞食含有棘头体的中间宿主而遭感染。放牧猪的感染率高于舍饲猪。在猪体内的寄生时间为 10～23 个月。

【症状与病变】 棘头虫寄生在肠壁，用其吻突深深埋在肠壁内，引起黏膜发炎。吻突钩可以使肠壁组织遭受严重的机械性损伤，附着部位发生坏死或溃疡。侵害若达浆膜层，即产生小结节，呈现坏死性炎症。有时虫体可引起肠穿孔，诱发腹膜炎而死亡。临床表现随感染强度和饲养条件而不同。感染较多时，可见食欲减退，黏膜苍白，食欲异常，拉稀，粪内混有血液。若肠壁因溃疡而穿孔引起腹膜炎时，则体温升高 41～41.5℃，腹部紧张，疼痛，不食，起卧、抽搐，多以死亡而告终。

剖检时可见尸体消瘦，黏膜苍白。在肠道主要是空肠和回肠的浆膜上有灰黄或暗红色小结节，其周围有红色充血带，肠黏膜发炎；严重的可见肠壁穿孔，吻突穿过肠壁吸着在附近浆膜上，形成粘连；肠壁增厚，有溃疡病灶。严重感染时，肠道塞满虫体，有时因肠破裂而致死。

【辨证】 虫积脾虚。

【治疗】 治宜驱杀虫体。

方 1 雷丸、槟榔、鹤虱各 10g，研成细末，一般体重 30～40kg 的仔猪，每日 15g，1 次口服。

方 2 南瓜子 10g，雷丸、榧子、木通各 100g，使君子 150g，雄黄 50g，槟榔 25g，滑石 50g。研末，喂服。供 30 头猪用。

方 3 丙硫咪唑按每千克体重 10mg，1 次喂服。

【预防】 定期驱虫，消灭感染源；对粪便进行生物热处理，切断感染源；改放牧为舍饲，消灭环境中的金龟子。出现并发症者，应及时手术治疗。

十一、弓形虫病

猪弓形虫病又称弓形体病，由刚第弓形虫引起的一种重要的人畜共患原虫病。本病呈世界性分布，我国各地均有本病流行，除猪外，可感染的哺乳动物和鸟类达数十种。患猪以高热为特征，常表现为突然暴发，流行快，发病率可达 60%以上。本病给人类健康和畜牧业发展带来很大的危害。

【病原】弓形虫为细胞内寄生性原虫。根据其不同发育阶段而有不同的形态。在终末宿主体内为裂殖体、裂殖子和卵囊，在中间宿主体内为速殖子和缓殖子。裂殖体圆形，内有 4～20 个裂殖子，裂殖子前端尖，后端宽，存在于终宿主的肠上皮细胞内。卵囊见之于终末宿主粪便内，呈圆形或近圆形，大小为 10μm×12μm，在适宜的条件下经 2～3 天发育为孢子化卵囊，其内有两个孢子囊，每个孢子囊含有 4 个子孢子。速殖子呈弓形或梭形，大小为（4～8）μm×(2～4）μm，多数在细胞内，亦有游离于组织液内的。缓殖子位于包囊内。包囊呈圆形或椭圆形，具很厚的囊壁，直径 8～100μm，内可含数十个缓殖子。包囊可见于多种组织，以脑组织为多。在急性感染时可见到一种假包囊，系速殖子在细胞内迅速增殖而使含虫的细胞外观像 1 个包囊。

弓形虫的全部发育过程需要两个中间宿主，在终末宿主体（猫科动物）体内进行球虫型发育，在中间宿主（哺乳类、鸟类、人）体内进行肠外期的发育。猫捕食了感染性动物而被感染。猫既可以是弓形虫的终末宿主，也可以是弓形虫的中间宿主。

猫食入弓形虫孢子化卵囊或包囊后，子孢子钻入小肠上皮细胞，经 2～3 代裂殖生殖，最后形成卵囊，随粪便排出，在体外进行孢子生殖，潜隐期为 2～41 天。中间宿主吞食了孢子化卵囊、速殖子、缓殖子或包囊而感染，也可先天性经胎盘感染。虫体通过淋巴或血液侵入全身组织，尤其是网状内皮细胞，在胞浆中以内出芽方式进行繁殖，形成大量速殖子，引起急性弓形虫病。动物耐过急性期后，虫体在组织中形成包囊，包含数千个虫体，称做缓殖子。包囊寄生在脑部或其他组织中，可存活数年。当宿主免疫力下降时，可重新激发而发生急性弓形虫病。

【症状与病变】本病多发生于 3 月龄左右的仔猪。急性暴发时，患猪体温突然升高到 40～42℃，呈稽留热型，食欲减少或废绝，精神委顿，被毛逆立，流鼻涕、咳嗽、呼吸困难，呈犬坐姿势，小便黄、大便干燥，无腹泻，耳、尾端、四肢、胸腹部出现片状紫红色斑，全身体表淋巴结、尤其是腹股沟淋巴结明显肿大，后期出现步样蹒跚、共济失调等神经症状。

死后尸体剖解时可见全身淋巴结肿大、充血和出血，切面外翻、湿润，呈现髓样肿胀，有的有白色粟米大小坏死灶；两侧肺出血、被膜光滑、间质水肿，肺切面外翻，有较多量液体流出；肝有点状出血和灰白色或灰黄色坏死灶；脑膜呈非化脓性炎；体表出现紫斑。

【辨证】虫积，阴血不足。

【治疗】治宜驱杀虫体、清热解毒。

方1 黄常山20g，槟榔12g，柴胡、桔梗、麻黄、甘草各8g（35～45kg猪用量）。先用文火煎煮黄常山、槟榔20分钟，然后将柴胡、桔梗、甘草加入同煎15分钟，最后加入麻黄煎5分钟，过滤去渣，灌服。每日2剂，连用3日。

方2 黄花蒿60～120g，柴胡15～25g，水煎1次灌服，每日1剂，5天为1疗程。

方3 绿豆、大米各500g，水浸泡；鲜鱼腥草500g，鲜韭菜1kg切碎与绿豆、大米共捣烂，再加食盐、葡萄糖各200g，用开水约3升冲服（为10头仔猪1次用量），每日2次，连用3日。

方4 芒硝100g，蜂蜜100mL，母猪灌服。适用于猪弓形虫病初期。

方5 大青叶、苦参、连翘、金银花、大黄、赤芍各20g，射干、桔梗、山豆根各25g，甘草15g，蒲公英40g，蟾蜍3只，煎水温服。供体重50kg猪的1次用量。

方6 取500g活蟾蜍，加水500mL，加热煮沸后改用文火煎煮20分钟，取汁候温，加大黄苏打片（0.3g/片）150片研为末，灌服。

方7 大黄25g，丹皮、蒲公英、天花粉各20g，栀子、连翘、双花各15g，甘草10g，芒硝150～200g（后下）。煎汤灌服，每日1剂，连服3日。

方8 卡耳埋植 在猪耳背侧中上部，用三棱针或小宽针在避开血管处刺破皮肤并扩成囊状创口，取麦粒大小的蟾酥锭片（自采蟾酥或市售蟾酥都可以，用手搓成米粒大小的药丸，在阴凉通风洁净地方晾干。将晾干的药丸，在蜂蜜里浸一下取出，再次晾干，装棕色瓶内，盖紧瓶口以备用）卡入创口中，50kg 体重猪卡入 2 粒。

方 9　水针疗法。选择耳根、大椎、身柱、肺俞、苏气等穴，注射增效磺胺-5-甲氧嘧啶注射液（或-6-甲氧嘧啶，50～80mg/kg 体重），或复方磺胺嘧啶钠注射液（70mg/kg 体重），每日 2 次，连续 3～5 日。

方 10　磺胺嘧啶按每千克体重 70mg 1 次口服，每天 2 次，连用 3～4 天。若能配合甲氧苄氨嘧啶或二甲氧苄氨嘧啶（14mg/kg 体重）效果更佳；首次使用剂量加倍。

【预防】

① 猪场内应禁止养猫，同时开展灭鼠活动，防止猫接近猪舍散布卵囊，应设法消灭野猫。

② 加强饲料、饲草管理，严防被猫粪污染。定期限对圈舍、运动场及生产用具等进行彻底消毒。

③ 对可疑病猪应进行严格预防和治疗。勿用生的屠宰废弃物作为猪的饲料，严格处理可疑病尸、流产胎儿及一切排出物。

④ 饲养管理人员应做好个人卫生和防护。

十二、球虫病

由艾美耳科艾美耳属和等孢属的球虫寄生于猪肠道上皮细胞而引起的寄生虫病。引起仔猪下痢和增重降低，成年猪常为隐性感染或带虫者。

【病原】本病一般为数种球虫混合感染而发病，其中以狄氏艾美耳球虫对猪的致病力最强。球虫生活史包括三个发育阶段：当猪吞食了孢子化卵囊，在小肠内孢子从孢子囊中逸出，侵入肠上皮细胞进行裂殖增殖；反复进行若干代后，开始进行有性的配子生殖，大小配子结合成合子；合子外壁增厚成为卵囊后随粪便排出体外，在适当的温度、湿度下进行孢子化，形成孢子化卵囊（侵袭性卵囊）。球虫卵囊呈椭圆形，大小为 (11～36)μm×(13～29)μm。

【症状与病变】发病猪初期拉黄色、灰色稀便，严重者拉黑色恶臭、带气泡的粪便，还有的粪便呈胶胨样、暗红色、混有血液；病猪消瘦，皮肤苍白，生长停滞，个别死亡。病变主要发生于小肠、回肠和空肠。肠浆膜面有出血斑；肠黏膜糜烂、出血、坏死。严重者肠内容物全是暗红色糊状恶臭物，常有异物覆盖；肠上皮坏死脱落，肠绒毛变短或消失。

【辨证】虫积血虚。

【治疗】治宜驱杀虫体、清热解毒、祛湿止血。

方1 旱莲草、地锦草、鸭跖草、败酱草、翻白草各等份，每头猪用50～100g，水煎1次灌服，每日1剂，连用3～5日。

方2 大青叶10～30g，板蓝根15～40g，蒲公英10～30g，金银花10～30g，连翘10～30g，鱼腥草15～40g，常山10～25g，青蒿15～40g，柴胡15～40g，黄芩10～30g，甘草10～20g。大便秘结或干燥者加大黄15～40g（后下煎）、芒硝50～150g（另兑水溶化）；高热者加生石膏粉50～150g，水牛角粉20～80g。以上为25～125kg体重猪的用量。每天1剂，连用2剂。

方3 磺胺-6-甲氧嘧啶按每千克体重60～100mg，1次口服，每日1次，连用4次。配合甲氧苄氨嘧啶（按每千克体重14mg）效果更佳；首次使用剂量加倍。

【预防】本病的主要传染源是病猪、带虫猪和污染的场地，因此预防本病应采取隔离－治疗－消毒的综合措施。

成年猪多系带虫者，在母猪分娩前两个月应驱虫，粪便即时清除、发酵和消毒，并更换垫草、消毒环境，使母猪在清洁的状态下进行生产。如发现病猪，应即时隔离，积极治疗；对本病流行的地区，应定期驱虫，并对猪只排出的粪便进行无害化处理，防止粪便对饲料、饮水和环境的污染。环境应定期用3%～5%的热碱水或1%克辽林溶液消毒地面、圈舍、饲槽、饮水槽和用具等。另外，乳猪断奶时或仔猪饲料更换时应注意逐渐地过渡；同时在饲料中添加0.5%的大壮素，增强猪的抗病力，可以有效防止猪球虫病的暴发。

十三、结肠小袋虫病

本病是由结肠小袋虫引起的一种人畜共患的原虫病。可感染猪、牛、羊和人，寄生于肠管，主要在结肠，其次是盲肠和直肠。猪多感染，我国南方地区，小猪常发生本病。

【病原】发育过程中有滋养体和包囊两种形态。滋养体呈椭圆形，大小不一，长30～200μm，宽20～120μm；体表布满斜列成行的纤毛。虫体前后端各有一凹入的胞口和胞肛，有大小核各一个，大核呈肾形，小核椭圆形，位于大核凹陷处。包囊直径约55μm，近圆形，不活动，其中大小核仍清晰可见。宿主因吞食包囊而感染。感染后滋养体从包囊逸出，在肠道内进行横分裂繁殖，可反复进行。在不利的条件下，滋养体形成包囊，包囊不在动物体内寄生，随粪便排出。健康猪食入污染包囊的饲料而感染。

【症状与病变】 感染部位主要是在结肠，其次是直肠和盲肠。成年猪可带虫而不发病。仔猪大量寄生而引起严重腹泻、血便，体重减轻，急性者致死，慢性型猪可持续数周至数月。临床常表现为不同程度的拉稀，精神沉郁，食欲减退或废绝，喜卧，颤抖，有时体温升高。除猪以外，人亦可感染，且病情较为严重，常引起顽固性下痢，结肠和直肠壁发生溃疡。

【辨证】 虫积脾虚。

【治疗】 治宜驱杀虫体。

方1　常山、诃子、大黄、木香各10g，干姜、附子各5g（20kg猪用量），共为细末，蜂蜜100g为引，开水冲调，空腹1次灌服，每日1剂，连用3～5剂。

方2　牛乳1000mL、碘片5g，碘化钾10g，水100mL，混匀让其自饮。

方3　二甲硝咪唑按每千克体重40mg，1次喂服。

方4　呋喃唑酮按0.02%～0.04%的浓度混入猪的饲料中喂服。

方5　甲硝哒唑（灭滴灵）每头按0.25g，喂服，每天2次，连用3天有效。其他如土霉素、金霉素、四环素、黄连素、乙酰胂胺等也可应用。

【预防】 主要在于改善饲养管理，管好粪便，保持饲料、饮水的清洁卫生。对发病猪要及时进行隔离治疗。

十四、疥螨病

猪疥螨俗称猪癞，也称疥癣或疥疮。由猪疥螨寄生在猪的皮肤内而引起的一种接触性传染的慢性皮肤寄生虫病。

【病原】 疥螨是一种小型龟状寄生虫，虫体的头、胸、腹全部融合而不分节，头部有口器，腹部有4对足。发育过程分为卵、幼虫、若虫和成虫四个阶段。疥螨钻进猪表皮穿孔、产卵，虫卵在其中孵出幼虫，蜕皮后变为一期幼虫，再蜕变一次变为二期幼虫，然后发育为成虫。疥螨较易在猪体上繁殖，健康猪主要是通过与病猪或被其污染的物体相互接触而遭感染。拥挤和卫生条件差的仔猪群发病较多。

【症状与病变】主要是皮肤发炎、脱毛、奇痒和消瘦。通常发生在皮肤细薄、体毛短小的头部、眼窝、颊及耳部，并可蔓延到颈肩胛、背部躯干两侧及后肢内侧等部位。病初，患部皮肤发红并表现剧痒，患猪经常往墙角、柱栏等处摩擦或瘙痒，进而皮肤出现小结节，形成水泡或脓疮，破溃后结痂脱毛，严重时皮肤粗糙、干裂，出现食欲减退、精神萎靡、消瘦、发育停滞和贫血等全身症状，甚至死亡。

【辨证】虫积内毒郁结。

【治疗】治宜驱杀虫体、解表利湿。

方1 紫草30g，桐油150g，樟脑粉10g。紫草研细末，调入热桐油中，冷却后再倒入樟脑粉，调匀涂擦患处。

方2 五倍子、密陀僧各6g，硫黄、枯矾、樟脑、大枫子各3g，植物油60g。将药研为细末，用纱布包好浸入油中，并搅拌让药末溢出纱布袋，冷却后擦患部。

方3 星子草，大蒜、皂角、芙蓉花、鱼骨头灰各50g，花椒15g。共为细末，桐油调制，涂擦患部。

方4 苍耳子、桑树条、柳树条、槐树条、艾叶各30g，忍冬藤、青蒿各40g，盐50g。共捣烂，水煎取汁，加入炒盐，热洗患部。

方5 鲜马尾松嫩叶、苦楝根皮各2000g。捣烂水煎，取汁擦洗。

方6 敌百虫2.5g，食醋25mL，热水1000mL，配成40℃左右药液涂擦患处1～2分钟。

方7 足光粉1包，水100mL，搅拌，溶解，候温涂擦，每日1次。

方8 鲜菖蒲全草1000g，煎浓汁擦洗。

方9 花椒、荆芥、防风、苍术各100g。共研细末，凡士林调匀，涂擦患部。

方10 大枫子、硫黄、蛇床子各2份，花椒、狼毒各1份。共为细末，植物油煎，煮沸加末拌匀待温涂敷患处。

方11 蛇床子、白鲜皮、当归、百部各15g，地肤子、紫草、荆芥、狼毒、硫黄、冰片各12g，棉籽油500mL。取棉籽油或猪油炸药末，候温加入硫黄、冰片，拌匀涂擦。若患病面积过大，分片用药，以免中毒。

方12　狼毒50g，研为细末，白酒500mL调匀，涂擦。

方13　巴豆、斑蝥、红娘虫各10g，硫黄120g。取棉籽油500mL，微火烧开，放入巴豆末、红娘虫末、斑蝥末炸2～3分钟至枯，停火候温加入硫黄末，拌匀，涂擦。

方14　腌菜水，涂擦，每日2次，3～4日可愈。

方15　硫黄1份、猪油4份，共煎开，候温后涂擦。

方16　烟叶（烟梗亦可）1份，水20份，混合放入锅中煮1小时，然后将烟叶捞除，取汁涂擦猪体，但防止溶液进入眼、鼻。

方17　硫黄30g，雄黄15g，枯矾45g，花椒24g，蛇床子24g，共研末调油涂擦。

方18　青蒿500g，桉树叶500g，切碎加水1000mL煮1小时，使之呈墨汁状液体，过滤后待凉，每天早晚涂擦患部。

方19　硫黄15份、煤油5份、凡士林（或菜油）20份混合加热，每隔3天涂1次，或硫磺1份、棉籽油10份混合擦患部。

方20　花椒1份、苍耳子1份、雄黄1份、硫黄2份，共研细末，用油调成膏状，涂擦患处。

方21　芫花根500g，蛇床子500g，水煎成浓汁，洗患部，每日1次，连洗3次。

方22　花椒15g，硫黄15g，麻油125mL（加热），调匀擦患部。

方23　南瓜秧末6份、棉籽油25份，调匀擦患部，每日1次。

方24　石灰150g，硫黄70g，花椒250g，煎汁洗患部。

方25　苦参4份、花椒1份，加水煎汁洗患部，每次洗2～3遍，隔7日洗1次。

方26　塘底污泥涂患部及周围，每日1次至痊愈。

方27　鲜桃叶500g捣烂，与煤油250g混匀涂擦患部，每日1～2次，连涂2～3天。

方28　鲜韭菜300～500g，洗净晾干后捣碎，绞汁涂患部。

方29　蜈蚣1～2条，焙干研末，拌入猪食喂之，每日1次，连用3剂。

方30 生石灰2份、清水5份搅匀，10分钟后取上清液加入鲜青蒿1份，反复揉搓，使石灰水变为淡绿色后，取此青蒿渣石灰水一起涂擦患部。隔天用药1次，轻者1～2次，重者5次。

方31 大蒜40g捣烂加水1000mL搅匀，取上清液与硫磺30g，煤油50mL（10头仔猪量），充分混合涂擦患部。

方32 芥菜子50g，红糖150g，煎水候温，刷洗患部。

方33 硫磺15g，锅底灰30g，共为细末，煤油调匀，擦患部。

方34 将尿素配成25%～30%的溶液选择晴天对小猪进行淋浴，每日1次，连续2～3次。

方35 狼毒50g，生巴豆12g，雄黄16g，共研细末，过箩。取上药60g加棉籽油300mL，混匀，先将患部洗干净，除去痂皮，将药涂患部。

方36 千里光500g，藜芦500g，煎水洗擦患部。

方37 鲜土荆芥500g，捣烂，在2500mL水中反复揉搓后去渣，用药洗患部。每天1～2次，连洗3～5次。

方38 硫黄、生石灰和水按1∶2∶25的比例配合，置于锅中煮沸至黄色，去渣取液冷却后用喷雾器喷洒患部，间隔3天再用1次。

方39 苦参粉500g，硫黄50g，乌桕油1000g，混合调匀，涂擦患部。

方40 硫黄粉、叶子烟（土烟）、苦楝树皮各50g，清水500mL（可视患猪的多少和患部皮肤面积的大小，按比例增减），先将叶子烟、苦楝树皮切细，放入锅内加水熬煮8～10分钟，取汁候温，再将硫黄粉放入药水中，充分搅拌均匀，瓶装备用。使用时，先用浓茶液和肥皂水洗去患部痂皮并擦干，涂擦患部。每天3～4次，一般擦4～5天可痊愈。大群治疗时，可将药液用喷雾器喷洒猪体患部。

方41 伊维菌素按每千克体重0.3mg，1次皮下注射，连用2次，每次间隔5天。也可用爱比菌素或多拉菌素（0.3mg/kg体重），一次肌内注射。

方42 病猪先用肥皂水彻底洗刷患部。再用0.5%～1.0%敌百虫涂搽或喷洒患部，每周1次，连用2～3次；也可用50mg/kg水溴氰菊酯溶液喷淋，每头猪用药液3L，5天1次，连用2～3次。

【预防】 猪舍应保持清洁、卫生、干燥、通风。防止引进疥螨病病猪。病猪应及早治疗。进猪前产房和猪舍进行彻底清洗和消毒；定期按计划使用药物治疗或预防：种猪每年1～2次，母猪产1～2周前，仔猪转群前、后备猪配种前均可用药预防。

十五、血虱病

猪虱病又称猪血虱病，是由虱目虱亚目血虱科血虱属的猪血虱寄生于猪体表面引起的一种体外寄生虫病。猪血虱以猪的血液为生，是猪最常见的危害较大的永久寄生虫病，对仔猪影响特别严重。

【病原】猪血虱背腹扁平，椭圆形，表皮呈革状，呈灰白色或灰黑色，体长可达5mm，头部比胸部窄，呈圆锥形；触角短，通常有5节组成；复眼一对，高度退化；口器为刺吸式。胸部三节融合，具三对足，每足末端有爪。腹部比胸部宽。雄虱末端钝圆，雌虱末端分叉。卵呈椭圆形，黄白色，大小为（0.8～1.0）mm×0.3mm，有卵盖，上有颗粒状小突起。

【症状与病变】猪血虱寄生于猪体所有部位，但以颈部、体侧及四肢内侧皮肤皱褶处为多。猪血虱吸食血液，刺激皮肤，致使患猪被毛脱落，皮肤损伤，猪体消瘦；猪血虱还分泌毒液，刺激猪神经末梢发生痒感，引起猪只不安，影响采食和休息。有时在皮肤内出现小结节，小溢血点，甚至坏死，痒觉剧烈时，患猪便在各种物体上摩擦，造成皮肤损伤，可激发感染和伤口蛆症等，甚至引起化脓性皮肤炎。

【辨证】虫积内毒郁结。

【治疗】治宜驱杀虫体。

方1 鲜桃树叶捣烂，擦身，每日数次。

方2 侧柏叶500g，研末煮沸，候凉洗涤猪身1～3次。

方3 烟丝250g，酒500mL，浸泡4小时后取汁擦患处。

方4 百部根适量粉碎末，装布袋内擦有虱患部。

方5 棉籽油100mL、硫磺10g，混均涂擦患处。

方6 烟叶155g，麻油500g，共煎热，候温擦患处。

方7 烟叶1份、水10份，煮浓汁，候温涂有虱处，每日1次。

方8 百部根、雷丸各等份，煎汁候温，擦洗患处。

方9 百部200g，加水1L，煮沸30分钟，凉后涂擦患处。

方10 鱼藤粉3g，肥皂粉2g，加水100mL，混合振荡成乳剂，外擦虱部，防止药液入眼。

方 11 地瓜种子研末 20g，肥皂粉 3g，水 100mL，混合振荡成乳剂，外擦虱部，防止药液入眼。

方 12 白杨树皮、桃树皮各 3 份煎浓汁，加煤油 1 份，候温涂擦患处。

方 13 用塘泥土涂满全身，每日 1 次，连续 3 次，猪虱即死尽。仅适用于热季，寒冷季节勿用。

方 14 百部 250g，苍术 200g，雄黄 160g，植物油 250g，先将百部加水 2000mL，煮沸 1 小时过滤，取汁加入苍术末、雄黄，最后加入植物油，调匀候温涂擦患处。

【预防】主要是改善饲养管理，猪圈舍和运动场要经常打扫，保持清洁卫生、干燥，经常消毒。猪舍内要保持良好的通风，避免拥挤；垫草要勤换、常晒；用具要定期消毒；对猪群要定期检查，发现有血虱病猪，应及时隔离治疗。对新引进猪应先隔离，确定健康后方可并群。

第六章 猪内科病

第一节 猪普通内科病的土法良方

一、口炎

口炎又名口疮，是舌炎、腭炎和齿龈炎等口腔黏膜炎症的统称。口炎类型较多，其中以卡他性、水疱性和溃疡性口炎多见，猪多见水疱性口炎。各型口炎均以流涎、厌食或拒食为特征。

【病因】多因饲料粗硬，饲料混有尖锐杂物，如石块、铁片、钉子等引起机械性损伤；或因冰冻、灼热的饲料和饮水，或误食发霉有毒饲料，腐蚀性药物，特别是强酸、强碱及汞制剂等强刺激物而引发；或因长途运输、饲养管理不当，互相咬架损伤口腔黏膜而引发。此外，某些传染病如口蹄疫、水疱病、坏死杆菌病、维生素缺乏等，也可继发口炎。

【症状与病变】常单个发病，病猪因口腔不适、吞咽困难而减食或拒食，口角流涎，除传染性因素引起的口炎外，体温一般正常。病猪常拒绝口腔检查。打开口腔有不同程度的臭味，舌、腭、齿龈等处黏膜红肿，或见有水疱、溃疡、坏死等病灶，有时流出带红色的黏液。

【辨证】心热壅盛。

【治疗】治宜敛疮消炎、清热养心。

方1 1%～3%硼酸溶液适量，黄柏3份、青黛2份、冰片1份。将黄柏、青黛和冰片混合研末，装瓶备用。用1%～3%硼酸溶液冲洗口腔，口涎较多时再用1%明矾水冲洗，然后取适量中药粉撒布口腔病患处。

方2 0.1%高锰酸钾溶液、1%碘甘油、1%明矾水。用0.1%高锰酸钾溶液冲洗口腔，口涎多时用1%明矾水冲洗；然后用1%碘甘油（碘、碘化钾各1份混合，加甘油至100mL）涂布患处，每天2次。

方3 2%～5%温食盐水适量，蛇蜕1.5g、明矾10g。用蛇蜕包严明矾，微火烧焦（以明矾溶化与蛇蜕完全凝固在一起为度），冷却后再研末。取温盐水冲洗口腔后，取药粉2～5g用竹筒吹入口腔，每天1次，连用1～2次。

方4 青黛散（青黛、黄连、黄柏、薄荷各6g，明矾、桔梗、儿茶各9g）或冰硼散（冰片5g、朱砂6g、硼砂50g、玄明粉50g）共研为末，装于布袋内让病猪噙于口中。喂食时取下，每日换药1次。

方5 大黄25g、知母25g、甘草16g、芒硝60g、黄连20g、黄芩22g、栀子22g、连翘22g、花粉22g、薄荷12g、黄柏20g，共研为末，开水冲调，候温灌服，1日分2次服用，连服2～3剂。同时可用5%食盐水冲洗口腔。

方6 黄连、栀子、大黄、麦冬、天花粉各20g，山豆根、甘草、木通、知母各15g。煎水一次喂服。

方7 兔骨头（烘干研末）25g，冰片10g。搽于口腔溃疡部，每日2次。

方8 白蜡树叶灰25g，甘蔗皮灰25g，尿渣2.5g，锅底灰50g，冰片2.5g。共研末，盐水洗口后涂于患处。

方9 血针疗法。选择玉堂穴、承浆穴。口腔用2%～3%硼酸液或0.1%高锰酸钾液冲洗后，用小宽针或三棱针点刺玉堂穴、承浆穴。

方10 青霉素80万单位，磺胺粉5g，蜂蜜适量，制成软膏状，涂抹患部，每天2次。

【预防】预防本病首先注意饲养管理，禁喂霉烂饲料，饲料必须经过选择和检查，除去铁丝、铁钉、玻璃片等各种杂物；正确使用和保管好腐蚀性化学药品和消毒药品；对病猪给予稀软和易消化的饲料。

二、咽炎

咽炎是咽黏膜及邻近部位炎症的总称，因与喉邻近，因此，咽、喉两个部位常混合感染炎症，称咽喉炎。临床上以吞咽障碍和流涎为特征。

【病因】主要因粗硬的饲料和异物、霉变饲料、过冷或过热饮水，以及胃管等直接刺激损伤；或因食入、吸入浓度较大、刺激性较强的物质，如强酸、强碱、甲醛、氨水、氯气、芥子气等诱发。此外，常继发于口炎、鼻炎、食道炎以及流感、猪瘟、口蹄疫、巴氏杆菌病及猪肺疫等传染病过程中。

【症状与病变】病猪表现采食缓慢、头颈伸展、吞咽困难，往往呕吐和流涎。发病时，因咽背淋巴结与咽后黏膜受到侵害，病情急剧者，可引起呼吸困难，常张口呼吸，甚至呈犬坐姿势，甚而窒息，有时可听到喉狭窄音。扁桃体肿胀、潮红，下颌肿大，触摸时，表现疼痛不安。

【辨证】肺热蕴结。

【治疗】治宜消炎、清热、去肿。

方1 干燥芒硝粉、大黄末各1份，把二药用醋调成糊状外涂颌下肿处，药干淋醋，药掉再换。

方2 把适量紫皮蒜或小根蒜捣烂用醋调匀，患处局部剪毛、涂药后包扎，具有消肿解毒的功效，每日1～2次。

方3 把适量癞蛤蟆皮加少量清水捣烂，贴在咽部颌下，包扎固定，每天至少用药3次，可很快消肿。

方4 把适量紫皮蒜去皮捣烂，塞入鼻孔内，包扎固定，每日1～2次。

方5 雄黄、白芙、白药、龙骨、大葱各等份，研为细末，醋调外敷颌下肿处，药干淋醋，药掉再换。

方6 山豆根、麦冬、射干、桔梗各15g，芒硝100g，胖大海10g，甘草20g。研末一次内服。

方7 山豆根、麦冬、栀子、牛蒡子、射干、甘草、陈皮各15g，煎水一次内服。

方8 银黄注射液5～10mL，肌内注射。

方9 用0.5%普鲁卡因溶液10mL，注射用青霉素80万～160万单位，一次喉头周围封闭注射，对重剧性咽炎引起的呼吸困难，甚至窒息现象，具有一定急救功效。

方10 白针疗法。主穴选锁喉、承浆、山根、苏气、血印、尾尖。配穴选玉堂、百会、三里、六脉。

【预防】注意饲养管理，禁喂霉烂饲料；避免过冷、过热以及异物的刺激；改善猪舍环境卫生，保持清洁、通风干燥，降低舍内氨气浓度。正确使用和保管好腐蚀性化学药品和消毒药品；对病猪给予稀软、多汁和易消化的饲料。

三、胃肠卡他

胃肠卡他又称消化不良，是胃肠黏膜表层的卡他性炎症，以胃肠消化和吸收功能衰退或紊乱，少食或不食，或以大量饲料积于胃内不能运转，肚腹胀满、疼痛为临床特征。

【病因】大多因饲养不当所引起。如饲喂条件突然改变，饲喂失时或过量，饲料粗糙、过冷或过热、霉烂变质，饮水不洁等，均可引起消化功能紊乱，胃肠黏膜表层发炎。另外，某些肠道寄生虫病和一些慢性消耗性疾病也常继发胃肠卡他。

【症状与病变】病猪食欲减退，消化不良，呕吐物酸臭，或粪便干燥附有黏液，或腹泻粪中混有消化不全的饲料；肚腹胀满、疼痛，触压腔壁坚硬有痛感，重者腹痛不安，口臭、舌红苔黄。慢性病例多见便秘和腹泻交替发生，消瘦贫血，生长缓慢，有的出现异嗜。若继发其他病则同时伴有原发病症状。

【辨证】伤食。

【治疗】治宜健脾消食、理气消胀。

方1 大蒜40g，白萝卜250g，捣碎混匀。内服，每日1次，5日为1疗程。

方2 韭菜800g，食盐60g，切碎调匀后1次喂服。

方3 小苏打、芒硝各等份。病猪每次服32g，用0.5L开水冲调，候温喂服粪干结猪。

方4 柿饼5～10个，捣碎开水冲调，1次喂服，每日1次，5日为1疗程，用于粪稀薄猪。

方 5 醋 250mL，加水 0.3L，每日 1 次内服，5 日为 1 疗程，用于消化机能紊乱、以胃为主的消化不良。

方 6 小苏打、食盐各 40g，陈皮粉 15g，大蒜 2～4 头（捣烂），灶心土 25g，加水 0.5L，每日内服 1 次。用于肠机能紊乱为主的消化不良。

方 7 熟鸡蛋 2 个，生姜 30g，共同捣烂，每日 1 次内服，3 日为 1 疗程，粪稀、胃肠虚弱时用。

方 8 白萝卜子 30g 研末，开水适量调稀，候温，每日 1 次，5 日为 1 疗程，用于腹胀肚疼猪。

方 9 党参 15g，当归 15g，川芎 15g，丹参 18g，茯苓 18g，陈皮 20g，红花 15g，白术 15g，神曲 30g，甘草 10g。水煎取汁，待温内服，体重 50kg 的猪 1 次服用，每日 1 剂，连用 2～3 天。用于产后胃肠卡他而不进食母猪。

方 10 苍术 10g，厚朴 10g，山楂 10g，麦芽 30g，大黄 30g，枳实 20g，甘草 5g，上药煎汤，候温饮服，体重 100kg 的大猪 1 次服用，每日 1 剂，连用 2～3 天。

方 11 生姜 17g，葱白 30g，生白萝卜 250g，共同炒热后包干净布中挤汁，成猪每日 1 次内服，幼小猪酌减，药渣连布扎敷肚脐部，4 日为 1 疗程。

方 12 穴位注射。在后三里穴或后海穴注射维生素 B_1 注射液 0.125～0.5g，每日 1 次，2～3 次为 1 疗程，可止泻。

方 13 白针或血针疗法。主穴为玉堂、脾俞、曲池、后三里，配穴为山根、鼻梁、八字（如便秘，加后海穴）。也可选山根、玉堂、耳尖、尾本、脾俞、八字等穴，体温稍高者，加耳根、尾尖穴；四肢及耳厥冷者，加尾尖、寸子等穴；精神委顿者，加鼻梁穴；口腔黏膜苍白、体温较低并有腹泻症状者，艾灸百会、海门等穴。

【预防】注意日常饲养管理，禁止喂霉烂饲料。饲喂温度适宜和易消化饲料，并定时定量，饮水清洁；饲料变换应逐步过度；改善饲养条件，猪舍和饲养用具要经常保持清洁卫生；定期驱虫，做好防疫灭病工作，及时治疗慢性病。

四、食道阻塞

食道阻塞又称食道梗阻，是由于食块过大、硬块饲料或异物堵塞于食管腔内，不能下行至胃所致，或由于咽下机能紊乱所致。按阻塞的程度，可分为完全阻塞和不完全阻塞。按阻塞部位又可分为颈部食道阻塞、胸部食道阻塞、腹部食道阻塞。

【病因】猪在饥饿时抢食未经切碎的萝卜、甘薯、马铃薯、甜菜根及未混匀的粉料，因咀嚼不全而阻塞于食道。此外，饲料中混有骨头、鱼刺、石头、毛团、纤维等异物时可引发本病。

【症状与病变】病猪在进食饲料过程中，突然停止采食，低头站立，流涎，反复出现吞咽动作，采食的饲料和饮水从口中流出。出现空嚼，徘徊不安或摇头缩脖，偶尔出现咳嗽。

【治疗】治宜润滑食管，解除阻塞，疏通食道，缓解痉挛，抗菌消炎。

方 1　挤压法：当阻塞发生于颈前段时，先灌入少量解痉剂或润滑剂，然后将猪横卧保定，用手向咽部挤压，将阻塞物挤压至口腔。

方 2　下送法：当阻塞发生于胸段时，利用开口器将猪口腔打开，用胃导管灌入液体石蜡 10～20mL，或灌入 0.5%～1%的普鲁卡因和少量植物油，然后用胃导管将阻塞物缓慢推向胃内。

方 3　逆呕法：皮下注射盐酸阿朴吗啡 0.05g，促使猪将阻塞物呕吐出来。

方 4　水冲法：若阻塞是由于食入颗粒饲料而致的结果，可插入胃管，然后用水反复冲洗，从而将颗粒物冲散开。

【预防】加强饲养管理，定时饲喂，在猪饥饿时勿饲喂块根饲料，或将块根饲料切碎后再饲喂；颗粒饲料拌水时应混合均匀，豆饼、花生饼等需用水浸泡调制后再饲喂。

五、胃肠炎

胃肠炎是指胃肠黏膜表层和深层组织的剧烈炎症，临床上以体温升高、剧烈腹泻、腹痛及全身症状重剧为特征。

【病因】主要由于饲喂霉烂变质或冰冻饲料、不洁饮水；误食有毒物质或有刺激性的化学物品；消化不良症未及时治疗或用药不当；某些传染性疾病或寄生虫病也可继发胃肠炎。

【症状与病变】病初精神萎靡，多呈消化不良症状，以后呈现胃肠炎症状。病猪食欲减退或废绝，体温高，呕吐物中带有血液或胆汁，口干、恶臭，舌面皱缩，被覆多量黄白色黏腻舌苔，可视黏膜先潮红、后红染；腹泻、腹痛明显，粪便恶臭，混有假膜、黏液、血液，或未消化的饲料等；日久肛门失禁，呈现里急后重现象。病猪后期衰弱，脱水消瘦，重者虚脱而死，胃肠黏膜下水肿，白细胞浸润。

【辨证】湿热内蕴中焦。

【治疗】治宜及时治疗原发病，抗菌消炎。中兽医以清热解毒，燥湿止泻为治则。

方1　水牛角30g，生地黄60g，牡丹皮30g，栀子25g，金银花25g，连翘22g，槐花15g，钩藤25g，煎汤取汁，候温灌服，大猪于1天内分2次服完，每日1剂，连用2～3天。用于治疗猪急性胃肠炎。

方2　紫皮大蒜1个，捣烂后加白酒50mL，喂服。

方3　白头翁50g，水煎汁内服。每日1次，连服3天。

方4　石榴皮、柿树皮、枣树皮各50g，水煎取汁冲入红糖100g，内服。

方5　白头翁24g，黄连、黄柏、陈皮各9g，诃子肉3g，研末拌料或煎汤服，每日1次，连用2～3日。

方6　鲜大蓟、鲜马齿苋各50～80g，捣烂取汁，1次内服，每日1次，连用3～5日。

方7　焦栀子8g，绿豆粉62g，白胡椒2.5g，共研细末，用生葱2支煎汤冲调，每日1次内服，5日为1疗程。用于发烧、肚疼、大便带血猪。

方8　连根韭菜200g（洗净切碎）、生葱20g（切碎）共同捣烂，用热米汤冲调，1次内服，小猪减半。用于腹疼、粪便带脓血者。

方9　杞子全株煅干研末，冷水调，入蜂蜜适量，每次50～150g，喂服。

方10　炒苦参20g，炒麦芽、炒山楂各15g，葛根、茶叶、马齿苋各40g，赤芍、陈皮各12g，煎服。腹泻时用。

方11　红高粱、柿树皮、石榴皮各50g，共炒研末，煎水服。大便失禁时用。

方12　鸭舌草、马齿苋各3份，鸭跖草2份，败酱草4份，煎汁服，一日3次，连续4～5天。也可用鲜品代料喂。

方 13 大黄 30g，芒硝 50g，柴胡 25g，川黄连 25g，黄芩 25g，枳实 20g，木通 20g，煎水服，连用两次。大便秘结时用。

方 14 大黄末、龙胆末、小苏打、茴香粉、食盐各 50g，混合，一日分三次喂服。健胃用。

方 15 白头翁、活性炭各 15g，龙胆、神曲各 10g，混合为细末，一日三次，连用 3 天。

方 16 水针疗法。在交巢穴注射庆大小诺霉素注射液（4000IU/kg 体重），每日 1 次，或盐酸黄连素注射液、穿心莲注射液连用 1～2 次。

方 17 白针或血针疗法。主穴选后海、百合、后三里、脾俞、六脉，配穴为关元俞、玉堂、耳尖、尾本、尾尖、舌底、山根。或主穴为玉堂、脾俞、后三里、尾尖、血印，配穴为山根、百会、带脉、后海、蹄叉。

方 18 电针疗法。主穴选百会穴，配穴选交巢穴或三里、关元俞、六脉（中穴）；还可配合白针刺山根、玉堂、脾俞、耳尖、尾尖、三脘等穴。

方 19 抗菌消炎可用磺胺脒 5～10mg、小苏打 2～3g，混合 1 次内服，每日 2 次；腹泻不止者，可用鞣酸蛋白、次硝酸铋各 3～5g，混合内服，每日 2 次；虚弱脱水者，可静脉注射 5%葡萄糖氯化钠注射液 300～500mL、10%注射用维生素 C 5mL、10%安钠咖注射液 5～10mL，每日 1 次。

方 20 健胃剂：幼猪可用多酶片或酵母片适量喂服；大猪则用中成兽药健胃散 20g，人工盐 20g，1 天分 3 次口服。用于胃肠炎症缓解后猪。

【预防】 加强饲养管理，去除对胃肠有不良刺激的因素，不喂霉烂变质或冰冻饲料，给予清洁饮水，不喂给有毒或有刺激性的饲料。同时做好平时的定期驱虫和防疫灭病工作。

六、胃溃疡

胃溃疡是猪的常发普通病，是指胃食道部上皮黏膜出现角化、糜烂、溃疡等病变的疾病。

【病因】 主要由于饲料质量不良或饲料搭配不当，如饲料过于精细或粗糙、霉败、精饲料过多或长期饲喂高能量粉料以及缺乏营养，尤其是饲料中缺乏不饱和脂肪酸以及维生素 B_1、维生素 E 和微量元素硒，是猪发生胃溃疡的主要因素。其次，饲养不当，如饲喂不定时，突然改变饲料及饲料过冷、过热等以及应激等均可诱发本病。现代兽医学认为，本病的发生可能与细菌感染（如霉菌、白假丝酵母菌等）有关。

【症状与病变】 本病多发生于生长迅速的育肥猪。急性发作的病猪多因胃内大量出血而突然死亡，部分病猪在打斗、剧烈运动或分娩前后突然吐血。剖检可见胃食管部黏膜角化、糜烂、溃疡和瘢痕等病变，有的胃中部和贲门区见有充血和出血等病变。慢性病例贫血症状明显，体表苍白、精神委顿、虚弱、呼吸频率增快、食欲下降或废绝，有时可见粪便呈煤焦油样。此外，有些病猪还可发生磨牙、弓腰、呕吐、粪便时干时稀等症状。

【辨证】 胃热郁结。

【治疗】 治宜消食健胃，补益脾胃，恢复胃腑腐熟、运化功能，消炎、止血。

方 1 聚丙烯酸钠 5～20g，溶于水中 1 日饮服，或以 0.5%～5%比例混于饲料中饲服，连用 5～7 天。

方 2 莱菔子 100g，白芍 60g，苍术、焦山楂、郁金、神曲、麦芽各 40g，黄连、陈皮、没药、山栀子、延胡索、甘草各 30g，五味子 25g，大黄、木香、莪术各 20g，混合研末，小猪每次 30～50g、中猪 50～100g、大猪 100～150g。同时按每千克体重补充干酵母 40mg、胃得安 13mg、胃复安 1mg（也可加入复方维生素 C 3mg，痢特灵 6mg），混合研末。每日分早晚 2 次喂服，7 天为 1 疗程，重者连用 2～3 个疗程。

【预防】 注重平时的饲养管理，严禁喂发霉的饲料，饲喂定时、定量，最好分槽单喂；确保饲料质量和搭配合理，保证饲料粗细粒度均匀和营养全价；保持栏舍通风、冬暖夏凉和适宜的密度；减少频繁转群和运输等应激；在饲料中添加 0.1%～0.2%聚丙烯酸钠，并视情况适当补充补益脾胃、健胃消食的中药，可减少本病的发生。

七、便秘

便秘是由于肠管运动机能和分泌机能紊乱，水分被吸收，粪便变干、变硬，滞留不能后移，致使一段或几段肠管阻塞不通的一种疾病。本病一年四季可发，小猪多发，便秘部位多在结肠。

【病因】长期饲喂不易消化的粗硬饲料，如糠或干红薯藤、花生藤等；饲喂精料过多而粗纤维含量不足或饲料内混有杂物；饮水和运动不足、热积胃肠、气血亏虚、母猪年老瘦弱或产后体质虚弱等均可引起猪便秘。另外，某些有高热不退症状的疾病、慢性肠胃病也可继发便秘。

【症状与病变】病初精神不振，少食喜饮，频频努责，排少量干小粪球。继之食欲废绝，腹部膨胀，不排粪，有的腹痛呻吟、回头观腹、起卧不安；触诊可摸到肠中的干硬粪块，按压时病猪表现疼痛不安；听诊肠蠕动音减弱或消失。热性便秘见尿少色黄，鼻盘发干，体温高达 40～42℃，严重者便秘肠管压迫膀胱颈，导致尿闭；气虚便秘见四肢无力，口舌淡白；虚寒便秘见耳鼻俱冷、四肢末梢发凉、口色青白等症状。

【辨证】热结便秘。

【治疗】治宜清热生津、通肠导滞。首先宜辨清寒热虚实选方治之。

方 1　将杏仁（小猪 5～10 粒，大猪 10～20 粒）撒入饲槽，任猪自由采食，每日 1 次，连用 6～7 日。

方 2　干蜣螂（屎壳郎）5～7 只，取香油 250g 置锅中煮沸，入蜣螂炸焦后取出，油凉后将蜣螂研碎与油一并灌服，每日 1 次，连用 2～3 次。

方 3　芒硝 50g，大黄 25g，黄连、黄芩、黄柏、栀子、枳实、厚朴、玄参、麦冬、生地黄各 15g，甘草 10g，水煎喂服，每日 1 剂，连用 1～2 剂。用于实热便秘。

方 4　桃仁 20～30 个，捣烂加适量蜂蜜，水煎取汁，候温灌服，每日 2 次，连用 2～3 日。适用于母猪产后便秘。

方 5　大黄 150g，巴豆 20g。巴豆先加水浸泡 1 小时，煮沸 30 分钟，再加入大黄 150g，继续煮沸 30 分钟，去渣，浓缩至 495mL，加苯甲醇 5mL，共 500mL，即相当于每 1mL 含生药 0.34g。用时缓缓直肠深部滴注，小猪每次 5～10mL，大猪每次 10～20mL。

方 6　大黄、生地黄、玄参各 30g，枳实、厚朴、麦冬各 20g，植物油 100g，煎水取汁，一部分药汁灌服，另一部分药液灌肠，每日 1 剂，连用 1～2 剂。用于顽固性便秘。高热者加银花、山楂各 30g，柴胡、桔梗、青皮各 20g；阴津亏虚者加白芍、当归各 30g，肉苁蓉 20g，蜂蜜 100g。

方 7 艾叶 50～100g 用温水浸泡或煎煮 20 分钟，取小块肥皂削成锥状后浸入艾叶温水中 10～20 分钟。取出插入病猪肛门内，适当进退、转动肥皂，停留片刻取出肥皂再浸入艾叶水中，再插入猪肛门内，如此多次反复，连用 2～3 日。用于老弱虚寒便秘。

方 8 苍术（淘米水炒）10～20g，白术 10～25g，小茴香 10～25g，槟榔 15～30g，草果 10～20g，干姜 10～30g，陈皮 10～30g，乌药 10～30g，神曲 10～40g，桂枝 10～25g，牵牛子 10～20g，大黄（后下煎）15～40g，炒食盐 5～10g。此为 25～125kg 体重猪的用量。每天 1 剂，连用 2～3 剂。用于冷结便秘。

方 9 白术 9～15g，生地黄 30～60g，升麻 3～9g，水煎取汁，候温灌服，每日 1 剂。用于腹泻后便秘。

方 10 石膏 30g，芒硝 24g，当归、大黄各 12g，黄芩、金银花、枳壳、连翘各 9g，炒麻仁 18g，木通 6g，水煎两次，滤液合并浓缩至 200～300mL，候温灌服。同时，体温高者用注射用青霉素 160 万～320 万单位、注射用链霉素 40 万～100 万单位，肌内注射，每天 2 次；病情严重、食欲废绝者，静脉注射 5%葡萄糖氯化钠注射液 500～1000mL、10%磺胺嘧啶钠注射液 30～50mL、10%安钠咖注射液 5～10mL。用于热性便秘。

方 11 棉油 250mL，石膏 50g，白萝卜籽 100g，温水灌服。

方 12 生芝麻 250g，食盐适量，共研末，开水冲服。

方 13 芒硝 50g，麻油 150g，水适量混合喂服。

方 14 水针疗法。选交巢穴。将 10%氯化钠 8～10mL，10%氯化钾 8～10mL 混合后，1 次注射入穴位，每天 1 次，连用 2～3 天。用于妊娠母猪便秘。

【预防】关键是合理搭配精、粗饲料，禁止长期饲喂干粗硬的饲料，多给青绿多汁饲料；保证充足的饮水和运动，给予适当量的食盐；仔猪断奶初期、母猪妊娠后期和分娩初期应加强饲养管理，给予易消化的饲料。病猪应停喂干粗饲料而仅给青绿多汁饲料，多给饮水。治愈后，不要急于饲喂，可适当给予温水饮用，再逐渐喂以流质食物，慢慢过渡到正常饲料。

八、感冒

感冒是因气候骤变、感受风寒风热引起，以恶寒、发热、鼻塞、流涕、咳嗽为特征的一种常见疾病。一年四季可发，风寒感冒多见于秋冬季，风热感冒多见于春夏季。

【病因】 天气突变，栏舍简陋不能防寒保温，致使猪只受到风寒；或于春、夏季，多因感受风热而引起；或遭受雨水淋浸，均可引起感冒。

【症状与病变】 主要症状是恶寒、发热、鼻塞、流涕；咳嗽、流泪。风寒感冒则恶寒重、发热轻，耳尖、鼻端发凉，皮温不均，多流清涕，无汗或有汗，舌苔薄白；风热感冒则恶寒轻、发热重，喜阴凉，口干、色稍红，多流浓涕，尿短赤，有时粪干，舌苔薄黄，脉搏增数。

【辨证】 风寒束肺或风热袭肺。

【治疗】 风寒感冒治宜辛温解表、疏散风寒；风热感冒治宜辛凉解表、宣肺清热。

方 1 生石膏 60g，大枣 30g，生姜 21g，甘草 21g。生石膏捣细，先煎半小时再与其他药共同煎 15 分钟，去渣。取 4～7g 阿司匹林粉碎，溶于中药汁中，1 次喂服。用于重症感冒（寒包火证）。

方 2 荆芥、防风、柴胡、羌活、独活、川芎、前胡、桔梗、生姜、枳壳各 30g，茯苓 20g，薄荷、甘草各 10g，四肢不重而冷者去独活加桂枝 30g，苔白兼黄、舌尖边微红者去川芎加黄芩 20g，食欲不振者加焦山楂、炒谷芽、炒麦芽各 30g，粪便干燥者加大黄（后下）30g（以上为 50～100kg 重猪 1 次用量），水煎喂服，每日 1 剂，连用 2～3 剂。用于风寒感冒。

方 3 贯众 4 份，金银花 3 份，苦参 4 份，研碎，每 100kg 体重的猪 1 次服用 50g，也可掺入饲料中任猪自由采食。用于风热感冒。

方 4 银花、连翘、芦根各 40g，竹叶 30g，淡豆豉、桔梗、荆芥穗、牛蒡子各 25g，薄荷 15g，甘草 10g（15～100kg 重猪 1 次用量），水煎服，或研末开水冲服，每日 1 剂，连用 2～3 剂。用于风热感冒。

方5 当归、川芎、葛根、升麻、白芍、香附、紫苏、陈皮各35g，麻黄30g，白芷20g，益母草50g，炙甘草15g，生姜5片，葱白3根，水煎3次，合并煎液，分3次喂服，连用1～2剂（以上为100kg重猪用量）。用于母猪产后风寒感冒。体温升高者去白芷加黄芩30g，便结难下者重用当归并加白术45g、麻仁30g，食欲废绝者重用香附并加山楂35g，无瘀血者去川芎、益母草。

方6 柴胡注射液5～10mL。肌内注射，每天2次，连用1～2天。

方7 香薷30g，金银花45g，连翘30g，藿香30g，滑石30g，甘草30g，扁豆45g，厚朴30g，水煎10～30分钟去渣取汁，候温灌服，每日1剂，连用1～2剂。适用于挟暑感冒。

方8 紫苏叶、生姜各15g，葱头2根，水煎或开水冲泡后内服。

方9 麻黄15g，炒杏仁10g，姜粉5g，白糖50g，研末开水冲服。

方10 苍术20g，荆芥、防风、香附各15g，合香10g，法夏10g，切细加水煎服。

方11 银黄注射液5～10mL，肌内注射。

方12 刮痧、血针疗法。耳尖穴放血（在耳背例距耳尖3cm处的三条静脉上任取一点消毒，小宽针刺破血管放血）；然后口含白酒喷洒于脊柱胸椎段及两侧，再用硬币在脊柱两侧逆毛刮8～10分钟，术后注意保暖。同时针刺尾尖、山根、尾本、涌滴等穴。

方13 水针疗法。取大椎、苏气、百会、天门等穴，注射柴胡注射液1～2mL、1%氨基比林注射液5mL、鱼腥草注射液5mL或10%樟脑乙醇液4mL，每日2次，连续2日。

方14 白针或血针疗法。主穴为山根、大椎、耳尖、尾尖、天门、涌泉、滴水，配穴为苏气、六脉。或取山根、耳尖、尾尖、鼻梁为主穴；食欲差者配玉堂、后三里，咳嗽加理中、曲池，便秘加后海。

【预防】本病因受环境气候因素影响所致，故应加强饲养管理，做好防寒保温工作。气温下降时，要注意猪舍的保暖，及时采取保暖措施；天气转热时应使猪舍通风凉爽。在发病期间，要多喂给清洁饮水。风寒感冒病猪给予药物治疗后，要关于温暖的栏舍，避免冷风吹袭，喂给易消化饲料，多饮温水；风热感冒病猪治疗后，要饲于通风凉爽的栏舍，降低猪只饲养密度，做好栏舍的防暑降温工作。

九、鼻炎

鼻炎是鼻黏膜发生充血、肿胀而引起以流鼻液和打喷嚏为特征的急、慢性炎症。

【病因】主要因受寒感冒；或吸入刺激性气体、尘埃、霉菌孢子、麦芒、昆虫和化学药物等引起；也见于流感、萎缩性鼻炎、包涵体鼻炎、传染性胸膜肺炎、慢性猪肺疫等传染病的过程中。

【症状与病变】急性鼻炎主要表现打喷嚏，流浆液性、黏液性或脓性鼻液，摩擦鼻部等；鼻黏膜充血、肿胀，敏感性增高，由于鼻腔变窄，出现鼻塞音，严重者张口呼吸或发生吸气性呼吸困难。慢性鼻炎主要表现鼻黏黏肥厚、凹凸不平，严重者有糜烂、溃疡或瘢痕，如猪萎缩性鼻炎还会导致鼻部瘢痕、甚或歪斜。

【辨证】风寒束肺或肺经湿热。

【治疗】首先应去除病因，对症治疗，再配合使用中药解表散寒或清热燥湿。

方 1 冲洗鼻腔。可用温生理盐水，1%碳酸氢钠溶液，2%～3%硼酸溶液，1%磺胺溶液，1%明矾溶液，0.1%鞣酸溶液或0.1%高锰酸钾溶液，每日冲洗鼻腔1～2次，冲洗后涂以青霉素或磺胺软膏，或向鼻腔内撒入青霉素或磺胺类粉剂。

方 2 滴鼻或蒸汽疗法。可用可卡因0.1g，0.1%的肾上腺素溶液1mL，加蒸馏水20mL混合后滴鼻，每日2～3次；或用2%克辽林，2%松节油等进行蒸汽吸入，每日2～3次，每次15～20min。用于缓减鼻黏膜充血肿胀，并减轻鼻黏膜的敏感性。

方 3 煅牡蛎20～30g，益智仁12g，黄芪10g，辛夷花8g，防风7克，白芷6g，鹿角霜25g（如缺可用五倍子6g，桂枝3g代替）。加水煎成300mL，每日分2次灌服。用于鼻炎流清稀鼻涕者。

方 4 鱼腥草30g（后下，煎15分钟），白芷8g，川芎6g，甘草6g，鹅不食草6g（不能多用，量多对胃有刺激），马齿览25g（如缺可用黄柏6g或败酱草20g或虎杖15g或红藤20g代替），当归4.5g。

加水煎成300mL，每日分2次灌服。用于鼻炎流黄浊鼻涕、舌红、苔黄者。若鼻塞，可加檀香8g或木香10g（均后下）或木香12g，路路通12g，藁本6g；若伴鼻痒常打喷嚏者，加徐长卿15g（又名了刁竹），苍耳子12g（炒香）。

方5　白藓皮15～20g，麻黄根15g，徐长卿15g，苍耳子12g（炒香），地肤子10～12g（炒香），辛夷花8～12g，甘草6g，桂枝4.5～6g，麻黄4.5g。加水煎成300mL，每日分2次灌服。用于常感鼻痒频打喷嚏的敏感性鼻炎者。必要时还可用止痒抗过敏的中药膏或中草药滴剂。

方6　苍耳子（炒香）10g，鹅不食草8g，地肤子（炒香）6g，白芷5g，冰片5g，共研细末，加入凡士林调成膏状，每次以棉花棒蘸少许涂鼻腔内，每日3～5次。如无凡士林可用猪油代替。此为抗鼻敏感中草药膏剂。

方7　苍耳子（炒香）15～20g，地肤子（炒香）15g，徐长卿15g，鹅不食草15g，五倍子15g，白芷10g，冰片4g。除冰片以外各药加水500mL浸泡1小时，然后煎沸15分钟，取浓汁100mL，取汁加入冰片，摇匀，装瓶中，每日3～5次滴鼻，每次每鼻孔滴1～2滴。此为抗鼻敏感中草药滴剂。

方8　苏叶10g，葱白5枝，苍耳子25g，水煎取汁候温供10kg体重猪1次服用。

【预防】预防本病需注意环境卫生，及时清除粪便垃圾，保持猪舍干燥清洁；做好防寒保暖，提高猪体抗病能力；避免具有刺激性药品进入猪圈。对继发性鼻炎应及时治疗原发病。新购入仔猪，用硫酸卡那霉素2～4mL喷注入猪鼻孔内可有效预防猪鼻炎。

十、支气管炎

支气管炎是由感染、物理、化学刺激或过敏等因素引起猪支气管黏膜表层或深层的炎症，临床上以咳嗽、流鼻液和不定热型为特征。寒冷季节或气候突变时容易发病。

【病因】主要是受寒感冒，导致机体抵抗力降低，病原微生物乘虚感染；或吸入过冷的空气、粉尘、刺激性气体（如二氧化硫、氨气、氯气、烟雾等）等刺激支气管黏膜；有时投药或吞咽障碍时异物误入气管引起异物性支气管炎；也继发于某些传染病，如猪流感、猪传染性胸膜肺炎以及慢性猪肺疫等病的过程中。

【症状与病变】急性支气管炎主要的症状是咳嗽，鼻孔流出浆液性、黏液性或黏液脓性的鼻液；一般体温正常或轻度升高（0.5～1.0℃）；肺泡呼吸音增强，有干或湿啰音；当炎症侵害细支气管时，则全身症状加剧，体温升高1～2℃，呼吸加快，严重者呼吸困难，可视黏膜蓝紫色；支气管黏膜肿胀、充血，呈斑点状或条纹状发红，有些部位淤血。异物性支气管炎，可发展为腐败性炎症，呼出气恶臭，鼻孔流出污秽、恶臭的鼻液；听诊肺部有空瓮性呼吸音；病猪全身反应明显；白细胞数增加，嗜中性粒细胞比例升高。

【辨证】风寒侵扰。

【治疗】治宜消除病因，抑菌消炎，疏风散寒或清热，宣肺止咳。必要时用抗过敏药。

方1 抑菌消炎。青霉素按每千克体重1万～1.5万单位，肌内注射，每日2次，连用2～3天；或注射用青霉素和链霉素各100万单位，溶于1%普鲁卡因溶液2～3mL，直接向气管内注射，每日1次。病情严重者，可用10%磺胺嘧啶钠注射液10～20mL，肌内或静脉注射。

方2 祛痰镇咳。氯化铵0.2～2g，或吐酒石0.2～0.5g，内服，每日1～2次，用于咳嗽频繁、支气管分泌物黏稠的病猪。复方樟脑酊5～10mL，或复方甘草合剂10～20mL，或杏仁水2～5mL，或磷酸可待因0.05～0.1g，内服，每日1～2次，用于频繁痛咳且分泌物不多者。

方3 抗过敏。猪每日内服溴樟脑0.5～1g，或盐酸异丙嗪猪25～50mg。

方4 荆芥、紫菀、前胡各30g，杏仁20g，苏叶、防风、陈皮各24g，远志、桔梗各15g，甘草9g，共研末，分2次开水冲服。用于外感风寒者。

方5 紫苏、荆芥、防风、陈皮、茯苓、桔梗各25g，姜半夏20g，麻黄、甘草各15g，共研末，加生姜30g，大枣10枚煎汁为引，分2次冲服。用于外感风寒者。

方6 款冬花、知母、浙贝母、桔梗、桑白皮、地骨皮、黄芩、金银花各30g，杏仁20g，马兜铃、枇杷叶、陈皮各24g，甘草12g，共研末，分2次开水冲服，用于外感风热者。

方7 桑叶、杏仁、桔梗、薄荷各25g，菊花、银花、连翘各30g，生姜20g，甘草15g，共研末，分2次开水冲服。用于外感风热者。

方8 款冬花15g，马兜铃15g，桔梗20g，贝母15g，杏仁15g，金银花15g，知母15g。痰多、鼻液多加苍耳、辛夷、白矾；口干舌燥者加天冬、麦冬、牛蒡子。水煎取汁，候温，1次灌服，每天1剂。

方9 紫菀10g，炙百部15g，白前15g，桔梗5g，橘红5g，甘草5g，水煎取汁，候温，1次灌服，每天1剂。

方10 白萝卜250g，蚯蚓2条，杏仁2个，苍耳子50g煮后喂服，或杏仁（去皮炒黄）30个，白矾25g（烧熟），捣碎喂服。

方11 款冬花、橘红、麦冬、青木香、紫苑、枇杷叶、茯苓、桑皮、青皮、当归各15g，杏仁、甘草各10g，水煎服。

方12 百合20g，桔梗50g，桑皮50g，炒焦，用米汤调匀，香油调成糕，开水冲喂。

方13 水针疗法。选大椎、苏气、肺俞、理中、百会、肺门等穴，按肌内注射量1/3注射青链霉素、磺胺嘧啶钠、鱼腥草注射液、双黄连注射液，治喘灵注射液、桉叶素注射液或10%樟脑乙醇液等药物。

方14 白针疗法。主穴为苏气、肺俞、七星、尾尖、血印，配穴为玉堂、山根、八字、百会；也可以肺俞、肺门、肺攀、苏气、血印、尾尖为主穴，配穴为鼻梁、山根、百会、大椎、六脉、脾俞、身柱、玉堂；还可以血印、身柱、膻中、三脘、肺俞为主穴，配穴为苏气、大椎、玉堂。

方15 卡耳埋植。见猪瘟方。

【预防】 寒冷的侵害是诱发本病的主要因素，特别是在早春或晚秋季节，猪舍狭小而潮湿、气候剧变或长期的阴雨寒冷都能诱发本病。因此，预防本病重在加强饲养管理和环境卫生；猪舍要保持干燥、清洁卫生、光线充足，注意舍内通风，在换季时要注意猪舍的保暖；供给充足的清洁饮水和优质的饲料，提高猪体的抵抗能力。

十一、肺炎

肺炎是因物理、化学因素或生物学因子刺激肺组织引起的炎症。可分为小叶性肺炎、大叶性肺炎和异物性肺炎；小叶性肺炎又称支气管肺炎，分为卡他性肺炎、化脓性肺炎，猪以卡他性肺炎多见。

【病因】 主要因饲养管理不当，猪只抗病力下降，易受风寒感冒而引发；或吸入刺激性气体、异物误入气管等引发；或继发于猪肺疫、结核、猪瘟、肺丝虫、猪蛔虫病等传染病、寄生虫病以及贫血、骨软病、维生素A缺乏症的过程中。此外，长途运输应激也可诱发。

【症状与病变】 食欲下降或废绝，体温升高到40℃以上，多呈弛张热。结膜潮红，脉搏增数，咳嗽，流鼻涕。严重病例剧咳、全身皮肤呈蓝紫色、呼吸极度困难，粪干。胸部听诊有捻发音和小水泡音。异物性肺炎时，呼出气恶臭，鼻液污秽而恶臭，可于其中检出弹力纤维。

【辨证】 湿热郁肺或实热壅肺。

【治疗】 治宜区别病因，针对治疗、清热泻火，并对症止咳消炎。

方1 对症治疗。有高热者，每千克体重用黄芪多糖注射液0.1～0.2mL、氨苄青霉素0.025～0.04g，与复方氨基比林注射液每头5～20mL、地塞米松注射液每头5～25mg混合肌内注射，每天1次，连用2～3天。痰黏稠不易咳出者，可内服复方甘草合剂10～25mL或去咳片0.4～1g，每天2次，连用2～3天。喘气严重者，肌内注射氨茶碱注射液0.25～0.75g，每天1～2次。体质衰弱者，静脉注射25%葡萄糖注射液200～300mL、10%维生素C注射液10～20mL。心脏衰弱者，皮下注射10%樟脑磺酸钠注射液5～10mL。每天2次，连用3～4次。

方2 黄芩、桔梗、枯矾、甘草各20g，栀子、白芍、桑白皮、款冬花、陈皮各15g，天门冬、瓜蒌各10g，煎汤灌服，每日1剂，连用2～3剂。

方3 新鲜鱼腥草全草1000～1500g，煎水喂母猪，每日3次，连用3日。亦可拌料喂仔猪。配合用氟哌酸注射液，仔猪按10mg/kg体重肌内注射，每日2次，连用3日。用于仔猪肺炎。

方4 生石膏250g，杏仁、瓜蒌仁、百部、黄芩、前胡各50g，桔梗、浙贝母各35g，麻黄25g，甘草15g，水煎取汁，候温灌服，供大猪分3次服完，每日1剂，连用1～2天。

方5　桑白皮、百合各35g，连翘、桔梗各30g，杏仁、薄荷叶、葶苈子、枇杷叶各25g，煎汤灌服，每日1剂，连用2～3剂。

方6　枯矾、沙参、瓜蒌、马兜铃、甘草、黄芩、栀子、杏仁、陈皮各15克。上药混合，水煎取汁，候温1次灌服，每日1剂，连用2～3天。

方7　板蓝根35g，大青叶、忍冬藤、败酱草各30g，水煎取汁，候温供体重30～50kg的猪只1次服完，每日1剂，连用3～5天。

方8　鱼腥草、金银花各40g，白茅根38g，连翘33g，水煎取汁，候温1次喂服，每日1剂，连用3～5天。

方9　生石膏粉50～150g，金银花、鱼腥草、桑白皮、瓜壳、杏仁（捣烂）、黄芩、浙贝母（捣烂）、陈皮、紫菀各10～30g，桔梗10～25g，甘草10～20g，麻黄5～20g。水煎取汁，候温供体重25～125kg猪只1次喂服，每天1剂，连用2～3剂。若喘气重者加苏子、葶苈子各10～25g，大枣15～40g；大便干燥或秘结者加生大黄（后下煎）15～40g，芒硝（另兑水溶化）40～120g。

方10　栀子、白芍、桑白皮、款冬花、陈皮各20g，黄芩、甘草、桔梗各25g，麦冬15g，瓜蒌15g。水煎服。

方11　玄参25g，柴胡、桔梗、陈皮、茯苓、石斛、麦冬各20g，薏米、党参各15g，甘草5g。水煎服，连续2次。

方12　白毛夏枯草、败酱草、紫花地丁各50g，忍冬藤、红藤（大血藤）各25g，水煎服或研末开水冲服，每天一次，连续3～4天。

方13　苍耳子、桑白皮各50g，茄子棵100g，煎水喂服。

方14　鱼腥草注射液或银黄注射液5～10mL，肌内注射。

方15　水针疗法。选大椎、苏气、肺俞、理中、百会、肺门等穴，按肌肉注射剂量1/3注射青链霉素、磺胺噻唑钠、鱼腥草注射液、双黄连注射液、银黄注射液，或10%樟脑乙醇液等药物。

方16　白针或血针针灸疗法。主穴为血印、尾尖、苏气、肺俞、大椎，配穴为百会、鼻梁、山根等；也可以理中、苏气、锁喉为主穴，配穴为肺门、涌泉；还可以肺俞、苏气、膻中、耳尖为主穴，配穴为玉堂、山根、蹄头、涌泉、尾尖等穴。

【预防】加强饲养管理，防治猪感冒；保持圈舍空气流通，搞好环境卫生，避免机械性、化学性气味刺激；适当喂以补益脾胃的药物，以实脾气；喂给营养丰富的全价饲料，防止出现贫血症和软骨症；做好寄生虫病和传染病的防治工作，给猪灌药时操作要正确，防止灌入气管。

十二、纤维素性肺炎

纤维素性肺炎又称大叶性肺炎或格鲁布性肺炎，大多由病原微生物引起肺的一个或几个大叶发生急性炎症。临床上以稽留热、铁锈色鼻液、大片浊音区和定型经过，及肺泡内纤维蛋白渗出为主要特征。

【病因】病因尚未完全清楚，认为发病原因主要涉及传染性和非传染性两种。传染性纤维素性肺炎一般多由局限于肺脏中的传染病引起，如传染性胸膜性肺炎、巴氏杆菌病等。此外，存在于体内外的病原菌，如链球菌、铜绿假单胞菌、巴氏杆菌等也可引起；非传染性纤维素性肺炎属于变态反应性疾病，同时具有过敏性炎症；非传染性纤维素性肺炎还可由受寒感冒、过劳、长途运输和吸入刺激性气体等因素诱发。

【症状与病变】病猪精神沉郁，食欲废绝，体温升高达41～42℃，呈稽留热型，结膜充血、黄染；呼吸困难、频率增加，呈腹式呼吸，脉搏增数。典型性病例病程明显分为4个阶段，即充血期、红色肝变期、灰色肝变期和溶解期，每个阶段平均2～3天，在不同阶段呈现不同症状。充血期胸部听诊呼吸音增强，有干啰音、湿啰音、捻发音，叩诊呈过清音或鼓音；在肝变期流铁锈色鼻液，大便干燥或便秘，可听到支气管呼吸音，叩诊呈浊音；溶解期可听到各种啰音及肺泡呼吸音，叩诊呈过清音或鼓音。非典型病例常止于充血期，体温反复升高或仅见红黄色鼻液，全身症状不明显。

典型性纤维素性肺炎，充血水肿期特征为肺泡毛细血管充血，浆液性水肿，肺叶增大，肺组织充血、水肿，呈暗红色，质地稍变实，弹性降低，切面光泽而湿润，按压流出大量血样泡沫，切取一小块投入水中，呈半沉于水的状态；红色肝变期特征为肺脏肿大，质地变实，呈暗红，类似肝脏，故称为肝变期，切面稍干燥而呈细颗粒状突出，呈花岗岩外观，切取一小块投入水中，完全下沉；灰色肝变期由红色肝变期发展而来，充满肺泡的纤维蛋白渗出物开始发生脂肪变性和白细胞渗入，当脂肪变性达最高程度时，外观先呈灰色后呈灰黄色，切面有些像灰色花岗石样，坚固性比红色肝变期为小，切取一小块投入水中，完全下沉；溶解期的特征为渗出物被溶解和稀释，病变组织较前期缩小，质地柔软，挤压由少量脓性浑浊液流出，色泽逐渐恢复正常，切面有黏液性或浆液性液体。

【辨证】高热壅肺，湿热内蕴。

【治疗】治宜抑菌消炎，制止渗出，促进炎性产物吸收，对症治疗。

方1　三棵针皮20g，麻黄5g，生姜13g，水煎汁去渣，加豆腐200g，内服，1次/天。

方2　三棵针皮30g，鲜蒲公英40g，紫皮大蒜20g，共捣烂，加2个蛋清，食醋100mL，调匀，一次内服。

【预防】加强饲养管理，增强猪抵抗力，使猪免受寒冷刺激，一旦发现各种传染性原发病，要积极治疗，以防止并发症的发生。

十三、癫痫

癫痫是因大脑皮质机能障碍引起的一种突发性的、不自觉的、暂时性和反复性发作的慢性疾病，是运动、感觉和意识障碍的一种综合征。其特征是发作时严重意识紊乱和全身痉挛，且迅速恢复，反复发作。

【病因】癫痫分原发性和继发性，猪多为继发性癫痫。原发性癫痫多因脑组织代谢障碍、大脑受到过度刺激，以致兴奋和抑制过程的平衡关系被打乱而引起，或与遗传有关。继发性癫痫又称症候性癫痫，多因脑部疾病（如脑包虫、脑囊虫、脑肿瘤、脑震荡和脑挫伤等）或某些传染病、代谢病（如维生素缺乏、低血糖、尿毒症、妊娠中毒症等）、中毒病以及内分泌功能紊乱等所致。

【症状与病变】病猪有的有前驱症状，如反应迟钝或兴奋，步样蹒跚或不安乱跑。有的无前驱症状而突然发作，主要表现为突然倒地、失去知觉，眼球向上翻，头向后仰，尖叫，呼吸促迫，口吐白沫；不同骨骼肌群呈有节律的震颤，由头嘴部开始延伸到全身肌肉。

痉挛可由数十秒至数分钟，轻者1天发生数次，重者隔数分钟发作1次。发作过后，病猪可站起，可恢复意识和饮食，只是精神倦怠、四肢无力。

【辨证】痰火壅盛。

【治疗】治宜消除病因，滋阴镇痉、祛风豁痰，治疗原发病和对症治疗。

方1 对症治疗。按2～4mg/kg体重肌内注射10%苯巴比妥钠（鲁米那）溶液，或按2mg/kg体重肌肉注射氯丙嗪；或静脉注射安溴注射液10～20mL。每日1次，连用5～7日。

方2 钩藤、当归各12g，制南星、枯矾、羌活、防风、法半夏、白芷、川芎各10g，炒白附子、僵蚕、全蝎、甘草各6g，水煎取汁侯温，供体重25～35kg的猪只分2次灌服。

方3 新鲜半夏、生姜各等量，捣成泥状，掺于饲料中喂服，每日3次，连用5～6天。

方4 全蝎、僵蚕各8g，半夏、干姜各5g，朱砂4g，共为细末，加白酒50g，1次内服，每日1次。

方5 白僵蚕100g，全蝎、乌蛇、胆南星各10g，水煎取汁候温，将蚯蚓150g捣成泥状，混入调匀供25kg体重的猪只1次投服，隔日1剂，连用3次。

方6 苯妥英钠0.5g，1次静脉注射，同时口服丙戊酸钠100mg，每日2次。石菖蒲、紫石英（先煎）各12g，生牡蛎（先煎）20g，僵蚕8g，钩藤（后下）15g，蝉衣5g，制南星、地龙干各10g，水煎取汁候温，加入全蝎末4g，调匀灌服20g，每日2次，连续用药2～3日。

方7 水针疗法。取百会穴，按5mg/kg体重注入氯丙嗪注射液。同时以毫针或圆利针针刺天门、脑俞、血印、山根、鼻梁、尾尖、八字等穴，每天1次，连用1～3天。并配合肌注维生素B_1注射液0.1～0.2g和静注20%安钠咖注射液4～10mL，效果更佳。

方8 火烙疗法。取天门、伏兔、太阳、尾根、耳根、尾尖、百会等穴。用烙铁和火钳置火上烧红，直接烧烙穴位，至穴位皮肤焦黄（勿伤真皮）为止；同时火针百会穴，进针0.5～1cm。针后内服鸡蛋清2个，并按5mg/kg体重肌内注射氯丙嗪等以对症治疗。

【预防】平时加强饲养管理，给予全价饲料，特别是无机盐和维生素不能缺乏；防止中毒，定期驱虫；见有癫痫发作征兆时（如表现紧张、行走不稳等）应立即驱赶至平坦软地，或将猪关在安静栏舍内，切勿惊吓，以防发生意外，并及时治疗；有原发性癫痫病史的公母猪禁止留作种用，应及时淘汰。

十四、脑膜脑炎

脑膜脑炎是脑膜和脑实质受到感染（如结核、寄生虫等等）或中毒所致而发生的炎性变化，是一种伴有严重脑机能障碍的疾病。

【病因】由于一些致病菌（链球菌、葡萄球菌、猪流感嗜血杆菌、结核）侵害，当机体防卫机能降低时，即可引起本病的发生。邻近器官的炎症（如中耳炎、化脓性鼻炎、额窦炎等）蔓延时，导致脑及脑膜发炎。过热、中暑、感冒、长途运输及饲喂霉败饲料等常为本病发生的诱因。

【症状与病变】病初多表现精神沉郁、呆立、共济失调，经数小时后，狂躁不安、不避障碍、前冲后撞，有时作转圈运动，视力减退或消失，尖声鸣叫，磨牙空嚼，从口中流出泡沫状液体，眼结膜潮红，抽搐，继而转入抑制状态，耳耷头低，闭目昏睡，卧地，四肢呈游泳状姿势。有的病猪还表现呕吐。严重者多在24小时内死亡。可见脑膜充血、淤血，有的有小出血点，灰质与白质均有出血点。

【辨证】血热生风或肝风内动。

【治疗】治宜清解血热，解痉祛风，安神定惊。

方1 栀子、黄芩、生地黄、菊花各15g，天竺黄、大黄、木通、泽泻、远志各10g，琥珀5g，煎水服。

方2 食盐100g，炒焦后加适量水灌服。

方3 穿心莲注射液5～10mL，肌内注射。

方4 桉叶素注射液3～5mL，肌内注射。

方5 白针疗法。主穴选天门、脑俞、血印、大椎、太阳，配穴选牙关、耳门、涌泉、滴水。

方6 水针疗法。取天门、脑俞、大椎等穴分别注入氯丙嗪1～3mL/kg或10%磺胺嘧啶钠液2～5mL。

方7 烧烙疗法。可取天门、脑俞等穴。

【预防】加强饲养管理，保持圈舍清洁卫生，防止过热、拥挤等；如有可疑传染病时，应立即隔离，采取相应防治措施。

十五、中暑

中暑是日射病和热射病的统称。是指夏季猪受强烈日光照射引起脑及脑膜充血，或气候炎热、栏舍潮湿闷热使猪散热困难而引起中枢神经功能紊乱的疾病。临床上以高热、大出汗、昏迷、脉数或倒地痉挛为特征。

【病因】猪只在外受到强烈阳光照射；或夏季栏舍无防暑降温设施，栏内饲养密度过大、通风不良等均可导致猪中暑。

【症状与病变】突然发病，呼吸促迫，体温升高，心跳加快；神志不清，步态不稳；口吐白沫，流涎，呕吐；结膜充血或发绀，瞳孔初散大后缩小。重者倒地不起，四肢作游泳状划动。如不及时治疗，重者在数小时内死亡。剖检见鼻内流出血样泡沫，肺水肿，脑脊液增多，脑部高度充血、瘀血或水肿。

【辨证】暑湿内侵。

【治疗】治疗时首先将病猪移至阴凉通风处，用冷水喷洒猪体，给予清凉淡盐水饮服或反复灌肠。然后配合对症施治和清热解暑。

方1 首先用冷水喷洒猪体，给予清凉淡盐水饮服或用之反复灌肠。同时，耳尖、尾尖剪毛消毒后，剪开放血100～300mL，并静脉注射5%葡萄糖氯化钠注射液200～500mL、10%注射用维生素C 10～20mL；肌内注射10%安乃近注射液10～20mL。狂暴不安者，肌内注射2.5%氯丙嗪注射液2～4mL；心衰昏迷者，肌内注射10%安钠咖注射液5～10mL或10%樟脑磺酸钠注射液10mL。

方2 藿香正气水或十滴水内服，每次10～20mL，每日2次。

方3 生石膏（研末）250g，粳米150g，香薷20g，钩藤15g。熬粥候温灌服。用于日射病。

方4 马鞭草250g，仙人掌150g，一同洗净捣烂，加水500mL搅匀，取汁400mL，再加白糖50g溶化后1次灌服，每日1～2次。

方5 鲜芦根、鲜荷叶各60g，生石膏24g，藿香、佩兰、青蒿各9g，薄荷3g，煎汤供体重25kg左右猪只1次灌服。

方6 桑叶、荷叶、薄荷叶、茅根、芦根各50g，煎汤候温，分

2次灌服。

方7　香薷、黄连、天花粉、熟地黄、姜炭、黑黄芬、黑栀子、黑柴胡、黑荆芥、黑防风各150g，当归、甘草各45g，水煎取汁，分3天灌服。用于母猪产后中暑。

方8　芦根、金银花各65g，菊花、连翘各60g，蒲公英、丹参各55g，藿香50g，佩兰、扁豆花、陈皮、桑叶各30g，薄荷、竹茹、山栀子各25g，甘草10g，水煎取汁灌服，每日1剂，连用2～3天。用于母猪产后伤暑高热。

方9　甘草、滑石各50g，绿豆水为引。煎水内服。

方10　黄连、黄芩、大黄、栀子、连翘、山豆根、地骨皮、甘草各15g，滑石25g，水煎服。

方11　藿香、香薷、石菖蒲、莱菔子、淡竹叶各25g，水煎服。

方12　水针疗法。取樟脑10g，加75%酒精至100mL，溶解后过滤，制成10%樟脑醇。取主穴天门、配穴耳根，天门穴注入樟脑醇或樟脑磺酸钠4～6mL，耳根穴注入2～3mL，每隔8小时1次，连用2～3次。

方13　血针疗法。取尾尖、耳尖、山根为主穴，尾本、涌泉、滴水、蹄头尾配穴，以三棱针或小宽针刺破放血；或剪耳、断尾放血，剪毛消毒后，剪开放血100～300mL。

【预防】预防本病关键在于炎热夏季给猪供应充足饮水，栏内猪群密度适宜，栏内猪群密度不宜过大，保证栏舍通风良好，适当用冷水喷洒猪只；高温时让猪在阴凉处休息；猪舍屋顶应有良好的隔热层或在舍周种植一些绿色爬藤植物；夏季运输时注意车船通风，不宜过于拥挤，防止日光直晒，途中定时给猪只喷洒冷水。

十六、尿道结石

本病多发生于公猪的尿道。是尿液中析出的盐类结晶以脱落的上皮细胞等异物为核心所形成的矿物质凝结物，积滞于尿道并刺激黏膜，发生出血、炎症及阻塞尿路的一种疾病。临床上以腹痛、排尿障碍和血尿为特征。

【病因】主要因肾和尿路感染发炎；或长期饲喂富磷饲料、富含钙、硅的饲料和饮水，饲料中钙磷比例失调、高钙低磷，习惯以甜菜、萝卜、马铃薯为主要原料等；或饮水不足；或饲料中维生素 A 缺乏；其他如周期性的尿液潴留、甲状腺机能亢进、长期应用磺胺类药物等也是诱发因素。

【症状与病变】公猪多发生于乙状弯曲，由于结石刺激尿道，使病猪排尿困难、尿痛且排尿时间延长，尿液呈滴状或线状流出，有时有血尿；当尿道完全被阻塞时，出现尿闭或肾性腹痛现象，病猪频频举尾，屡作排尿动作但无尿排出。尿路探诊可触及尿石所在部位，尿道外部触诊，病猪有疼痛感。若长期尿闭，可引起尿毒或发生膀胱破裂。

【辨证】湿热蕴结下焦。

【治疗】治宜清利湿热、通淋排石。治疗时，为防止膀胱破裂，应及时行膀胱穿刺，排出尿液。较大的结石一般采用手术取石，术后注意添加维生素，保证饮水充足，减少矿物质及盐类的摄入。小颗粒或粉末状结石，可排石利尿。

方 1 将少量食盐、淡茶水或市售的口服补液盐加入 500～1000mL 饮水中灌服，用以稀释尿液，冲洗尿路，同时将 10%的葡萄糖注射液液 250mL 与速尿 40mg 混合后静脉注射，每日 2 次，连用 3～5 次，以利尿。出血的病例，肌肉注射 20%氨基己酸注射液 2～4mL 或安络血注射液 10～20mg，每天 2 次，连用 2～3 天；对疼痛不安的病例，肌注安定注射液 2～7mg/kg 体重或苯巴比妥钠 0.5～1g。

方 2 静脉注射 25%葡萄糖注射液 100mL、5%注射用维生素 C 40mL、40%乌洛托品 40mL、生理盐水 400mL，并肌内注射青霉素 160 万～320 万单位，以防继发感染。

方 3 小苏打 6～9g，干酵母 15～20g，双氢克尿噻 0.5～2g，灌服，每天 2 次，连用 3～4 天；呋喃苯氨酸按 1～2mg/kg 体重肌内注射，每天 1～2 次，连用 3 天。

方 4 车前子 60g、萹蓄、瞿麦、滑石、甘草、木通、栀子、猪苓、茯苓、泽泻、白术、桂枝各 30g，大黄 15g，共研为细末，温开水冲调灌服，每次 200～300g。

方 5 瞿麦、大黄、连翘、滑石各 15g，木通 30g，车前子 40g，栀子、猪苓、茯苓、泽泻、白术、桂枝各 20g，二花、黄连、黄芩、黄柏、青皮各 10g，山楂、六曲各 15g，木香、陈皮各 5g，厚朴 10g，枳壳10g；碳酸氢钠片5g，干酵母片6g，双氢克尿噻0.5g。上药共研为细末，分6次灌服，每天2次，同时肌肉注射呋喃苯氨酸注射液20～40mg，每天1次，连用3天。用于治疗母猪尿石症。

方6 金钱草60g，海金砂30g，鸡内金20g，白芍、白茅根各15g，延胡索、石苇、瞿麦、萹蓄、赤芍、车前子、大小蓟各10g。水煎服，每日1剂，分2次灌服，连用6～7剂。

方7 白针疗法。主穴为断血、肾门、涌泉、滴水，配穴为百会、开风；也可以肾门、百会、阳明为主穴，大椎、尾本、玉堂、山根、三里、尾尖为配穴。

【预防】首先要对土壤、饲料、饲养管理情况及饮水质量等情况进行调查，明确当地尿结石的发病因，然后有针对性地采取预防措施。在饲料方面合理调配饲料，使饲料中的钙磷比例保持在1.2∶1或者1.5∶1的水平，并注意维生素A的补充；平时应适当多喂多汁饲料，供给充足饮水，以稀释尿液，或在日粮中加入氯化钠或氯化铵，对预防磷酸盐结石有一作用。及时治疗泌尿系统的炎症；磁化水使pH值升高，饮用后不仅能预防尿结石的形成，而且能使尿石疏松破碎而排出。

十七、膀胱炎

膀胱炎是膀胱黏膜及其黏膜下层的炎症。临床上以疼痛性频尿和尿中出现较多的膀胱上皮细胞、炎性细胞、血液和磷酸铵镁结晶为特征。多发于母猪，以卡他性膀胱炎多见。

【病因】膀胱炎的发生与感染、导尿损伤、尿潴留、难产、膀胱结石以及刺激性药物等有关。常因细菌感染致病，如铜绿假单胞菌、大肠杆菌、葡萄球菌、链球菌、变形杆菌等细菌；机械性刺激或损伤，如导尿、膀胱结石、膀胱内赘生物等的刺激或膀胱镜使用不当而损伤膀胱黏膜；尿潴留时的分解产物和刺激性药物，如松节油、酒精、斑蝥等的强烈刺激；毒物影响或某种矿物质元素缺乏，如霉菌毒素或缺碘均可引起猪的膀胱炎。

【症状与病变】急性膀胱炎表现为尿频，或屡作排尿姿势，但无尿液排出，或持续性尿淋漓、尿液混浊或血尿，排尿痛苦不安；若膀胱括约肌受炎性产物刺激，可引起尿闭，严重者可导致膀胱破裂；肉眼可见膀胱黏膜充血、出血和肿胀。慢性膀胱炎除排尿姿势、尿液成分与急性膀胱炎略同外，还见猪消瘦、被毛粗乱、无光泽等；膀胱壁明显增厚，黏膜表面粗糙且有颗粒。

【辨证】湿热蕴结下焦。

【治疗】治宜消除病因，尿闭时先导尿，抗菌消炎，利尿排淋。

方1 先用导尿管导尿，再冲洗膀胱，可先用0.1%高锰酸钾或1%～3%硼酸，或0.1%的雷佛奴尔液，或0.02%呋喃西林，或0.01%新吉尔灭液，或1%亚甲蓝作膀胱冲洗。在反复冲洗后，膀胱内注入注射用青霉素80万～120万单位，每日1～2次，同时可配合注射抗菌素。

方2 将柳树皮、车前草各250g，煎水候温灌服。

方3 车前子30g，木通、通草、甘草各20g，每日1剂，水煎分2次灌服，也可混料喂服，早晚各1次，连用3剂。体温高者，加黄柏20g。用于母猪产后膀胱炎。

方4 萹蓄、车前草各50g，水煎取汁，加入蟋蟀10只，蝼蛄6只（共捣成泥状），混合调匀灌服，每天1次，连服2～3天。

方5 紫茉莉根、车前草各125g，水煎候温灌服，每天1剂，连服5剂。

方6 鲜车前草、鲜蒲公英各250g，共煎汁候温灌服，每天1剂，连服2天。

方7 秦艽50g，瞿麦、车前子、炒蒲黄、焦山楂各40g，当归、赤芍各35g，阿胶25g，共研末，水调灌服。用于出血性膀胱炎。

方8 黄芩、栀子、知母、甘草、黄柏各20g，木通、车前、猪苓各15g，煎服。

方9 海金沙、车前、萹蓄各25g，煎服。

方10 柳树皮、车前草各适量，煎服。

方11 萹蓄、苧麻根、大黄、栀子、瞿麦、西瓜各50g，煎服。

方12 白针疗法。主穴为断血、肾门、涌泉、滴水，配穴为百会、开风；也可以肾门、百会、阳明为主穴，大椎、尾本、玉堂、山根、三里、尾尖为配穴。

【预防】建立严格的卫生管理制度，防止病原微生物的侵袭和感染；导尿或膀胱镜检查时，应严格消毒和动作轻柔；及时治疗泌尿生殖器官的原发性疾病；保证饲料营养全价，防止饲料发霉。

十八、肾炎

肾炎是指肾小球、肾小管或肾间质组织发生炎症的病理过程。临床上以全身水肿，肾区敏感与疼痛，尿量改变及尿液中含多量肾上皮细胞和各种管型为特征。

【病因】肾炎的发生主要与感染、毒物刺激和变态反应有关。主要见于感染性疾病过程中，如炭疽、口蹄疫、结核、传染性胸膜肺炎、猪的败血性链球菌、猪瘟、猪丹毒等病；毒物或毒素的作用，如有毒植物，霉败变质的饲料，被农药和重金属（如砷、汞、铅、镉、钼等）污染的饲料及饮水或误食有强烈刺激性的药物（如斑蝥，松节油等），重剧性胃肠炎、代谢病以及大面积烧伤等疾病中所产生的毒素和组织分解产物等；某些药物如二甲氧青霉素、氨基苄青霉素、先锋霉素、噻嗪类及磺胺类药物等引起肾间质发生变态反应。此外，受寒感冒、过劳、营养不良等也是诱因。

【症状与病变】急性肾炎病猪食欲减退，精神沉郁，消化不良，体温微升；肾区疼痛，不愿行动；站立时腰背拱起，后肢叉开或齐收腹下，强迫行走时，后肢僵硬，步样强拘，侧转困难；尿频，但尿量较少，尿色浓暗，密度高，重者有血尿甚或无尿。重症病例，眼睑、颌下、胸腹下、阴囊部等处发生水肿，后期出现尿毒症、呼吸困难、嗜睡甚或昏迷。眼观病变为肾脏轻度肿大、充血、质地柔软、被膜紧张且容易剥离。慢性肾炎，可见消瘦、贫血、尿量不定、肾性高血压和水肿等症状；眼观可见肾脏体积增大、色苍白，晚期可见肾脏缩小和纤维化。

【辨证】下焦湿热或肾虚水泛。

【治疗】治宜消除病因，对症消炎，清热利湿消肿。

方1　消除炎症、控制感染。一般按每千克体重2万～3万单位肌内注射青霉素，每日3～4次，连用1周；其次可用链霉素，诺氟沙星，环丙沙星合并使用可提高疗效。抑制免疫反应多采用激素治疗，一般选用氢化可的松注射液20～80mg，肌内注射或静脉注射，每日1次；亦可选用地塞米松注射液5～10mg，肌内注射或静脉注射，每日1次。为促进排尿，减轻或消除水肿，可选用双氢克尿噻

0.05～0.2g，加水适量内服，每日1次，连用3～5天。

方2 秦艽散加减：秦艽50g，瞿麦、车前子、炒蒲黄、焦山楂各40g，当归、赤芍各35g，阿胶25g，共研末，水调1次灌服。用于急性肾炎。

方3 平胃散合“五皮饮”加减：苍术、厚朴、陈皮各60g，泽泻45g，大腹皮、茯苓皮、生姜皮各30g，水煎1次灌服。用于慢性肾炎。

方4 玉米须50～100g，红糖200g，水煎1次灌服。常用于治疗肾炎水肿。

方5 木通10g，车前草、滑石、金银花、白芍各30g，萹蓄15g，栀子、黄芩、大黄、黄柏各12g，甘草6g，水煎1次灌服，每日1剂。用于急性肾盂肾炎的热淋症。

方6 黄芪、车前草、野菊花各30g，灵芝、山药各20g，麦冬、生地黄、茯苓、地骨皮各15g，黄芩10g，水煎1次灌服，每日1剂。用于非急性发作的气阴虚肾盂肾炎。

方7 黄连、生地黄、黄芩、茯苓、甘草各20g，木通、栀子、泽泻、滑石、白芍各15g。煎汤服。

方8 党参、焦白术、陈皮、枳壳、茯苓、元柏各25g，黄芪50g，元参、甘草、知母、木通各15g，研末，开水冲喂。

方9 白针疗法。主穴为断血、肾门、涌泉、滴水，配穴为百会、开风；也可以肾门、百会、阳明为主穴，大椎、尾本、玉堂、山根、三里、尾尖为配穴。

【预防】加强饲养管理，防止受寒、感冒，以减少病原微生物的侵袭和感染；注意饲养，确保饲料的质量，禁止喂发霉变质的、有刺激性气味的饲料，以防中毒；及早治疗原发性疾病。

第二节 猪常见营养代谢病的土法良方

一、异食癖

异食癖又叫异嗜癖，是由于营养缺乏引起代谢功能紊乱或消化机能和神经紊乱导致味觉不正常的一种慢性疾病。其特征是食欲反常，专嗜食或咀嚼平时不吃的各种异物。本病多见于怀孕前期或产后初期母猪，其他猪只也可发生。

【病因】多因饲料单一，缺乏蛋白质、维生素、钴、硒等，或钙磷比例失调所致；此外，胃肠疾病、某些寄生虫病时也可出现异食现象。

【症状与病变】病初食欲减少，粪便干或稀；继之则喜食泥土、石灰、砖块、粪便、破布或带有咸味的异物等，有的品种猪互相啃咬耳朵或尾巴；怀孕母猪可见流产，产后母猪泌乳减少、食胎衣或仔猪；病猪逐渐消瘦，拱背，磨牙，发育迟缓，重者衰竭死亡。

【辨证】气血虚弱。

【治疗】治宜补养气血、健脾消食。根据病因和症状轻重分别对待，及时治疗原发病。

方1 碳酸氢钠、食盐、人工盐等各10～30g混匀，加入饲料中饲喂。用于治疗无骨软症、佝偻症并发的单纯性异食癖。

方2 骨粉1000g，磷酸二氢钠125g，混合后按2%的比例加入饲料中，同时按每100kg饲料添加维生素A 50万单位、维生素D_3 10万单位（或每头猪每天服鱼肝油10～15mL）饲喂。用于治疗并发骨软症、佝偻症的异食癖。

方3 炒山楂、炒神曲、麦芽各20g，敌百虫每千克体重125mg，共为细末，拌料喂服。用于治疗寄生虫引起的异食癖。

方4 姜粉、磷酸氢钙各25g，小茴香15g，小苏打10g，加水1次喂服，每日1次，同时补充混有鱼粉、血粉或肉骨粉等的饲料。用于治疗嗜食鸡粪的病猪。

方5 鱼粉60g，麦芽40g，骨粉30g，山楂20g，食盐5g，共研细末，混饲1日饲喂，连服20天为1疗程。适用于啃食毛骨等异物。

方6 芒硝30g，灶心土20g，草木炭8g，研末开水冲调，候温加鸡蛋2个，1次灌服。适用于异食啃墙癖。

方7 生长素30g，龙骨、牡蛎各20g，白术、苍术、山楂、党参各15g，当归、首乌各10g，狗骨头炭适量，共研末，混料分6次饲喂，每次40～50g，每天2次。

方8 自制血粉（将牲畜血液拌入适量麸皮，拌成颗粒状，晒干）100g，苍术 90g，牡蛎粉、骨粉各 60g，槟榔 50g，苏打粉、炒食盐各 40g，共为细末，分 10 天喂完，每天 40～50g，分 2～3 次混于料中饲喂。

方 9 猪毛，烧成灰，混食或混饮。

方 10 电针疗法。取交巢穴为主，配六脉（任一侧中穴）、三里（任一侧）。

方 11 水针疗法。选抢风、百会、后三里等穴。注射 10%葡萄糖酸钙 20～30mL 或维丁胶性钙注射液 0.125mg。也可用维生素 AD 合剂 2～4mL。隔日 1 次，连续 2～3 日。

方 12 白针疗法。参见佝偻病。

【预防】 正确搭配日粮，给予全价饲料；补充维生素、微量元素，保持钙磷适当的比例；定期驱虫；妊娠母猪要多喂给蛋白质饲料，以满足胎儿生长发育的需要；在冬季尽可能让病猪多晒太阳，以促进体内维生素 D 的合成；发现病猪，应立即隔离，防止其他猪模仿，及时淘汰有严重食仔恶癖的母猪和有咬尾、啃耳恶癖的仔猪。

二、食仔猪癖

食仔猪癖是母猪在分娩后或分娩时，吃自己产出的仔猪或寄养仔猪。一般多见于初产母猪。

【病因】 猪食仔猪癖的主要原因有：母猪分娩后未能及时处理胎衣和污染物等，致使母猪舔食；怀孕母猪严重缺乏某些矿物质和维生素，或饲料中没有足够的蛋白质，或妊娠期喂以厨房剩余的含有肉的饭菜；由于母猪的乳房疾病，如缺乳、乳房疼痛、对哺乳感到异常过敏或兴奋所致；寄养仔猪未经适宜的处理；母猪初配过早；个别母猪先天性恶癖。

【症状与病变】 分娩母猪不安，分娩时不断起卧，有的尚未分娩完毕就自食其仔猪，边产边吃，结果产完吃绝，一窝仔猪全部吃掉。有时吞食寄养的仔猪或窜窝的仔猪。

【辨证】 气血虚弱或心神受扰。

【治疗】 治疗宜对症施治、补气养血、安神养心。

方 1 黎芦素 0.003～0.005g，皮下注射；或吐根 0.5～1.0g，内服，用于已食入了仔猪的母猪，以催吐，保护剩余的仔猪。

方2　催产素10U/50kg体重，皮下或肌内注射，用于患有恶癖史的母猪。在母猪分娩破水后，立即注射，缩短分娩时间，促进排乳。

方3　河虾或小鱼100～300g煮汤饮服，每日1次，连用数日。

方4　母猪鬃毛100g，将毛烧灰，调水灌服，每天1次，连用数日。

方5　自制血粉100g，苍术90g，牡蛎粉、骨粉各60g，槟榔50g，苏打粉、炒食盐各40g，共为细末，每天40～50g，分2～3次混于料中饲喂，连续10天。

【预防】母猪妊娠期间，要保证补给必要的矿物质和维生素饲料，满足母猪蛋白质的需要量，妊娠后期禁喂食厨房残渣剩饭。要加强母猪产前的调教和护理，如产前几天要按摩母猪的乳房，防止产后触及乳房而受惊；在产前供给充足的清洁饮水，并喂服加少量食盐的温麸皮汤。母猪分娩时应加强管理，特别对初产母猪，应安排人员监视分娩，随时将所产的仔猪隔离，定时哺乳，或在仔猪身上涂擦煤油、母猪乳汁、尿液等以防母猪吃仔。提供安静的、光线适宜的分娩环境，严禁陌生人员入舍或多人围观、大声喧哗等，尽量减少各种应激因素。对寄养仔猪要严格处理，用代哺母猪的胎衣或羊水涂擦在寄养仔猪身上，或事先与代哺母猪的仔猪混到一起，让其互相接触一段时间，以确保寄养成功。对患有恶癖史的母猪最好淘汰。母猪初配不宜过早。

三、维生素A缺乏症

维生素A缺乏症又称“仔猪舞蹈症”，是由于日粮中维生素A、胡萝卜素缺乏或不足或消化吸收障碍所引起的代谢病。临床上以生长缓慢、视觉异常、骨形成障碍、繁殖障碍、死胎、新生仔猪畸形以及机体免疫力降低、消化器官黏膜损伤为特征。常发于冬末春初青绿饲料缺乏时，仔猪及育肥猪易发。

【病因】常因饲料单一、缺少青绿饲料，或配合日粮中维生素A的添加量不足，或饲料遭受日光曝晒、酸败、氧化等破坏，或胡萝卜素摄入不足等均可导致猪体内维生素A缺乏；或消化吸收机能障碍，如胆汁或胰液分泌障碍、慢性肠炎等时，导致肠道不能吸收维生素A。

【症状与病变】患病仔猪皮肤粗糙、皮屑增多，咳嗽，下痢，生长发育缓慢等；严重病例则神经紊乱，听觉迟钝，视力减弱、干眼，步态不稳、痉挛、运动失调，甚至后躯麻痹；呼吸器官、泌尿器官及消化器官的黏膜常有不同程度的炎症或角化。母猪则易流产、死胎，或产出的仔猪瞎眼或眼畸形、体质弱、易死亡。公猪性欲下降或精子活力降低以及排死精。

【辨证】肝血不足。

【治疗】治宜对症施治、补养气血。

方1 鱼肝油10～15mL，拌料饲喂，或用精制鱼肝油5～10mL，分数次肌内注射，连用5～6天；对未开食的乳猪每天分2次灌服鱼肝油2～5mL，连用6～10天。

方2 维生素AD合剂1～2mL，每天分2次肌内注射，连用6～10天。

方3 苍术25g，研成细末，拌入少量精料中喂母猪，每天1次，连续用药7～10天。用于哺乳仔猪维生素A缺乏症。

方4 南瓜30份，胡萝卜20份，茶叶1份，共捣碎烂，每次200～300g混饲。

方5 胡萝卜150g，韭菜120g，1次混料饲喂，每日1次。

方6 羊肝150g，苍术5g，共同捣烂，开水冲调，1次内服。治夜盲眵多。

方7 党参、黄芪、熟地黄、焦白术、甘草各25g，水煎1次喂服。

方8 苍术25g，菊花20g，研末分2次拌食中喂服，每日1剂。

方9 远志5g，菊花10g，防风5g，甘草10g，薄荷10g，煎水服。

方10 水针疗法。选脾俞、肝俞、抢风、百会、后三里等穴。轮流任选2穴，分别注射维生素A注射液25万单位，隔日1次，连续2～3日。

方11 白针疗法。主穴脾俞、肝俞，配穴耳尖、尾尖、玉堂、八字；或以涌泉、玉堂、三里、脾俞为主穴，配穴为山根、尾尖、肝俞。

【预防】 预防本病重在保证饲料中含有充足的维生素A或胡萝卜素，多喂青绿饲料、胡萝卜等富含维生素A原的饲料，消除影响维生素A吸收利用的不利因素，也可在饲料中添加复合维生素及多维钙片；防止青饲料日光暴晒和霉变；饲料的贮藏时间不宜过长；经常将苍术、土党参、土人参各等份，混合研末，每日20～50g，拌入料中饲喂；在产前4～6周给妊娠母猪鱼肝油或维生素A浓缩油剂，可有效预防仔猪维生素A缺乏症。

四、维生素B缺乏症

维生素B缺乏症是由B族维生素缺乏引起的多种疾病的总称。B族维生素包括维生素B_1、维生素B_2、维生素B_3、维生素B_6、维生素B_7、叶酸、维生素B_{12}、维生素PP、肌醇和胆碱等。B族维生素水溶性很强，易通过尿液排泄丧失，很少或几乎不能在猪体内贮存，因此，饲料中B族维生素短期缺乏或不足就足以使相应的代谢过程发生障碍，引起发病。

【病因】 长期饲喂单一的农家饲料，如玉米，极易引起烟酸、泛酸、维生素B_1、维生素B_2等B族维生素的缺乏；或对饲料进行加热和碱处理，或饲料长期被日光曝晒，使维生素B被破坏；动物患慢性胃肠炎或患有高热等消耗性疾病时，B族维生素吸收减少、消耗增加；长期、大量应用抗生素等能抑制维生素B的合成；妊娠、哺乳期母猪对维生素B需求增加，而未能及时补充；初乳、母乳中维生素B含量不足或缺乏也易引起仔猪维生素B缺乏症。

【症状与病变】 因B族维生素种类较多，功能各异。因此，缺乏时，会产生多种不同病症。维生素B_1（硫胺素）缺乏时，出现多发性神经炎，病猪表现食欲减退，生长发育不良，严重时可呕吐、腹泻，易疲劳、心跳加快，皮肤及黏膜发绀，突然死亡。维生素B_2（核黄素）缺乏时，病猪生长缓慢，四肢弯曲强直，皮肤发生疹块、鳞屑性皮炎和溃疡、肥厚，易脱毛，呕吐，白内障，有的影响母猪的生殖和泌乳功能。维生素B_3（泛酸）缺乏时，病猪食欲不振，生长不良，脱毛，运动失调或鹅步样行走，腹泻，咳嗽，母猪的生殖和泌乳机能都可遭损害，尸检时可见结肠充血、水肿和炎症。胆碱（维生素B_4）缺乏时，猪生长缓慢，被毛粗糙，衰弱乏力，共济失调，跗关节肿胀并有压痛感，肩部轮廓异常，有的仔猪先天性肢外张（八字腿）等，因肝脂肪变性常引起消化不良，死亡率较高。维生素 PP（烟酸）缺乏时，病猪表现食欲不振，消瘦，严重腹泻，皮炎，有的呈现神症状，贫血，甚至死亡，剖解见结肠和盲肠壁增厚、变脆、肠道黏膜变色、肠系膜淋巴结水肿。维生素 B_6（吡哆醇）缺乏时，病猪生长停滞，蛋白质沉积率降低，运动失调，在癫痫样抽搐之前，猪常表现激动和神经质，小红细胞性低色素性贫血，出现多染性红细胞和有核红细胞以及骨髓增生，肝脂肪浸润。维生素 B_7（生物素）缺乏时，病猪大量脱毛，皮炎，眼周围有分泌物，口黏膜炎症，后腿痉挛，蹄壳开裂，仔猪个体变小。维生素 B_{11}（叶酸）缺乏时，病猪发育不良，机体衰竭，腹泻，巨幼红细胞性贫血，毛发褪色，母猪产仔数少。维生素 B_{12} 缺乏时，病猪呈恶性贫血，消瘦虚弱，母猪产仔数较少，仔猪初生体重变小、过敏、被毛粗乱、皮肤黏膜苍白，尸检时可发现肝细胞坏死以及脂肪肝。

【辨证】血虚生风。

【治疗】根据病因对症施治、养血祛风。

方 1　维生素 B_1 缺乏症。一般应用维生素 B_1 制剂按每千克体重 0.25～0.5mg，口服或肌肉、静脉注射。若配合应用其他 B 族维生素如 B_2、维生素 B_6 或维生素 PP 等可增强疗效。

方 2　维生素 B_2 缺乏症。应用维生素 B_2 注射液制剂按每千克体重 0.1～0.2mg，皮下或肌内，疗程为 7～10 天；或混于饲料中饲喂，大猪 50～70mg，仔猪 5～6mg，每天 1 次，连用 8～15 天。同时给予饲用酵母，仔猪 10～20g，育成猪 30～60g，口服，每日 2 次，连用 7～15 天；或复合维生素 B 2～6mL，每日 1 次。

方 3　泛酸（维生素 B_3）缺乏症。可口服或注射泛酸制剂，在饲料中补充泛酸钙，以维持疗效。若同时给予维生素 B_{12} 可以提高疗效。

方 4　胆碱（维生素 B_4）缺乏症。通常应用氯化胆碱，内服或与饲料混饲，一般每吨按 1～1.5kg 添加。

方 5　维生素 PP 缺乏症。每 100kg 饲料中添加烟酸 5g，连用 3 周，另每天每头加 1kg 红薯藤。对重症病猪除采用上法外，还肌内注射烟酸胺 400mg，口服酵母 9g，每天 1 次，连用 4～5 天。

方6 生物素（维生素 B_7）缺乏症。可肌内注射生物素1.0～2.0mg。

方7 叶酸（维生素 B_{11}）缺乏症。临床上按每千克体重应用叶酸制剂0.1～0.2mg，每日2次内服或1次肌内注射，连用5～10天。同时给予维生素C或维生素 B_{12} 制剂，以减少叶酸消耗，提高疗效。

方8 维生素 B_{12}（氰钴胺）缺乏症。临床上常肌内注射维生素 B_{12} 注射液，大猪0.3～0.4mg，仔猪20～30μg，每日或隔日1次。对贫血严重的病猪，还可应用葡聚糖铁钴注射液，叶酸或维生素C等制剂。

【预防】在配制日粮时，应配合富有维生素B类的糠麸及青绿饲料；或在料中添加复合维生素等预混剂，且添加量应是需要量的几倍，防止维生素B在贮存过程中被破坏。

五、维生素E缺乏症

维生素E（生育酚）缺乏症是指动物体内维生素E缺乏或不足引起的临床上以肌营养不良（幼年动物）和繁殖障碍（成年动物）为特征的一种营养代谢病。仔猪多发，但往往与微量元素硒缺乏症并发，统称为硒-维生素E缺乏症。

【病因】主重是饲料本身维生素不足（如稿秆、块根饲料）或由于加工贮存不当造成维生素E破坏；长期饲喂含大量不饱和脂肪酸（亚油酸、花生四烯酸等），或酸败的脂肪类以及霉变的饲料、腐败的鱼粉等，促使维生素E的氧化和耗尽；胃肠、肝胆疾病可造成维生素E吸收障碍；日粮中含硫氨基酸、微量元素缺乏或维生素A含量过高，可促进维生素E缺乏症的发生；动物在生长发育、妊娠泌乳、应激状态时，对维生素E的需要量增加，而未能及时补充，也可能导致维生素E缺乏症。

【症状与病变】临床上主要表现为食欲下降，呕吐，腹泻，喜卧，运步强拘或跛行，后躯瘫痪；耳后、背腰、会阴部出现淤血斑，腹下水肿；心率加快，节律不齐，心音浑浊，有时呼吸困难；病程较长者，生长发育缓慢，消瘦贫血，皮肤黄染。公猪精子生成障碍，母猪受胎率下降、流产乃至不孕。饲喂鱼粉的猪，还可见到黄脂症状。

【辨证】脾虚湿困。

【治疗】 治宜健脾利湿、补充维生素E和微量元素硒制剂。

方1 醋酸生育酚，仔猪0.1～0.5g，皮下或肌内注射；同时注射0.1%亚硒酸钠注射液，10日龄以内仔猪1mL，10～20日龄2mL，20日龄以上3mL，母猪10mL。连用5～10天。

方2 在饲料中按每千克饲料添加醋酸维生素E粉5～20mg，同时在饲料中添加亚硒酸钠使饲料中含硒量为每千克饲料0.1～0.15mg为宜。

【预防】 加强饲养管理，饲喂营养全面的全价日粮；避免使用劣质、陈旧或霉变的饲草料，尤其是变质的油脂；长期贮存的谷物或饲料应添加抗氧化剂；避免日粮中维生素A等物质过多；妊娠母畜在分娩前4～8周，或幼畜出生后，应用维生素E或硒制剂进行预防注射。

六、维生素K缺乏症

维生素K缺乏症是指猪体内维生素K缺乏或不足引起的一种以凝血酶原和凝血因子减少，血液凝固过程发生障碍，凝血时间延长，易于出血的一种营养代谢病。临床上以凝血时间延长、出血、甚至贫血为特征。

【病因】 主要因饲料中维生素K缺乏，或饲料中存在维生素K拮抗物质而降低了其活性；日粮中其他脂溶性维生素过高或胃肠疾病、肝胆疾病时，均可影响维生素K的吸收；长期过量用广谱抗生素或长期用防球虫的药物磺胺喹噁啉等，可引起维生素K的缺乏。

【症状与病变】 仔猪易患本病。临床表现被毛粗乱、消瘦、贫血、食欲减退，尤其表现为感觉过敏，似神经质样，凝血时间显著延长，皮肤破损后，常流血不止。剖检主要见胃肠道黏膜出血。

【辨证】 脾不统血。

【治疗】 治宜健脾、补充维生素K制剂。

方1 维生素K_1或维生素K_3注射液10～30mg，肌内或皮下注射，每日1次，连用3～5天。同时给予适当的钙剂，效果更佳。

方2 在日粮中按每千克饲料添加3～8mg维生素K_3饲喂，持续数日。有吸收障碍者，需同时服用胆盐。

【预防】 应供给富含维生素K的饲料，如多饲喂青绿饲料；冬季应在日粮中适当添加维生素 K；改单一料为配合料喂猪；严禁长期滥用磺胺和广谱抗生素；及时治疗胃肠道和肝胆的原发病。

七、仔猪营养性贫血

仔猪营养性贫血是指 15～30 日龄哺乳仔猪所发生的一种营养代谢病，主要因体内缺铁、钴、铜所致。

【病因】 主要因饲料中缺铁、钴或铜；或饲料中存在一些拮抗因子而抑制机体对铁、钴、铜的吸收；猪舍饲养条件的限制，如猪舍为木板或水泥地面，而未采取补铁措施等；胃肠道疾病影响机体对铁、钴、铜等的吸收。

【症状与病变】 病猪精神沉郁，食欲减退，营养不良，被毛逆立，体温不高，可视黏膜呈淡蔷薇色，轻度黄染，严重病例黏膜苍白如白瓷；病猪呼吸、脉搏均加快，可听到贫血性心内杂音，稍加运动则心悸亢进，喘息不止；有的仔猪外观很肥，生长发育也较快，可在奔跑中突然死亡。剖检见典型的贫血变化，血液稀薄如红墨水、肌肉颜色变淡、心脏扩张且质松软、肺水肿、肝肿大、肾实质变性、胸腹腔内常有积液。

【辨证】 心血不足。

【治疗】 治宜查明病因，补养气血、针对治疗。

方 1　硫酸亚铁 100g，硫酸铜 20g，磨碎混在 5kg 细砂中，撒在猪栏内，任猪啃食。或用硫酸亚铁 21g，硫酸铜 7g，溶于 1000mL 水中，过滤取汁，每头仔猪灌服 4mL，或放在饲料、饮水中服用。同时，用维生素 B_{12} 注射液 300～400μg，肌内注射，每天 1 次或隔日 1 次。

方 2　葡聚糖铁钴注射液，深层肌内注射，4～10 日龄仔猪每次 2mL，重症者隔 2 日重复 1 次。

方 3　硫酸亚铁 2.5g，氯化钴 2.5g，硫酸铜 1g，常水加至500～1000mL，混合后用纱布过滤，取汁涂在母猪乳头上，或混于饮水中或掺入代乳料中，让仔猪自饮、自食。适用于大群猪场。

方 4　龟板 45g，阿胶、当归、山药各 30g，生地黄、熟地黄、首乌、枸杞子、女贞子、旱莲草各 24g，水煎取汁，候温灌服。用于治疗猪肝肾阴虚性贫血。

方5 黄芪60g，熟地黄、当归、党参各30g，白术、白芍、茯苓各24g，川芎、炙甘草各15g。上药混合，水煎取汁，候温灌服。用于气血两虚性贫血。

方6 何首乌、菟丝子、党参、补骨脂、黄芪、枸杞子各45g，生地黄、当归、肉苁蓉、阿胶（后下）、熟地黄各30g，肉桂20g，甘草10g，水煎取汁，加阿胶（烊化），候温灌服。用于脾肾阳虚性贫血。

方7 黄芪、龙胆、苍术各20g，甘草、生地黄、茵陈各25g，党参15g。煎汤服。

方8 党参、白术、茯苓、属地、神曲、厚朴、山楂各15g，煎水服。

方9 当归50g，红参5g，白术25g，生地黄25g，煎水服。

方10 白针或血针疗法。主穴选肝俞、三里、涌泉，副穴选山根、玉堂、蹄叉。

【预防】 预防本病必须加强饲养管理，注意保暖和消毒，防止疾病的发生；注意供给全价饲料，饲料配比应合理；母猪要投予蛋白质、矿物质和维生素等营养充足的饲料，并适当运动和光照；在猪舍内放置红土或深层干燥泥土，任猪自由拱食；仔猪出生后2～4日1次性深部肌注元亨牲血素1mL，或将0.25%硫酸铁和0.01%硫酸铜的混合溶液滴在母猪乳头上，让仔猪随奶吸食；对仔猪尽早补饲；保证断奶仔猪饲料营养全面充足。

八、佝偻病

佝偻病是由于饲料中钙、磷和维生素D缺乏或对钙、磷吸收障碍而引起幼龄仔猪骨钙化不全的一种骨营养不良代谢性疾病。本病只见于幼龄仔猪。

【病因】 主要原因是妊娠母猪体内钙、磷或维生素D缺乏；仔猪在发育时期，因饲料配合不当，钙、磷含量不足或比例失调，特别是维生素D缺乏；猪长期未受日光照射，致使猪皮肤中维生素D不能形成，或胃肠病、寄生虫病、先天发育不良等，都能影响猪体对钙、磷的吸收。

【症状与病变】 典型症状是跛行，运步不灵活。常见精神不振，消瘦、贫血，食欲减退、消化不良等症状。后期病猪发育停止，骨骼变形（脊椎凹陷或凸起、四肢弯曲），骨质变脆。

【辨证】心阴血不足。

【治疗】治宜补气养血。首先调整日粮组成，补充钙、磷和维生素D，加强护理。

方1 炒神曲150g，骨粉80g，生牡蛎、炒食盐各40g，共研末，拌料饲喂。

方2 生牡蛎、猪头盖骨各40g，鱼肝油35g，乳香、没药、益智仁各15g。共研末，拌料饲喂。小猪分10次喂完，母猪分2次内服。

方3 熟地黄、山药、白术、陈皮、甘草、厚朴各20g，何首乌、党参各15g，水煎供30kg体重的猪只1次灌服。

方4 骨粉或蛋壳粉，50～100g拌料饲喂，同时配合肌内注射维生素AD合剂2～4mL。

方5 甘草20g，牡蛎、龙骨粉各18g，何首乌、牛膝各15g，蚌粉、石决明、杜仲、续断、骨碎补各10g，秦艽8g，共研细末，分2次拌入料内，让猪自食。

方6 骨粉70%，小麦麸18%，淫羊藿1.5%，五加皮1.5%，茯苓2.5%，白芍2.5%，苍术1.5%，大黄2.5%。将中药混合粉碎为末，加入骨粉和小麦麸混匀，每日30～50g，分2次拌料喂服，连用1周。

方7 益智仁30g，五味子、当归、肉桂、白术各24g，厚朴、肉豆蔻各21g，陈皮18g，川芎、白芍、槟榔片、甘草各15g。各药混合，共粉碎为末，开水冲泡，候温灌服。

方8 蛋壳500g，研末混食喂母猪。

方9 维丁胶性钙注射液0.2～0.3mg，肌内注射，隔日1次，连用2～3次。

方10 水针疗法。选抢风、百会、后三里等穴。注射10%葡萄糖酸钙20～30mL或维丁胶性钙注射液0.25mg。也可用维生素AD合剂2～4mL。隔日1次，连续2～3日。

方11 白针或血针疗法。以涌泉、玉堂、三里、脾俞为主穴，配穴为山根、尾尖、肝俞。

【预防】本病重在预防。首先要加强饲养管理，合理搭配饲料，严禁长期喂给单一饲料，多给予含钙磷和维生素D丰富的饲料及青绿饲料；保证光照和户外运动，保持猪舍的温暖、清洁；消除影响钙、磷吸收的因素。孕猪怀孕后期和哺乳期，应适当加辅助料，如鱼粉，蚌壳粉或鱼肝油等。

九、僵猪

僵猪又名铁猪、老伙猪、落脚猪，指在生长发育的某一阶段，因受到某些不利因素的影响，而使生长发育缓慢或停滞的猪。临床以生长迟缓或停滞为特征。常见的僵猪可分胎僵、奶僵、食僵和病僵四型。

【病因】胎僵由近亲繁殖、母猪年龄过大或过早交配而致；奶僵因母猪怀孕后期营养不足，产后护理不当，泌乳不足而致；食僵为仔猪断奶后饲料单一、营养缺乏、饲喂霉变及品质不良的饲料所致；病僵为多种寄生虫病侵袭消耗营养，或某些慢性消耗性疾病，如黄白痢、副伤寒、温和性猪瘟等和贫血而致；此外，环境不良也能形成僵猪。

【症状与病变】病猪多见食欲下降，精神不佳，行动迟缓，怕冷、喜钻草堆；消化不良，便秘与腹泻交替出现；弓背吊肚，头大、肚圆而形体消瘦，皮毛粗乱；黏膜苍白，严重贫血。

【辨证】气血虚弱，脾失健运。

【治疗】应根据病因而审因施治，配合使用补气养血、健脾开胃中药。

方1 驱虫健胃，配合中药。先用左旋咪唑驱虫按每千克体重10mg的剂量混饲喂服，第3天用小苏打片15g于早晨空腹时拌入料中饲喂以洗胃，第5天按每10kg体重用大黄苏打片2片的剂量分3次拌入饲料中喂服以健胃。同时再配合中药治疗。枳实、厚朴、大黄、苍术、甘草各50g，硫酸锌、硫酸亚铁、硫酸铜各5g，混合研细末，按每千克体重0.3～0.5g喂服，每日2次，连用3～5日；或骨粉100g，蛋壳粉50g，苍术、松针粉各20～30g，磷酸氢钙10～20g，食盐5～10g，研末混匀，分3次拌料喂服。

方2 党参、土炒白术各24g，茯苓、山药各20g，炒扁豆、陈皮、麦芽各15g，肉桂、炙甘草各12g（60～80kg体重猪只用量），共研细末，掺入少量精料，开水冲调，候温喂服，早、晚各服1次，隔日1剂，连服5～7剂。用于治疗营养不良引起的僵猪。对一些慢性病引起的僵猪，在对症治疗后再用上方；而对寄生虫引起的僵猪，于驱虫后第3天用上方治疗。

方3 黄精25g、石菖蒲20g、苦参15g，煎汤连渣灌服体重25kg的猪只，或将上药加入饲料中煮喂，每天1次，连服10天为1疗程。用于体亏脏虚引起的发育不良。

方4 槟榔40g，青皮、陈皮、白术、连翘各20g，枳实15g，大黄10g，水煎取汁服用，每天1剂。用于消化不良的僵猪。

方5 苍术、干酵母各50g，松针叶、侧柏叶、蛤蟆皮、陈皮各30g，磷酸氢钙、食盐各10g，共为细末，分早晚2次拌入饲料中喂服，连服5～7天。配合输血治疗。对血型相同猪按每千克体重5～12mL给僵猪输入抗凝无菌新鲜健康猪血液，必要时在半月后再输血1次。

方6 山楂、使君子各90g，神曲、麦芽、当归、黄芪各60g，槟榔45g，党参22g，共研末，供体重25kg的猪只1日拌料饲喂。如为虫僵，重用使君子、槟榔；若体质虚弱、消化不良者，重用黄芪、党参、山楂、麦芽、神曲。隔日1剂，连用3～5剂。

方7 炒黄豆250g，何首乌、贯众、鸡内金、炒神曲、苍耳子各60g，共研细末，分成15份，每天早上用1份拌食喂服。

方8 元明粉150g，石膏粉100g，麦芽60g，滑石、鱼粉、神曲各50g，焦山楂40g，混合研细末，先按每次30～50g喂服缓泻，每天2次，连用3天；大便正常后，减量为每次10g，连用10天。

方9 棉花根500g，水煎取汁，1天分数次服完，连用15～25天。

方10 血针疗法。取带脉、七星、涌泉、滴水、尾本等穴，用三棱针或眉刀放血，7～10天1次，连用2～3次。

【预防】 防止种猪近亲繁殖，种母猪初配不宜过早，淘汰老龄种母猪；母猪怀孕后期加强营养，产后加强护理，给仔猪固定奶头；仔猪断奶后，提供全价营养，禁喂变质或品质不良饲料；做好防疫灭病和驱虫工作；及时治疗消耗性、寄生虫性等原发病，并加强护理。

十、新生仔猪低血糖症

新生仔猪低血糖症又称“乳猪病”、“憔悴猪病”。是体内血糖过低引起的一种新生仔猪营养代谢病，临床上呈现虚弱，迟钝、惊厥、昏迷等神经症状，最后死亡。本病主要见于生后1～7日龄的仔猪，多发于冬春季节，病死率可达50%～100%。

【病因】仔猪吮不到母乳或吮乳少是引起本病的根本性因素。主要有妊娠母猪后期饲养管理不当、母猪患乳房炎等导致母猪产后乳汁少、无乳或乳质差，仔猪多而乳头少、仔猪弱小或生病等。此外，气候异常寒冷、舍温降低、猪只缺乏糖异生酶也可促发本病。

【症状与病变】一般多在生后第2天发病。病猪精神委顿，停止吮乳，虚弱，皮肤苍白，四肢无力，肌肉震颤，有的腹泻；严重者卧地不起，四肢呈游泳状或角弓反张，瞳孔散大，口吐白沫，体温下降，感觉迟钝或消失，昏迷不醒。病程一般不超过36小时，死亡率可达70%～90%。剖检见肝脏呈橘黄色，边缘锐利，质脆易碎；胆囊肿大；脾呈樱桃红，切面平整无血液渗出。肾脏淡土黄色，有散在红色出血点；发病仔猪体内血糖含量比健康仔猪低33～41倍，平均为26mg/100mL或更低（正常平均值为90～130mg/100mL）；血液非蛋白氮通常升高。

【辨证】气血亏虚。

【治疗】治宜消除病因，补气养血、补糖，镇静和改善饲养管理、加强护理。

方1 用5%或10%葡萄糖注射液20～40mL，腹腔或皮下分点注射，每隔4～8小时1次，连续2～3天。同时饮服5%葡萄糖氯化钠注射液200～300mL、白糖水（将白糖100g溶于500mL水）或口服补液盐。

方2 党参7g，当归、白术、白芍各5g，玄参、麦冬、茯苓各4g，砂仁、川芎、熟地黄、炙甘草各3g，共研细末，水煎供10只仔猪1天灌服。用于气血亏虚所致低血糖。

方3 三仙8g，党参、黄芪、当归各7g，炒白术、茯神各5g，川芎、酸枣仁、远志、姜枣、炙甘草各3g，肉桂1g，诸药研细末，水煎3次，去渣，浓缩加适量白砂糖配制成糖浆供10只仔猪1天灌服。用于心脾两虚所致的低血糖。

方4 党参、山药各7g，熟地黄、枸杞、山茱萸、茯苓、酸枣仁、石菖蒲各5g，淮牛膝、续断、柏子仁各3g，诸药水煎3次，去渣，加红糖供10只仔猪1天灌服。用于肝肾俱虚所致的低血糖。

方5 附片、煨豆莞各1g，甘草3g，女贞子4g，白术、当归、白芍、枸杞、补骨脂、桑椹、茯苓各5g，党参7g，诸药水煎，候温供10只仔猪1天灌服。用于脾肾阳虚所致的低血糖。

方6 蜂蜜2～5g，灌服，每天2次，连用1～2。

方7 鸡血藤50g，加水煎成50mL，加糖25g混匀，1次灌服，每天3次。

【预防】 预防本病重在保障妊娠母猪的营养供给，确保胎儿发育正常；母猪产后及时给予糖盐水和足够易消化营养物质，保证母乳充足；及时治疗母猪乳房炎和子宫内膜炎；给仔猪固定奶头，仔猪过多时进行人工哺乳或寄养；注意产房的防寒保暖、清洁卫生，加强产后养护。

十一、碘缺乏症

碘缺乏症是猪摄入碘不足引起的一种以甲状腺机能减退、甲状腺肿大、流产和死产为特征的一种营养代谢病，又称甲状腺肿。主要特征是患猪甲状腺的结缔组织增生，使腺体增大，最后因胶质与滤泡的挤压而引起腺组织萎缩。

【病因】 由于日粮及饮水中含碘量不足；碘量消耗过多；或因消化系统疾病影响碘的吸收；饲料中含有拮抗碘吸收和利用的物质，如硫氰酸盐、葡萄糖异硫氰酸盐、糖苷花生廿四烯苷及含氰糖苷等降低甲状腺聚碘的作用，硫脲及硫脲嘧啶可干扰酪氨酸碘化过程；或碘在消化道被破坏等。

【症状与病变】 母猪缺碘的症状一般不明显，有时可发现颈部较粗，被毛稀疏，甚至无毛，但常会引起胎儿碘缺乏症，产出无毛或毛稀少的仔猪，其活力很差，生长发育不良而成僵猪，也可引起死亡。患病的仔猪主要表现为消瘦、虚弱、被毛稀少、四肢弯曲、站立困难、不久瘫软、嘶叫、心跳加快、呼吸困难。检查可见甲状腺肿大。

【辨证】 气血亏虚。

【治疗】 治宜及时补碘。

方 1 仔猪每天随乳汁喂给碘酊 1～2 滴，或将碘酊涂在母猪乳头上任其自行舔食；或投给 0.25%碘化钾溶液 1 茶匙；或每 2 周在仔猪皮肤上涂碘酒 10mL。

方 2 每月在妊娠母猪饲料或饮水中加碘化钾 0.5～1g；或定期给怀孕母猪补喂海带，每次 0.5～1kg，煮汤，连渣喂给，每月服 2～3 次即可。

方 3 碘化钠或碘化钾 0.5～2g，内服，连用数日。

【预防】 应对母猪加强饲养管理，补喂碘制剂（碘化钾或碘酸钾）、含碘食盐，或者饲料中掺入海藻、海草类物质。

十二、硒缺乏症

硒缺乏症指猪体内硒缺乏或不足而引起的一种营养代谢病。本病多发生于 2～6 月龄的仔猪和生长猪，尤其断奶前后 5～10 天最易发病。仔猪主要临床表现为仔猪白肌病、桑葚心病和肝坏死等。有时也发生于妊娠后期的母猪，导致母猪早产、死产及流产。当饲料中硒含量低于 0.1mg/kg 时，即可引起猪发生上述疾病和病变。

【病因】 主要因日粮或饮水中硒缺乏或不足而引起发病；此外，因硒和维生素 E 有协同效应，所以当体内维生素 E 缺乏或不足时，也可促进猪硒缺乏症的发生。

【症状与病变】 猪硒缺乏症在临床上主要表现为如下疾病或病变。

仔猪白肌病 多发于 20 日龄左右的营养良好、身体健壮的仔猪，临床主要特征是肌肉迟缓无力，运动障碍，心脏功能不全及消化功能紊乱等；以骨骼肌和心肌等变性，肌肉呈现煮肉样或鱼肉样外观及肝脏变性坏死为主要病变。

猪桑葚心病 主要发生于 3～4 月龄体膘良好的小猪，最急性者，多不呈现症状突然死亡；病程稍长者精神沉郁，食欲废绝，运动失调，心跳加快，心律失常，呼吸迫促，皮肤发绀，肌肉颤抖，眼睑水肿，耳、会阴皮肤发生丹毒样疹块。剖检见心外膜和心肌广泛呈斑点或条纹状出血、外观形态和色彩似如紫红色桑葚，心包液浑浊、胸液为草黄色（暴露于空气中凝结成块）、腹腔液澄清，肺、肝、肾、胃、肠淤血水肿。

仔猪肝坏死 多发生于3周～4月龄的仔猪，急性病例多见于营养良好、生长迅速的仔猪，常突然发病死亡。慢性病例病程3～7天或更长，出现水肿、不食、呕吐、腹泻与便秘交替、运动障碍、抽搐、尖叫、呼吸困难、心跳加快；有的病猪呈现黄疸。剖检急性病例见肝脏呈紫黑色、肿大1～2倍、质脆易碎、呈豆腐渣样；慢性病例见肝脏表面凹凸不平、体积缩小，质地变硬。

妊娠后期的母猪缺硒，将导致母猪早产、死产及流产。

【辨证】心气血虚弱。

【治疗】治宜及时补硒和维生素E，配合中药补气养血。

方1 用0.1%亚硒酸钠注射液皮下或肌内注射，10日龄以内仔猪1mL，10～20日龄2mL，20日龄以上3mL，母猪10mL。同时配合肌注醋酸维生素E注射液100～500mg。严重者，间隔7天可重复注射用药1次。

方2 首乌、当归、肉苁蓉、菟丝子各15g，生地黄、熟地黄、枸杞子、女贞子各12g，甘草10g，水煎去渣，加阿胶15g烊化，灌服，每日1剂。

方3 麦芽、山楂各30g，黄芪20g，熟地黄、当归、枸杞子、首乌、白芍各15g，川芎、川断各12g，杜仲10g，水煎去渣，加阿胶12g烊化，灌服，每日1剂。

【预防】预防本病关键在于供给猪以全价营养日粮，对妊娠和哺乳母猪加强饲养管理，注意日粮营养的全面和合理搭配，必要时适当地补硒和维生素E。常发地区或可疑地区，除在饲料中添加硒和维生素E外，亦可预防性注射亚硒酸钠和维生素E制剂（稍低于治疗量）。

十三、锌缺乏症

猪锌缺乏症又称皮肤不全角化病，是体内锌缺乏或不足而引起的一种营养代谢病。临床主要以表皮增生和皮肤龟裂为特征。

【病因】饲料内含锌量不足或缺乏；或锌吸收受到影响，如饲料中存在影响锌吸收的物质（叶酸、高浓度钙、低浓度游离脂肪酸的存在）、肠道菌群改变以及细菌与病毒性肠道病原体等均可影响锌的吸收。此外，本病多发生于粉料饲喂的猪只。

【症状与病变】本病多发生于2～4月龄仔猪。食欲减退，精神萎顿，不愿走动；病猪先便秘后拉稀，粪便混有较多的黏液；猪腹下、背部、股内侧和肢关节等处的皮肤发生对称性红斑，很快表皮增厚、有裂隙和鳞屑而无痒感，常继发皮下脓肿；口腔黏膜苍白、增厚，似老茧样，舌面开裂，附着灰褐色痂膜，不易剥离。母猪产仔减少，公猪精液质量下降。

【辨证】肺虚毛燥。

【治疗】治疗宜对因施治、补气利湿。

方 1 硫酸锌或碳酸锌注射液，按每千克体重 2～4mg 剂量肌内注射，每天 1 次，10 天为 1 疗程。

方 2 内服硫酸锌，小猪 0.2～0.5g，大猪 1g。如有皮肤化脓破溃，可局部涂擦 1%龙胆紫或其他制菌油膏。

方 3 日粮中添加 0.02%的硫酸锌（也可用碳酸锌活氧化锌），对皮肤开裂严重的病猪，皮肤涂擦 10%氧化锌软膏。同时服用中药补锌汤：蒲公英、车前子各 300g，酸枣仁 240g，小蓟、侧柏籽各 200g，黄连 120g，水煎，供 60 头猪饮服，药渣捣碎拌入料中喂服，每日 1 剂，连服 4～5 剂。

方 4 党参、茯苓、山药、白扁豆、白术、莲子、薏苡仁、大枣各 80g，陈皮 50g，桔梗 30g，砂仁 15g，煎汁兑少量稀粥，供 8 头猪 1 日喂服，连服 3～5 天为 1 疗程。

【预防】预防本病首先要保证日粮中含有足够的锌，并适当限制钙的水平，使 Ca：Zn 保持在（100～150）：1，勿使 Ca：Zn 大于 150：1。日粮中含钙 0.4%～0.6%时，料中 50～60mg/kg 的锌可满足猪的营养需要。及时治疗影响锌吸收的肠道细菌性或病毒性疾病。

十四、铜缺乏症

铜缺乏症指猪体内铜缺乏或不足引起生长发育缓慢、下痢、贫血、被毛褪色、共济失调、骨和关节肿大等的一种营养代谢性疾病。临床上多发于生长发育期的仔猪。

【病因】主要是土壤中缺铜、饲料中含铜不足或缺铜所致；铜的吸收利用受到干扰，如饲料中存在干扰铜吸收利用的物质钼、硫等含量过大而降低铜的利用，或饲料中锌、铅、镉、银、镍、锰等含量过多而拮抗铜，或饲料中的植酸盐过高、维生素 C 摄食量过多等均能干扰铜的吸收利用。

【症状与病变】 病猪表现食欲减退或消失，生长发育缓慢，下痢，贫血，被毛脱色，运动不稳，喜啃泥土等异物；重者跗关节过度屈曲，呈犬坐姿势。剖检可见心肌萎缩、贫血，严重者动脉血管破裂等。

【辨证】 气血虚弱。

【治疗】 治宜对因施治。

方1　氯化钴和硫酸亚铁每千克体重各1g，硫酸铜0.5g，溶于1000mL升水中，供全窝仔猪内服。

方2　硫酸亚铁2.5g，硫酸铜1g，开水1000mL，混合后喂仔猪，或多次涂擦母猪奶头，有较好防治效果。

方3　硫酸铜按猪对铜的最小需要量（每千克干物质4～8mg）添加入饲料中；或将铜制剂直接加到矿物质补充剂，使矿物质补充剂硫酸铜含量达3%～5%。

【预防】 确保猪饲料中有足量的铜，如处在缺铜地区，应在饲料中添加硫酸铜；合理调配饲料，各种矿物元素比例要恰当；尽可能降低饲料中影响铜吸收利用的因子的干扰；每千克日粮添加蛋氨酸铜10mg亦可预防铜缺乏症。

第三节　猪常见中毒性疾病的土法良方

一、食盐中毒

猪摄入过多食盐或含盐量高的饲料而引起的中毒病。临床上以神经症状和一定的消化紊乱为特征。当猪的食盐摄入量超过2.2g/kg体重，就有引起中毒的危险性。

【病因】 日粮中含盐量过多或猪采食大量含盐量较高的酱渣、咸菜、咸肉卤、劣质咸鱼粉、饭店残羹泔水等，或直接食入大量食盐而饮水又不足引起中毒。食盐中毒的实质是钠离子中毒，因此在治疗猪某些疾病时给予过量的硫酸钠、乳酸钠等都有可能引起中毒。

【症状与病变】 急性中毒者肌肉颤抖，口吐白沫，磨牙，眼面部痉挛，眼球颤动，头后仰，心跳加快（80～100 次/分），呼吸困难，后肢麻痹，昏迷，瞳孔散大等症状，一般在 2 天内虚脱而死；慢性中毒者口渴贪饮、瘙痒，视觉减退或失明，磨牙、流涎，眼球下陷，头抵墙，转圈、直冲或呆立，便秘或下痢，最后瘫痪，一般 3～6 天死亡。剖检见胃肠黏膜充血、出血，胃底部更严重；肠系膜淋巴结充血、出血；肝肿大，质脆；脑充血、水肿。

【辨证】毒物所致肝风内动。

【治疗】治宜促进食盐排出、对症施治、祛风止痉、凉血解毒。

方 1 先内服 1%的硫酸铜 50～100mL 催吐，再内服白糖 150～200g 或面粉糊等黏浆剂 50～100g 保护胃肠黏膜；同时，10%～25%葡萄糖注射液 100～500mL、每千克体重 10%维生素 C 注射液 20～30mg、维生素 B_1 注射液 50～300mg，20%安钠咖 2.5～10mL，静脉注射。用于急性中毒病猪的催吐、泻下。

方 2 对症治疗。25%的山梨醇注射液或 50%的高渗葡萄糖注射液 50～100mL，静脉注射或腹腔注射，以缓解脑水肿；25%硫酸镁 10～30mL 或每千克体重 2.5%氯丙嗪 2～5mL，肌内注射以镇静解痉；10%樟脑磺酸钠注射液 5～10mL，皮下注射以强心；10%葡萄糖注射液 250mL、速尿 40mg，混合后静脉注射，每日 2 次，连用 3～5 次，以利尿。

方 3 甘草 50～100g，绿豆 250～300g，煎汤灌服；黄豆浸泡后磨浆灌服，体重 100kg 猪只用黄豆 750～1000g，仔猪酌减用量；也可用食醋 200mL 加水适量灌服。同时静脉或腹腔注射 5%葡萄糖液 100～300mL。

方 4 甘草 25～100g，绿豆 100～300g，生石膏 40～100g，天花粉 20～40g，扁蓄 20～50g，瞿麦 20～50g，大黄 20～40g（后下）。诸药水煎去渣，加白糖 100～200g，供 25～125kg 体重猪只自饮或灌服，每天 2 次，同时多饮清洁水。

方 5 取生葛根（新鲜）100～300g，茶叶 30～50g，加水1000～2000mL，煮沸 30 分钟，候温灌服；同时静脉注射 5%～10%葡萄糖注射液 500～1000mL。重者重复用药 2～3 次。

方 6 生石膏 25g，天花粉 25g，鲜芦根 35g，绿豆 40g，煎汤候温供体重 15kg 猪只 1 次灌服。

方 7 水针疗法。取天门穴，注射 2.5%盐酸氯丙嗪 2mL 或 10%樟脑磺酸钠 5mL；牙关紧闭而不能进食者取两侧锁口、牙关等穴，注射 0.5%普鲁卡因 10mL。

方 8 白针或血针疗法。取耳尖、尾尖、百会、天门、睛明等穴。

【预防】 预防本病需正确地饲喂食盐或在饲料中科学添加食盐（日粮中食盐量应控制在 0.3%～0.8%），并保证充足饮水；利用含食盐量高的咸菜、酱渣和泔水等饲喂时，应控制用量，并与其他饲料搭配；治疗疾病时，应根据猪只实际情况掌握好钠盐的用量和浓度。本病无特效疗法，发生中毒后，立即停喂原饲料，并小量多次饮水。

二、亚硝酸盐中毒

亚硝酸盐中毒又称高铁血红蛋白血症。指猪吃了含有亚硝酸盐的饲料、饮水或饱食堆积、焖煮的青饲料后引起的急性中毒，病猪全身缺氧，导致呼吸中枢麻痹，最终窒息死亡，俗称“猪饱潲瘟”、“猪烂菜叶中毒”。

【病因】 主要因含有硝酸盐的青饲料（白菜、甜菜、牛皮菜、包菜、南瓜藤等）堆积腐烂、煮时加盖没有煮透、煮后放置过久，使其中的硝酸盐转化为亚硝酸盐；误食了被亚硝酸盐污染的饲料、饮水等引起。

【症状与病变】 猪只常在饱食后 10～30 分钟突然发病，口吐白沫或呕吐，腹痛不安，呼吸困难，狂转乱跳或走路摇摆或抽搐，体温下降，倒地痉挛死亡；割断尾巴出血很少，血液凝固不良，呈酱油色。剖检见皮肤呈蓝紫色，血液凝固不良，呈酱油色，肺脏淤血，气管和支气管黏膜充血、出血，管腔内充满红色泡沫状液体，心外膜有出血点，肝脏和肾脏呈暗红色。

【辨证】 毒物所致气血淤滞。

【治疗】 治宜立即停喂有毒饲料，解毒和对症施治。

方 1 0.02%高锰酸钾液饮用，并投服适量的糖水、牛奶、蛋清等或按每千克体重内服食醋 2mL。用于症状较轻者。

方 2 解毒。猪先剪耳尖放血后，再用 1%美蓝溶液（1.0g 美蓝加乙醇 10mL，然后加蒸馏水至 100mL）按每千克体重 1～2mg/kg

体重静注或深部肌注；或每千克体重5%甲苯胺蓝5mg内服或静注、肌注或腹腔注射。后者疗效更高。同时，10%葡萄糖注射液300～500mL、10%维生素C 10～20mg/kg体重，1次静脉注射。心脏衰弱者，肌内或皮下注射10%的安钠咖3～10mL。呼吸困难者，肌内注射或静脉注射25%可拉明1～3mL。溶血者，放血后输液并口服或静脉注射氢化可的松20～80mg或地塞米松注射液5～25mg，同时内服碳酸氢钠等药，使尿液碱化，以防血红蛋白在肾小管内凝集。

方3 仙人掌500～1000g，去皮、刺，捣烂成泥，拌入20～50g白糖，1次灌服，小猪酌减。同时按每千克体重内服或肌注10%维生素C注射液10～20mg。

方4 强力解毒敏注射液12mL（每支2mL，含甘草酸铵4mg，氨基乙酸40mg，L-半胱氨酸盐酸盐3mg），肌内注射，并配合两耳及尾尖放血。

方5 绿豆200g，小苏打、木炭末各100g，食盐60g，共粉碎为末，加少量水，调匀后1次灌服，每天1剂，连用2天。

方6 十滴水10mL，加水200mL供体重25kg的猪只1次服用，同时肌内注射10%安钠咖注射液10mL，并配合两耳及尾尖放血。

方7 血针疗法。取耳尖、尾尖、蹄头、山根、血印等穴，用宽针或尖刀刺破放血，也可断尾剪耳后，用手自上而下用力挤其耳、尾，使出血至血色鲜红为止，并用冷水泼刷全身。

方8 水针疗法。取天门、百会、脑俞、大椎等穴，注射维生素C 2～3g、10%安钠咖3～5mL。

【预防】 改善饲养管理，青饲料宜生喂或调制发酵后饲喂；如要煮青绿饲料，应揭开锅盖迅速煮透，煮后的饲料不要放在锅内过夜，最好当天喂完；青饲料应摊开存放，不要堆积，严禁给猪饲喂堆积腐烂的青饲料如蔬菜、瓜藤等。

三、腐败鱼肉中毒

猪食了腐败的鱼肉或鱼粉引起的一种中毒病，实质上是由这些腐败鱼肉或鱼粉中的肉毒梭菌毒素引起的一种高度致死性疾病。临床上以运动器官迅速麻痹为特征。

【病因】 肉毒梭菌在腐败肉和变质鱼粉中繁殖，产生大量的肉毒梭菌毒素，如猪吃了这些腐败鱼肉、变质的鱼粉即可引起中毒。

【症状与病变】常在食后几十分钟发病。病初吞咽困难、流涎、耳下垂、视觉障碍、反射迟钝，肢软弱无力或麻痹，行动困难、趴卧地上，食欲废食；有的腹泻如水样，粪呈黄绿或灰绿色；呼吸困难，眼结膜发绀，叫声嘶哑，最后因呼吸麻痹窒息而死亡；耐过猪需经数周或数月才能康复。剖检可见胸、腹和四肢骨骼肌色淡，似煮熟样，且松软易断。

【辨证】毒素所致亡阳证。

【治疗】治宜排除毒物、通泻解毒、对症治疗、抗菌消炎。

方 1　1%硫酸铜溶液 50～80mL，口服；或用 0.1%高锰酸钾液适量洗胃。

方 2　50%葡萄糖注射液 50～100mL、5%葡萄糖氯化钠注射液 250～500mL、25%维生素 C 注射液 2～4mL、10%樟脑磺酸钠注射液 5～10mL，混合后 1 次静注，用于吞咽困难猪。盐酸山梗菜碱（盐酸洛贝林）50～100mg，皮下注射，或 25%尼可刹米注射液 1～2mL，肌内注射，用于缓解呼吸困难。注射用青霉素 120 万～240 万单位、注射用链霉素 100 万单位，肌内注射，每天 2 次，连用 3～5 天，用于抗菌消炎。

方 3　芒硝 50g，灌服；绿豆 5 份、甘草 3 份、木通 2 份，煎汤供体重 30～40kg 猪只自饮；同时再肌内注射盐酸土霉素 1g。用于尽快排出毒素。

【预防】猪舍和运动场如发现腐鱼虾肉应及时清除，严格禁止给猪喂腐败鱼肉或变质鱼粉；在饲料中添加盐、钙、磷等矿物质，可防止猪异嗜、舔食腐败鱼虾肉等残骸，可避免本病发生。

四、水浮莲中毒

猪长期大量饲喂盛花期及晚花期水浮莲或一次突然大量采食水浮莲而发生中毒。临床上以空嚼、呕吐、腹泻、痉挛等为特征。严重者，最后体温下降而死亡。

【病因】猪长期大量饲喂盛花期及晚花期水浮莲或一次采食大量水浮莲而引发。

【症状与病变】一般病猪表现空嚼，口流白色泡沫或呕吐，全身震颤，站立不稳，眼斜视，耳竖立，体温正常。严重的病猪眼结膜潮红，口腔黏膜充血或出血，食欲废绝，呕吐物带有血液或胆汁，并伴有腹痛、烦躁不安；先阵发性痉挛，后转为全身性强直痉挛，或做圆圈运动、无目的性徘徊、四肢做游泳状抽搐，神经症状反复出现；有时伴有持续性重症腹泻，粪便稀而恶臭，混有肠黏膜组织，最后体温下降死亡。剖检可见胃黏膜潮红、肿胀，黏膜下水肿；胃大弯及幽门部位黏膜弥漫性出血及溃疡，十二指肠黏膜出血；肝呈棕红色，胆囊空虚无胆汁。

【辨证】毒物性亡阴证。

【治疗】立即停止饲喂水浮莲，及时进行对症治疗、养阴生津。另外，可在饲料中加入葡萄糖粉、多种维生素、电解质等，以促进早日康复。

方 1 用5%葡萄糖氯化钠注射液250mL、10%葡萄糖酸钙注射液20mL，混合静脉注射，每天1次。同时肌注20%氨基己酸注射液2～4mL，每天2次，连用2～3天。

方 2 对症治疗。腹痛不安的病猪肌注硫酸阿托品注射液1～2mg；痉挛的病猪肌注苯巴比妥钠0.5～1g；体温下降的病猪可肌注10%安钠咖注射液10～20mL。解救严重中毒者将肌苷注射液0.2g、ATP 40mg、10%维生素C注射液10mL、10%维生素B_1液2～5mL、5%葡萄糖氯化钠注射液1000mL，静脉注射，每天1次，连用2～3天。若并发胃肠炎的，同时用阿米卡星120万单位、硫酸阿托品注射液1mg，混合肌注。

【预防】预防本病应避免长期单纯以水浮莲为主要的青绿饲料；将水浮莲先用5%石灰水清洗，再用清水漂洗后喂猪，或将其晒半干或青贮发酵处理后再饲喂，可减少中毒。

五、氢氰酸中毒

氢氰酸中毒是由于猪食了含生氰糖甙类植物性饲料，在胃内酶的水解和胃液盐酸作用下而产生游离的氢氰酸，或误食了被氢氰酸污染的饲料而导致的一种中毒性疾病。

【病因】氢氰酸是一种剧毒物质，在植物中多以苷的形式存在。给猪喂食了含氰苷较多的植物性饲料，如木薯、新鲜高粱和玉米幼苗、生亚麻子饼、蔷薇科植物（桃、李、梅、杏、批把）的叶和种子等，这些氰苷进入猪体后，通过脂解酶的作用而产生氢氰酸，导致猪中毒。或猪误食了被氢氰酸污染的饲料、饮水。

【症状与病变】中毒较轻时，病猪不安，流涎，下痢，痉挛和后躯摇摆等症状，部分病猪可耐过。严重病例，病猪张口伸颈，流涎，散瞳，腹痛，反复起卧，极度不安，尿频；可视黏膜和皮肤青紫色，后变苍白；四肢痉挛，牙关紧闭，呼吸困难；最后体温下降，心跳缓慢，昏睡、死亡。剖检见血液鲜红、凝固不良，尸体不易腐败；肺水肿或充血，胃肠黏膜出血；胃内充满气体，有未消化的饲料，并有苦杏仁气味。

【辨证】毒物性亡阴亡阳证。

【治疗】治疗立即停喂含毒饲料，解毒和对症施治、养阴助阳。

方1　0.05%的高锰酸钾溶液100～500mL洗胃，1%的硫酸铜溶液50mL或吐根末1～5g喂服催吐。解毒强心，先缓慢静脉注射5%亚硝酸钠溶液2～4mL，接着再注入10%硫代硫酸钠20～30mL或1%美蓝溶液（1mL/kg体重），同时肌内或皮下注射10%安钠咖注射液5～10mL。

方2　绿豆250g，金银花50g，蔗糖30g，鲜鸡蛋3枚。绿豆水煎取汁，加入蔗糖、鸡蛋，混合后1次投服。

方3　空心菜2500g，崩大碗2kg，甘草2kg，加水10kg，共捣烂，加黄泥水2kg混合，澄清，去上清喂服，每头300mL。

方4　血针疗法。见亚硝酸盐中毒方7。

方5　水针疗法。取天门、百会、脑俞等穴，注入10%安钠加注射液5～10mL。

【预防】预防本病应尽量避免喂饲或猪只误食富含氰苷类植物，或先将富含氰苷类植物置水中浸泡24小时或漂洗，然后加工、调制后饲喂；长期用富含氰甙类的植物饲喂猪时，还应注意补碘，以防止猪只产生条件性缺碘。

六、黄曲霉毒素中毒

黄曲霉毒素中毒是猪食用了含有黄曲霉毒素的饲料而引起的肝细胞变性、坏死、肝胆组织增生和出血的中毒性疾病。临床上以全身出血，消化机能紊乱，腹水，黄疸，神经症状等为特征。仔猪较成年猪易发。

【病因】主要是采食了由产黄曲霉毒素的霉菌（黄曲霉和寄生曲霉）污染的玉米、花生、豆类、棉籽、麦类、大米、秸秆及其副产品（酒糟、油粕、酱油渣）等引起。

【症状与病变】仔猪对黄曲霉毒素很敏感，以急性和亚急性中毒为主，一般在饲喂霉玉米之后3～5天发病，表现食欲消失，精神沉郁，可视黏膜苍白、黄染，后肢无力，行走摇晃；严重时，卧地不起，几天内即死亡。育成猪和成年猪多为慢性中毒，表现为食欲减退，异食癖，逐渐消瘦，后期有神经症状与黄疸。病程长的母猪可出现肝癌。剖检急性中毒病例见全身的黏膜、浆膜和皮下肌肉有出血和淤血斑；脂肪组织黄染；肝肿大、出血、实质脆弱，肝细胞变性坏死，胆囊肿大，充满胆汁；胃肠黏膜出血、水肿，肠内容物棕红色；肾肿大，苍白色，或点状出血；肺淤血、水肿；心包积液，心内、外膜常有出血；全身淋巴结水肿、出血，切面呈大理石样病变；脑膜充血、水肿，脑实质有点状出血。亚急性和慢性中毒病例，主要是肝硬变。

【辨证】毒物性下焦湿热证。

【治疗】发现猪中毒时，应立即停喂霉败饲料，改喂富含碳水化合物的青绿饲料和高蛋白饲料。治疗宜促使毒物排出，保肝止血，保护胃肠，清热利湿。

方1 促进毒物排出，保护胃肠道黏膜。给猪剪耳、断尾放血，然后灌服液体石蜡200mL、酒精50mL、1%鞣酸溶液100mL，腹腔注射25%葡萄糖注射液100mL、10%安钠咖注射液10mL、5%维生素C注射液40mL、40%乌洛托品40mL、生理盐水400mL、5%碳酸氢钠注射液20mL，同时肌内注射青霉素160万～320万单位，防止继发感染。

方2 茵陈24g，大黄、车前草、茯苓各20g，黄药子、白药子各18g，天花粉、黄芩各15g，栀子、连翘各12g，郁金10g，甘草6g，每日1剂，每剂煎3次，药液合并分2次服，连服2剂。同时1次静脉注射10%葡萄糖注射液300mL、三磷酸腺苷注射液25mg、10%维生素C注射液10mL、10%樟脑磺酸钠注射液5mL、注射用四环素100万单位，以促使毒物排出，保肝。

方3 甘草60g，冬瓜100g，绿豆、薏苡仁、白砂糖各50g，水煎，带渣拌料喂服，每日1剂，小猪减半。

方4 0.01%高锰酸钾溶液100～300mL空腹灌服，针刺耳尖、尾尖放血7～10滴，每10～15分钟针刺1次。同时用绿豆50～100g加水500mL煮沸30分钟，加入红糖、白糖各50g，候温，每猪灌服100～300mL；或灌服食醋100～300mL。

方5 茵陈、田基黄、栀子各40～80g，车前草、金银花各35～70g，熟地黄、山药、山茱萸、泽泻、茯苓各30～60g，丹皮、杏仁、甘草各25～50g，水煎供50～100kg体重猪灌服，每日1～1.5剂，连用4～5日。

方6 绵茵陈、广陈皮、炒神曲、车前草各20g，川郁金、制香附、杭白芍、炒白术各15g，炒柴胡10g，生甘草5g，水煎供体重50kg猪只灌服，每日1剂，连用3剂。对病程长、皮肤发红者，可加红花、三棱各5g，莪术10g。

方7 甘草、生姜、银花各30～60g，川朴、陈皮、姜半夏、郁金、公丁香、柴胡、独活、防风各20g，升麻、羌活、麻黄、连翘、枯矾各16g，共研末，开水冲调，加黄酒250mL为引，1次灌服，每日1剂，连用2～3剂。

方8 防风150g，绿豆100g，甘草30g，煎汤加白糖60g，灌服。

方9 连翘、绿豆各50g，金银花30g，甘草20g，研末，开水调服，小猪用量酌减。

方10 血针疗法。取耳尖、尾尖等穴，以小宽针或三棱针点刺放血。

【预防】 预防本病应注意饲料存放须防潮、通风，且不易存放过久；在饲料中添加防霉剂以防霉变，常用丙酸钠、丙酸钙，每吨饲料中添加1～2kg，可安全存放8周以上。禁止饲喂发霉、变质饲料；对可疑饲料应测定黄曲霉毒素含量，严格执行饲料中黄曲霉毒素的允许含量标准，猪饲料中黄曲霉毒素B_1含量不得大于0.02mg/kg。对于霉败饲料应用连续水洗法或碱处理法去毒处理后再饲喂：

（1）连续水洗法 将饲料粉碎后，用清水反复浸泡漂洗多次，至浸泡的水呈无色时可供饲用。

（2）化学去毒法　最常用的是碱处理法，用5%～8%石灰水浸泡霉败饲料3.5小时后，再用清水淘净，晒干便可饲喂；或每千克饲料拌入12.5g的农用氨水，混匀后倒入缸内，封口3～5天，去毒效果达90%以上，饲喂前应挥发掉残余的氨气。

（3）物理吸收法　常用的吸附剂有活性炭、白陶土、黏土、高岭土、沸石等，特别是沸石可牢固地吸附黄曲霉毒素，从而阻止黄曲霉毒素经胃肠道吸收。猪饲料中添加0.5%沸石或霉可吸、霉净剂等，不仅能吸附毒素，而且还可促进猪生长发育。

七、赤霉菌毒素中毒

赤霉菌毒素中毒指猪食用被赤霉菌毒素污染的饲料而引起的以呕吐、腹泻、生长受抑和繁殖障碍等为主要症状的一种真菌毒素的中毒病。

【病因】主要因吃食了未经处理的染有赤霉病的谷实类饲料而引发。

【症状与病变】病猪生长迟缓，精神萎靡，拒食，呕吐，腹泻。母猪和去势母猪病初似发情现象，继则阴户内层黏膜肿胀，乳腺增大、乳头潮红，母猪性周期延长，严重病例阴道和直肠脱出；怀孕母猪流产，或产弱仔，仔死亡率高；哺乳母猪泌乳量减少或无乳。公猪睾丸萎缩，乳腺增大，包皮水肿，皮肤痒。剖检主要见生殖器官水肿，胃肠黏膜卡他性炎症、出血和坏死等病变。

【辨证】毒物性气血虚弱证。

【治疗】发现中毒病例后，应立即停喂发霉饲料，改喂富含营养和易消化的饲料。治宜导泻、保护胃肠黏膜、利尿解毒为则。

方1　硫酸钠50～100mg内服导泻，再内服淀粉糊或豆浆适量保护胃肠黏膜；同时，静脉注射10%葡萄糖注射液200～300mL、生理盐水500～1000mL、10%维生素C注射液20～40mL，肌内注射10%樟脑磺酸钠注射液10～20mL、安络血注射液10～20mg。

方2　鲜凤尾草、鲜车前草各100～150g，水煎取汁，拌料饲喂，每日1剂，连用5剂。

方3　甘草100g和绿豆50g，研碎后用水煎3次，取汁饮用；病重者每头灌服300～500mL，每天2次，同时内服药用炭5～10g和鞣蛋白4～6g，喂服1次。重症剂量加倍。

方4 防风25g，甘草50g，绿豆500g熬汤，白糖100g，灌服。

【预防】预防本病应加强谷物贮藏管理，严防潮湿、发热，防止赤霉菌产生和繁殖；对于已霉变的饲料，应经水浸法去毒或去皮减毒处理后再饲喂。去毒或减毒可用1份饲料加4份水浸泡12小时，共浸泡2次；或通过碾除病谷物表壳（皮）也可达到减毒的目的。

八、棉籽饼中毒

棉籽饼中毒是由于猪吃了含有棉酚的棉籽饼而引起的一种急、慢性中毒病。主要表现胃肠、血管和神经方面的变化。仔猪最易发生。

【病因】未经处理的棉籽饼含有棉酚，猪对棉酚非常敏感，一般0.4～0.5g便能使猪中毒甚至死亡。因此，长期饲喂未经脱毒处理的棉籽饼饲料，棉酚色素排泄缓慢而蓄积引起中毒。另外，当饲料蛋白质和维生素A不足时，也可促使本病发生。

【症状与病变】轻者见食欲减退，精神沉郁，结膜苍白，呕吐，下痢；病情重者表现为呼吸困难，食欲废绝，结膜黄染，肌肉痉挛或前冲，粪干且带有血丝黏液、或下痢，尿黄带血，耳、尾发绀，最后体衰而死。怀孕母猪常流产，仔猪多脱水而死。剖解见胸、腹腔有红色渗出液，气管、支气管充满泡沫状液体，肺充血、水肿，心内外膜有淤血点，胃肠黏膜有出血斑点，全身淋巴结肿大。

【辨证】毒物性湿热证。

【治疗】发现中毒病例，应立即停止饲喂。治宜促进毒物排出，对症施治、清利湿热。

方1 0.03%～0.1%高锰酸钾溶液或3%～5%碳酸氢钠溶液适量，洗胃，同时内服50～100g硫酸钠泻剂排出胃肠毒物，并静脉注射25%葡萄糖注射液500mL、10%安钠咖注射液10～20mL、10%氯化钙注射液50～80mL以保护肝脏、增强解毒功能；有肺水肿者还可按每千克体重静脉注射20%甘露醇注射液（或25%山梨醇注射液或50%葡萄糖注射液）5～10mL。

方2 大蒜75g捣烂，食盐47g，植物油100mL，加鸡粪少许，混合灌服。

方3 鸭蛋清10个，滑石粉200g，木炭末200g，用米泔水调匀，1次灌服。

方4 香油100mL，鸡蛋清7枚，小苏打50g，蜂蜜30g，加水适量，1次内服。

方5 绿豆500g去皮煮烂，加小苏打（碳酸氢钠）粉50g，连渣一同灌服。

方6 芒硝50g，大黄、滑石、陈皮、山楂、麦芽、神曲、金银花各30g，二丑、枳实、黄柏、木通各20g，黄芩25g，槟榔15g，木香、甘草各10g，水煎分3次灌服。

方7 防风17g，柴胡、黄芪各15g，知母、黄柏、羌活、龙胆草、车前子、木通各6g。共粉碎为细末，用开水冲服，每日1剂，连用2～3天。

【预防】 严禁喂已发霉的棉籽饼；棉籽饼在日粮中的含量不要超10%，母猪日粮中不要超过5%；猪场饲喂棉籽饼前，最好先进行游离棉酚含量测定（生长猪日粮中游离棉酚含量不超过100mg/kg，种猪日粮中游离棉酚含量不超过70mg/kg）；棉籽饼加热煮沸1～2小时后再喂猪；棉籽饼中加入硫酸亚铁可起到去毒作用，一般机榨饼按0.2%～0.4%加入，浸出饼按0.15%～0.35%加入，土榨饼按0.5%～1%加入；也可将棉籽饼用2%石灰水或3%碳酸氢钠水浸泡24小时，再用清水冲洗1～2次。棉籽饼限量或间歇性饲喂；孕期猪及仔猪最好不喂或限量饲喂，怀孕母猪每天不超过0.25kg，产前半月停喂，产后半月再喂；刚断奶的仔猪日量不超过0.1kg，出现中毒应立即停喂棉籽饼。此外，饲喂棉籽饼时，应添加足量的钙、铁、蛋白质和维生素。

九、菜籽饼中毒

菜籽饼中毒是猪采食过多未经脱毒处理或处理不当的菜籽饼而引起的中毒性疾病。临床以呼吸困难、血尿、腹胀痛以及血便等为特征。

【病因】 菜籽饼中含有芥子苷等，水解后可产生有毒性的异硫氰酸丙烯酯和丙烯苯芥子油等，长期单一饲喂或突然多量饲喂未经去毒处理的菜籽饼可引起中毒；采食了大量新鲜油菜或芥菜，尤其是开花结籽期的油菜或芥菜亦可引发本病。

【症状与病变】病猪表现为呼吸困难，咳嗽；尿频，血尿；腹胀痛、腹泻、粪中带血；继之体温下降、全身衰弱而死。剖检见肠黏膜充血和点状出血，肺气肿、水肿，肝肿大，肾出血，心内、外膜点状出血，血液如胶漆状且凝固不良。

【辨证】毒物所致气血妄行。

【治疗】本病无特效疗法。发现中毒应立即停喂可疑饲料，治疗宜对症施治、清热凉血。

方 1　先灌服 0.5%～1.0%鞣酸洗胃，再灌服稀面糊、米汤或豆浆等适量保护胃黏膜，静脉注射 25%葡萄糖注射液 100～200mL、肌内注射 10%安钠咖注射液 5～10mL 以补液强心。

方 2　甘草 60g，绿豆 300g，水煎服，每日 1 剂，分 2 次灌服，连用 3～4 剂，配合肌肉注射 10%维生素 C 注射液 2～4mL、0.5%维生素 K_1 注射液 2～4mL 以解毒止血。

方 3　将硫酸钠 35～50g，小苏打 5～8g，鱼石脂 1g，加水 100mL，1 次灌服，皮下注射 20%樟脑油 3～6mL。

方 4　绿豆 1000g，甘草 500g，山栀 200g，加水适量，煮沸 0.5 小时，取汁加蜂蜜 1000g，候温让猪自饮，至症状消失。

方 5　水针疗法。取大椎、肺俞、断血、苏气、后海、百会、后三里等穴。注射 10%安钠加注射液 5～10mL、10%维生素 C 注射液 0.2g、0.5%维生素 K_1 注射液 2mg、10%葡萄糖注射液适量等药液。

【预防】饲喂未经去毒处理的菜籽饼，应严格控制其用量，一般菜籽饼在日粮的安全剂量为：生长育肥猪 8%～12%，母猪和仔猪为 5%。以菜籽饼作粗蛋白时，最好经去毒后再饲喂：将菜籽饼按 1∶1 放于水中浸泡软后埋入向阳、干燥、地温较高的坑内，上盖以麦草且覆土 20cm，2 个月后可去毒 80%左右；或将菜籽饼粉碎后用温水浸泡 24 小时，换水后再蒸煮 1 小时以上；或按每千克菜籽饼加硫酸铜 500mg，将菜籽饼加入 25%硫酸铜水溶液中，经 100℃处理 60 分钟，可去毒 96.5%；或菜籽饼浸湿粉碎后，喷洒 15%石灰水，再焖盖3～5 小时，蒸煮 40～50 分钟，然后取出风干，可去毒 90%左右。最好限量饲喂。每年新菜籽饼经处理后，还应经少量动物试验安全后，再喂大群猪只。

十、酒糟中毒

酒糟中毒是猪长期采食或突然大量食入酒糟或食入腐败变质的酒糟而引起的中毒性疾病。临床上以流涎、腹痛、腹泻及神经机能紊乱为特征

【病因】突然给猪饲喂大量酒糟；或长期单喂酒糟；或由于酒糟贮存不当或放置过久，使酒糟严重腐败变质，其有毒物质、酒精、真菌等刺激胃肠并被吸收，毒素侵害肠胃，进而影响全身而使猪只发生中毒。

【症状与病变】急性中毒猪兴奋不安，行动迟缓，不愿动，食欲减少或废绝，体温升高，大多呈腹式呼吸，磨牙或呻吟，先便秘后腹泻。慢性中毒一般呈现消化不良，黏膜黄染，常发皮疹和皮炎。频死猪呼吸极度困难，肌强直痉挛或麻痹，倒地不起，最后因呼吸麻痹或衰竭而死。妊娠母猪往往流产，临产母猪病程较短，多急性死亡。剖检见肺充血、水肿；胃肠黏膜充血或出血，小肠水肿，肠壁变薄，肠系膜淋巴结肿大、充血；肝、肾肿胀，心外膜有出血斑。

【辨证】毒物性亡阴证。

【治疗】发现中毒立即停喂酒糟，并将病猪置于干燥通风的环境中。治疗宜对症施治、解毒生津。

方 1　1%碳酸氢钠溶液 1000～2000mL，内服或灌肠，同时静脉注射 5%葡萄糖氯化钠注射液 500mL、20%安钠咖注射液 5mL、5%碳酸氢钠注射液 100～500mL，口服适量豆浆以保护胃肠黏膜。兴奋不安时可内服水合氯醛 2～5g、静脉注射 10%溴化钙 30～50mL。

方 2　绿豆 1000g，甘草 500g，水煎取汁，候温灌服，每日 2 次，连用 3～5 天。同时用 1%碳酸氢钠溶液 150～200mL 灌肠 30 分钟，并肌内注射 10%维生素 C 注射液 0.5g、维生素 B_6 注射液和维生素 B_1 注射液各 100mg。

方 3　芒硝 50g，大黄 40g，枳实 30g，菜油 50mL，蜂蜜 100mL，混合融化，分 2 次灌服；并肌肉注射 10%碳酸氢钠注射液 10mL、氨胆注射液 10mL、10%安钠咖注射液 5mL，连用 2 日；同时以 10%碳酸氢钠溶液灌肠。用于便秘猪。

方 4　葛花 500g（或葛根 100g），煎水，加小苏打粉 5g，蜂蜜

100g，1次灌服，每日3次。急性中毒猪同时分别静脉注射10%葡萄糖注射液500mL、10%氯化钙注射液30～50mL、10%安钠咖注射液10mL、5%碳酸氢钠注射液250～500mL。

【预防】注意酒糟的存放和保管，防止其霉败、变质；严禁饲喂霉败酒糟。不宜单喂酒糟饲料，控制酒糟用量，酒糟在日粮中的含量不要超过20%。妊娠母猪不喂或少喂。应尽可能喂新鲜酒糟，正确存放酒糟，可将酒糟压紧在缸中或地窖中，上面覆盖薄膜，贮存时间不宜过久，也可用作青贮；或酒糟生产量大时，也可采取晒干或烘干的方法，贮存备用。对轻度酸败的酒糟，可加入1%～3%石灰水浸泡20～30分钟以中和酸类、减低毒性，并搭配其他饲料使用。

十一、马铃薯中毒

马铃薯中毒是猪采食大量发芽、腐烂块根或皮发青的马铃薯，或采食大量开花、结果期的马铃薯茎叶而引起的一种中毒性疾病。

【病因】马铃薯的外皮、幼芽及茎叶中含有一种有毒生物碱龙葵素，贮存后发芽或发青的马铃薯中其含量更高；龙葵素对胃肠消化道黏膜有较强的刺激作用，吸收入血后可引起红细胞溶解。猪常因吃食较多的发芽变质或皮发青的马铃薯或采食大量开花、结果期的马铃薯茎叶而引起中毒。

【症状与病变】龙葵素引起的中毒，有神经型、胃肠型和皮疹型三种症型，但以神经型兼胃肠型多见。中毒轻者见食欲减退，低头呆立，迟钝，时有腹泻，口腔黏膜发炎，眼睑水肿，出现皮疹等症状。中毒重者初期兴奋不安，呕吐及腹痛，继而沉郁，四肢无力，走路摇摆或倒地，肌肉痉挛，流涎，呼吸微弱，可视黏膜发绀，体温稍低或正常；剧烈腹泻者，粪便腥臭，混有血液和黏液；孕猪流产。剖检见胃肠黏膜潮红、出血，上皮脱落、坏死；肝肿大、质脆、出血，脾、肾轻度肿大，心腔内有凝固不全的暗黑色血液，眼睑及颈部皮下有胶样浸润。

【辨证】毒物性肝风内动。

【治疗】发现后，应立即停喂原饲料。治疗宜排毒和对症施治、清热止痉。

方1　病初内服1%硫酸铜溶液20～50mL或皮下注射阿朴吗啡

0.01～0.02g进行催吐（时间较长的可灌服适量0.5%鞣酸溶液和淀粉糊以保护胃黏膜）；同时内服硫酸镁30g导泻。狂躁不安的可内服溴化钠5～15g，或静脉注射10%溴化钠溶液50～100mL，每日2次。

方2 2%冰醋酸300mL，1次内服；5%葡萄糖注射液250mL、复方氯化钠注射液250mL、注射用庆大霉素20万单位、20%氨基己酸注射液10mL、三磷酸腺苷注射液20mL、10%维生素C注射液20mL，静脉注射；1%仙鹤草素注射液15mL、10%安钠咖注射液10mL，肌内注射；1%鞣酸液400mL，内服。

方3 藜芦根6g，粉碎为末，煎汤灌服催吐，再用5%～10%碳酸氢钠溶液适量灌肠、内服30g硫酸镁导泻；同时将金银花、败酱草、大黄、苦参各10g和甘草5g，水煎取汁灌服。病情严重者肌肉注射10%安钠咖注射液5～10mL强心。

方4 泡菜用的酸菜水、蜂蜜水、鸡蛋清适量，调匀，灌服。用于轻度中毒猪。

方5 绿豆30g，生地黄、花粉、葛根、玄参、甘草各20g，薄荷、黄连、麦冬、芍药、野菊花各15g，共煎汤取汁灌服。

方6 明矾30g，甘草30g，金银花20g，煎汤，候温加蜂蜜30g，1次灌服。

方7 先剪去患部被毛，用20%鞣酸溶液或3%硼酸溶液洗涤，然后涂布3%龙胆紫或3%硝酸银溶液等，以防腐、收敛和制止渗出。也可用寒水石、石膏、冰片、赤石脂、炉甘石各50g，共研细末，用水调涂患部。用于湿疹治疗。

方8 水针疗法。取脑俞、天门、断血、百会、后三里、苏气、后海等穴。分别注射20%氨基己酸注射液10mL、10%维生素C注射液20mL、1%仙鹤草素注射液15mL、10%安钠加注射液5～10mL、庆大霉素注射液20万单位等药物。

【预防】 发芽、变质或腐烂的马铃薯或成熟前马铃薯的茎叶，最好废弃或切除发芽或变质部分，并加热处理后饲喂；应严格控制马铃薯用量，一般不超过日粮的50%；马铃薯茎叶，应晒干后与其他青绿饲料混合饲喂；怀孕母猪禁止饲喂马铃薯及茎叶，以防流产。

十二、霉烂甘薯中毒

霉烂甘薯中毒是由于猪采食了含有毒素的黑斑病甘薯或霉烂变质的甘薯产品，如薯干、薯粉、薯渣等而导致的一种中毒性疾病。

【病因】猪因吃食了霉烂甘薯或甘薯产品薯干、薯粉、薯渣等而发病。

【症状与病变】幼猪发病多见，且症状严重。病猪多在吃食烂甘薯第二天出现症状：食欲废绝，口流白沫，呼吸迫促，体温升高；腹膨大，肠音弱，粪干硬发黑，后期腹泻；步态不稳，盲目行走或头嘴顶地、触墙，阵发性痉挛，最终倒地抽搐而死。轻症病例停喂甘薯1周后可逐渐恢复。剖检见肺水肿和块状出血，切面流出多量血色液体和泡沫；肝、肾、脾出血，心脏冠状沟出血，胃肠道出血性炎症。

【辨证】毒物性亡阴证。

【治疗】发现中毒，应立即停喂。治疗宜对症施治、补气养阴。

方1　内服0.1%高锰酸钾溶液或1%双氧水洗胃，同时硫酸镁50～100g 1次灌服以排出胃肠毒物；并用10%硫代硫酸钠注射液30～50mL、25%葡萄糖注射液100～200mL、5%维生素C注射液6～10mL，混合，静脉注射，以补液解毒；10%溴化钠注射液10～20mL、10%安钠咖注射液2～5mL，混合，静脉注射，以镇静强心。

方2　当归50g，党参、白术、枳实、柏仁、枣仁各30g，芒硝、厚朴各20g，大黄10g，煎汤供体重50kg猪只1日灌服，连用2～3剂（如口吐泡沫严重者，可做多次灌服）。并静脉注射10%葡萄糖1000mL、50%葡萄糖注射液40～60mL、强力解毒敏针剂（每支2mL，含甘草酸铵4mg，氨基乙酸40mg，L-半胱氨酸盐酸盐3mg）16～20mL、肌苷注射液0.2g。

方3　生绿豆250g，菜油500mL，鸡蛋清10个，加水1500mL混合分2～3次灌服，每日1剂，连用3剂。

方4　梨树皮100g，生姜、款冬花、枇杷叶、葛根各30g，野烟叶25g。将上药捣碎，加淘米水适量冲服，每日1剂，连用2～3天。

方5　生绿豆粉250g，甘草末30g，贯众末30g，开水冲调，混入蜂蜜250g，候温，供体重50kg猪只1次内服，每日1剂，连用2～3天。

方6 豆浆不限量，甘草100g，金银花100g，煎汁喂服。

方7 贯众50g，甘草50g煎服。一日2次，连续3日。初期病例用。

方8 蒲公英100g捣碎，加硫酸镁100g，加水分两次灌服。

【预防】 严禁用霉变的甘薯及加工品喂猪。

十三、荞麦中毒

猪荞麦中毒俗称“荞疯”、“荞斑”，指猪采食荞麦幼嫩茎叶、籽实或干草后，在阳光照射下而发生的一种中毒病。临床上主要以皮肤出现疹块和神经症状为特征。本病一般多见于白猪或花猪，偶见于黑色猪种。

【病因】 荞麦幼嫩茎叶、籽实或干草中含有感光物质，猪采食了荞麦后，经太阳照射引起过敏性中毒反应。

【症状与病变】 猪连续饲喂荞麦苗2～3天后，在阳光的照射下发病。白毛或花猪病初期以全身瘙痒为主要特征，背部、面部、耳廓、下颌间隙或在颈等部位发生红斑性疹块，高度潮红、肿胀，极度发痒，到处乱擦；进而发生消化紊乱，体温升高（40℃以上），尿道发炎，泌尿障碍；随后出现神经症状，兴奋、痉挛、麻痹等；之后，病猪衰竭呼吸深长而困难、死亡。黑色皮毛的病猪游走不安、鸣叫、不吃，体温39.7℃，呼吸、皮肤、粪尿无明显变化。母猪食荞麦苗后可使吮乳仔猪发病。剖检见胃肠严重炎症，肺、脑充血，膀胱黏膜发炎充血，全身皮下水肿、以头颈及前肢严重，体表淋巴水肿，有轻度出血。

【辨证】 毒物性肺风毛燥。

【治疗】 治宜抗过敏和防止感染、祛湿解表、清利湿热。

方1 植物油150g，内服泻下；0.2%高锰酸钾冷水溶液，洗涤冷敷；再按每千克体重肌内注射20%咖啡因0.1mL、5%维生素E注射液0.1mL、1%地塞米松注射液0.1mL，以强心；并肌内注射1%苯海拉明注射液1～2mL，以抗过敏。同时配合饮用多维电解质。

方2 生石膏180g，供体重50kg的猪只1次内服；皮肤溃烂的可涂擦磺胺软膏或红霉素软膏，也可用复方氧化锌软膏（水杨酸10份、氧化锌10份、硫酸锌1份、凡士林100份）涂布。同时，肌内注射30%安乃近注射液20mL、盐酸氯丙嗪注射液100mg、地塞米松注射液10mg，1天2次；静脉注射液10%葡萄糖酸钙注射液40mL，10%维生素C注射液20mL，1天2次。

方3　植物油50～100mL，人工盐50～100g，鱼石脂5～10g，1%盐水1000～2000mL灌服，以导泻；肌内注射2%盐酸苯海拉明2～3mL，1天2～3次，或喂服盐酸异丙嗪50～100mg，以抗过敏；皮肤破溃的用复方氧化锌软膏（水杨酸10份、氧化锌10份、硫酸锌1份、凡士林100份）涂布。

方4　土茯苓30g，地肤子20g，土牛膝、蒲公英、野菊花各15g，银花10g，钻地风、赤芍各9g，生甘草5g，供成年猪1次煎服。便秘者，加生大黄15g（后下）；皮疹初现且色鲜红者，加鲜生地黄30g，丹皮15g；痒甚者，加白藓皮、苦参各15g；热甚者，加黄芩、黄柏各15g，黄连5g；伤阴者，加玄参、麦冬各15g，鲜石斛12g。每日1剂，连用5～7天为一疗程。

【预防】预防本病应尽量不用荞麦植物喂猪，或与其他饲料混合饲喂，喂后圈养，避免日光照射。

十四、蓖麻籽中毒

蓖麻籽中毒是猪误食蓖麻籽或未经处理的蓖麻籽饼所引起的一种中毒病，临床以出血性胃肠炎和神经症状为特征。

【病因】猪采食了较多的蓖麻籽，或采食了未经脱毒处理的蓖麻籽饼饲料引起中毒。

【症状与病变】采食后几小时内发病。精神沉郁，口吐白沫、呕吐腹痛，腹泻带血或黑色的稀粪，有恶臭，血尿；体温高达40.5～41.5℃，心跳、呼吸增数，肺有啰音；肌颤，严重者倒地、四肢痉挛，昏睡，皮肤发绀，最后体温下降而死亡。剖检可见腹下和股内侧有红斑点，皮下脂肪淤血，胸、腹水增多、呈黄红色；胃黏膜广泛出血，内容物中混有血液，肠系膜淋巴结水肿；心肌弛缓，心冠脂肪、心耳、心内外膜有出血点；肝、脾、肺均呈黑紫色，肝质硬脆、肺肿大、脾柔软且有出血点，肝、肺切面均流出大量紫红血液，胆囊萎缩、胆汁浓稠呈深绿色；肾肿胀、出血；膀胱黏膜出血，内充盈褐色尿液，外观青紫色；脑脊液增多、呈黄红色，硬膜均有出血点。

【辨证】毒物性亡阳证。

【治疗】治宜洗胃、缓泻、催吐、解毒及对症施治。

方1 0.05%～0.1%高锰酸钾液，反复洗胃；4%碳酸氢钠液，灌肠导泻，或用硫酸钠或硫酸镁25～50g加水250～500mL，1次灌服，导泻。同时，静脉或腹腔注射10%安钠咖注射液5～10mL、5%葡萄糖氯化钠300～500mL、25%维生素C注射液2～4mL，以补液强心；静脉注射10%溴化钠注射液2～20mL或2.5%盐酸氯丙嗪注射液按每千克体重1～3mg，与10%葡萄糖注射液300～500mL混合后静脉注射，以镇静。

方2 甘草15g，山豆根20g，连翘10g，生黄芪10g，雄黄10g，明矾10g，金银花20g，共研细末，开水冲调，候温灌服。

方3 防风100g，绿豆500g，甘草75g，水煎取汁，候温灌服。

方4 仙人掌60g，捣烂，加少量肥皂水，1次灌服。

方5 大黄25g，麻叶50g，瓜蒌仁50g，郁李仁50g，水煎取汁，候温，与热熟麻油50mL混合，分2次灌服。

方6 血针疗法。断尾或剪耳，放血100mL左右。再用防风100g，甘草7.5g水煎，1次灌服。

方7 水针疗法。取脑俞、天门、断血、百会、后海、后三里等穴。注射10%安钠咖注射液10mL、25%维生素C注射液4mL、2.5%氯丙嗪注射液2mg/kg体重，每日1次，连续2～3日。

【预防】猪舍或附近不要栽种蓖麻，以防猪误食发生中毒；研磨过蓖麻籽的用具应彻底清洗，以免引起中毒；以蓖麻籽饼粕作饲料时，必须去毒处理（物理法，125℃蒸汽处理1小时；化学法，蓖麻籽饼粕置于4%石灰水和2%氢氧化钠混合溶液中浸泡），且严格控制比例，不能将其作为主要的蛋白质饲料来源。

十五、苦楝子中毒

苦楝子中毒是猪采食多量苦楝树的果实而引起的一种中毒病。多发于10～11月份果实成熟的季节。

【病因】主要因猪采食成熟后落在地上的苦楝树果实而引发；有时也见于用苦楝树根皮给猪驱虫时用量过大所致。

【症状与病变】中毒轻的猪，食欲减退或停止，精神不振，腹胀满，鸣叫，四肢及肌肉震颤；中毒重者，食欲废绝，口吐白沫，腹痛，全身痉挛而后麻痹，站不稳或卧地不起，迫走时四肢发抖，呼吸弱，口唇发紫，体温下降，直至死亡。剖检见血液凝固不良，呈紫色；喉头气管充满白色泡沫，肺气肿；胃黏膜充血，出血性肠炎，肝坏死。

【辨证】毒物性亡阳证。

【治疗】治宜保护胃肠黏膜、解痉解毒、泻下，并对症施治。应注意的是，出现中毒症状的猪不宜进行洗胃、催吐。

方 1 25%葡萄糖注射液 20～100mL，10%维生素 C 注射液 1.25～2.5g，氢化可的松 50～100mg，山莨菪碱 20～50mg，混合。中毒轻者 1 次耳静脉注射，中毒重者用上药 1 次后 4 小时复查，如体温未恢复正常，继续用药 1～2 次。体温已恢复正常仍无食欲者，再静脉注射维生素 B_1 注射液 0.1～1g、10%安钠咖注射液 5～20mL。

方 2 50%高渗葡萄糖注射液 40mL、25%尼可刹米注射液 1mL、10%维生素 C 注射液 200mg，静脉注射，以解毒、防治水肿和兴奋呼吸；10%安钠咖注射液 3mL，肌内注射（或 0.1%盐酸肾上腺素 0.5mL，皮下注射），以强心；0.1%高锰酸钾液 200mL 胃管灌服洗胃。除高锰酸钾液外，4 小时后重复用药 1 次。此方为仔猪的用量，大猪量酌增。

方 3 绿豆 30g，甘草 20g，茶叶 10g，煎汤加白糖或红糖 40g，给猪饮服或灌服。同时肌内注射 10%安钠咖注射液 10～20mL，静脉注射 50%葡萄糖注射液 60～100mL 和 10%维生素 C 注射液 10mL；或肌内注射 5%硫酸阿托品注射液 30mL、安定注射液 30mg，灌服 5%碳酸氢钠溶液 30g；或按每千克体重肌内注射盐酸山莨菪碱 1～2mg。每日 1 次，连用 2～3 天。

方 4 淡豆豉 500g 煎汤，加入朴硝末 100g，候温灌服。

方 5 火麻仁、莱菔子、元明粉各 10g，煎汤候温灌服。

方 6 鲜鱼腥草 120g，白糖 90g，萝卜籽 60g，鸡蛋清 4 个，将鱼腥草捣烂取汁，萝卜籽炒焦研末，与白糖和蛋清混合后，加适量冷水灌服。

【预防】猪舍附近忌栽苦楝树，防止苦辣子掉入猪圈；猪舍或圈要有一定高度且坚固，以防猪跑出去采食苦楝子；用苦楝树根或皮驱虫时应控制用量。

十六、有机磷中毒

有机磷农药中毒是猪误食、误饮或皮肤沾染有机磷农药或采食了被有机磷农药污染的饲草料而引起的中毒。

【病因】猪因采食喷洒过有机磷农药不久的青绿植物、用有机磷农药浸拌过的作物种子，饮食了被有机磷农药污染的饮水，人为破坏性投毒，或用有机磷制剂喷洒圈舍或猪体表以杀灭蚊蝇和体外寄生虫时剂量过大等，均可引起猪中毒。

【症状与病变】猪食入毒物后10分钟～3小时出现症状，食入过量者可在数分钟内死亡。中毒轻者表现为全身无力，行走不稳；中毒重者表现为流涎、呕吐、磨牙，腹痛、拉稀，尿频，眼结膜充血，缩瞳，肌肉颤动或强直，进而呼吸困难、倒地不起，最后因呼吸麻痹而死亡。剖检见肺水肿，肝、肾肿大，胃肠黏膜出血，胃内容物有蒜臭味。

【辨证】毒物性亡阳证。

【治疗】发现中毒，应尽快去除尚未吸收的毒物。治疗宜解毒和对症施治，但忌用肾上腺素、毛地黄类药物，慎用樟脑类药物。注意敌百虫中毒时，切忌用碱性溶液冲洗皮肤或灌胃。

方1 应用特效解毒药。12.5%双复磷40～60mg或4%碘解磷定注射液20～40mg或1%硫酸阿托品注射液2～4mg，双复磷用生理盐水溶解后皮下或肌内注射；碘解磷定缓慢静脉注射，隔2～3小时再剂量减半注射1次；阿托品静脉注射。经皮肤中毒者，先用清水洗涤皮肤；经口中毒者，先用1%硫酸铜50～100mL灌服催吐，并用温清水或1%～2%食盐水洗胃。危重病例同时静脉注射50%葡萄糖注射液50～100mL、尼可刹米注射液10～20mg/kg体重、10%维生素C注射液20～30mg/kg体重，以解毒、消除肺水肿和兴奋呼吸；肌肉注射10%安钠咖注射液3mL以强心。

方2 芒硝30～50g以适量水溶解灌服导泻（禁用油类泻剂）后，再灌服绿豆120g和茶叶60g水煎液，每天2次，连服2天。

方3 绿豆250g，甘草、滑石各50g。将绿豆去皮，与甘草和滑石共粉碎为细末，开水冲调，候温1次灌服。

方 4　法半夏 15g，陈皮 12g，茯苓 20g，枳实 12g，甘草 9g，生姜 9g，大枣 9g，竹茹 9g，水煎，1 次灌服，每天 1 剂。适用于有机磷中毒后遗症患猪。

方 5　仙人掌 40～80g，捣碎加水，1 次灌服。

【预防】保管好有机磷制剂，严防污染饲料和饮水；严禁给猪喂饲刚喷洒过有机磷农药的青绿饲料；用敌百虫给猪驱虫时严格掌握用量，且切忌用碱水冲洗猪体表或给猪饮用或灌服；喂猪的器具应专用，不得与配制农药的容器混用。

十七、有机氯农药中毒

有机氯农药中毒是由于猪误食、误饮或皮肤沾染有机氯农药而引起的中毒性疾病。

【病因】有机氯制剂污染猪饲料和饮水，猪采食刚喷洒过有机氯农药的青绿作物、体表涂擦治疗外寄生虫用量过大等，使有机氯大量进入体内，侵害神经系统，出现神经症状。

【症状与病变】慢性中毒者食欲减退，呕吐，全身无力，站立困难；急性中毒者兴奋不安，口流白沫，磨牙，呕吐，食欲废绝，下痢，重者肛门失禁，全身震颤，后肢麻痹，严重者昏迷倒地，最终多因心脏麻痹死亡。剖检见胃肠有不同程度的充血和出血，胃幽门部严重炎症；肠黏膜发绀，肠系膜淋巴结肿大而呈青黑色；肾水肿，呈黑紫色；肺脏充血。

【辨证】毒物性亡阴证。

【治疗】治宜对症解毒施治。

方 1　经皮肤中毒者。立即以清水或碱水（六六六、滴滴涕中毒）彻底清洗体表后，静脉注射 10%～25%葡萄糖注射液 200～500mL、10%维生素 C 注射液 5～10mL、镁溴合剂 20～40mL 以保肝解毒、镇静，并肌内注射 10%樟脑磺酸钠注射液 10mL 以强心。

方 2　经消化道中毒者。先用生理盐水洗胃，然后灌服硫酸钠 50～80g、活性炭 20～30g 缓泻（但禁用油类泻剂），随后静脉注射 10%～25%葡萄糖注射液 200～500mL、10%维生素 C 注射液 4～10mL 以保肝解毒，肌内注射 0.5%盐酸氯丙嗪注射液 4～6mL 用于镇静，肌内注射 10%安钠咖注射液 5～10mL 以强心。本病忌用肾上腺素制剂强心，以免加剧病情。

方 3 用白糖 100～150g，加鸡蛋清 8～10 个，一同灌服。

方 4 绿豆 250g 捣碎，加黄胶泥水 500mL，灌服。

【预防】加强农药保管，防止猪只误食；严防有机氯制剂污染饲料和饮水；严禁给猪饲喂刚喷洒过有机氯农药的饲料作物；用有机氯药物给猪驱虫时，应掌握用法、用量和浓度。

十八、有机硫制剂中毒

常见的有机硫制剂中毒见于丙硫咪唑中毒。丙硫咪唑即丙硫苯咪唑，又称阿苯达唑、抗蠕敏等，常用于治疗猪寄生虫病，如蛔虫病、囊虫病等，如果用量不当即可引起猪中毒。

【病因】用丙硫咪唑给猪驱虫时用量过大而引起猪中毒。

【症状与病变】病初兴奋不安、频频走动，不食不饮；继之精神沉郁，渴欲增强，食欲废绝，排干硬粪便；后期呕吐棕色水样物，粪中带有肠黏膜，时时颤抖，弓背努责。

【辨证】毒物性亡阴证。

【治疗】本病无特效治疗药物，可采用中西药物对症治疗。

方 1 10％安钠咖注射液 6mL，肌内注射，每日 1 次，连用 2 日，以强心；50％碳酸氢钠注射液 100mL、50％葡萄糖氯化钠注射液 100mL，混合 1 次静脉注射以补液解毒，每日 1 次，连用 2 日。

方 2 炭末 20g，石蜡油 80mL，混入适量流食中投服，同时肌内注射穿心莲注射液 10mL，每日 2 次至痊愈。

【预防】正确掌握丙硫咪唑驱虫时的用量、用法，切勿过量用药。

十九、汞中毒

汞中毒指猪摄入汞或汞化合物或吸入汞蒸气而发生的中毒，临床上主要以消化、呼吸和泌尿等系统的急、慢性炎症和神经系统损害为特征。

【病因】农用有机汞杀虫剂或医用汞制剂保管和使用不当，易造成散毒和直接污染饲料、饮水和器具等，被猪误食、舔吮或接触皮肤、黏膜而引起中毒；或用有机汞农药拌过的种子，由于保管看护不当被猪误食、偷食而发生中毒；用汞污染区的饲草或原料制成的饲料喂猪或猪饮用汞污染区的水等均可引发汞中毒。

【症状与病变】急性中毒者，因猪误食大量的汞化合物而中毒的，主要表现流涎，呕吐出带有血色的内容物，腹痛，腹泻，粪便内混有血液、黏液和伪膜；因大量吸入高浓度汞蒸汽而中毒的，主要表现呼吸困难，咳嗽，流鼻液，肺部有广泛性的捻发音和啰音，随后体温升高，出现肾病和神经机能紊乱，表现为尿少、蛋白质尿、管型、甚至血尿，肌肉震颤，共济失调，视力减退或失明，心跳加快，节律不齐，严重脱水，黏膜出血，循环障碍，最终因休克而死亡。

慢性中毒者，因长期食用汞污染区的饲草料或饮水所致，主要表现为流涎，齿龈红肿甚至出血，口腔黏膜溃疡，牙齿松动易脱落，食欲减退，逐渐消瘦，站立不稳，并表现兴奋、痉挛、肌颤，随后发生抑制、反应迟钝，共济失调，后肢轻瘫，甚至最终呈麻痹状态，卧地不起，全身抽搐，在昏迷中死亡；因长期吸入汞蒸汽所致的慢性中毒，表现咳嗽，流鼻，呼吸困难，流泪，体温升高。

以上两种类型的病例在发病后，往往都表现皮炎症状，皮肤增厚、脱毛、鳞屑。

【辨证】毒物性亡阴证。

【治疗】立即停喂可疑饲料和饮水，禁喂食盐，因食盐可促进有机汞溶解，使其与蛋白结合而增加毒性。治宜减少吸收、排除毒物及对症施治、补血养气等。

方 1 经口服中毒者。摄入初期用炭末混悬液或2%碳酸氢钠溶液洗胃；若摄入时间较长，可灌服适量浓茶、豆浆、牛乳等。随后用汞的竞争性制剂5%二巯基丙磺酸钠注射液5～8mg/kg体重，皮下、肌内或静脉注射，第1天可每隔6h用药1次，次日起逐日延长用药间隔时间，7天为1疗程。

方 2 用生理盐水或5%葡萄糖注射液将二巯基丁二酸钠稀释后，按20mg/kg体重缓慢静脉注射。急性中毒，每天3～4次，连续3～5天为1疗程；慢性中毒，每天1～2次，3天为1疗程，然后间歇4天。一般需3～5个疗程。

方 3 将依地酸钙钠（1～2mg/kg体重）用5%葡萄糖注射液稀释成0.5%的浓度，缓慢静脉注射。可根据病情每天1～2次。

方 4 将硫代硫酸钠（1～2mg/kg体重）用注射用水配成5%溶

液，静脉注射或肌内注射。

方 5 对症治疗。10％～25％葡萄糖注射液 200～500mL、10％维生素 C 注射液 4～10mL、氢化可的松注射液 50～100mg、维生素 B_1 注射液 0.1～1g，静脉注射，以补液保肝解毒、抗炎、抗休克；同时，肌内注射 0.5％盐酸氯丙嗪注射液 4～6mL，以镇静；肌内注射 10％安钠咖注射液 5～10mL 以强心。

方 6 土茯苓 30g，金银花 30g，冬葵子 30g，熟地黄 25g，山茱萸 6g，丹皮 6g，红花 6g，桃仁 10g，柴胡 10g，甘草 15g，巴戟天 25g，泽泻 10g，水煎取汁，候温 1 次灌服，每天 1 剂。用于慢性汞中毒。

【预防】 妥善保管有机汞杀虫剂或医用汞制剂；喂猪的器具严禁与种子拌有机汞农药用的器具混用；合理处理汞三废的排放，综合治理汞污染区，最好不用污染区的饲草或原料制成饲料，严禁猪饮用污染区的水。

二十、砷化物中毒

砷化物中毒是指猪采食经砷化物污染的饲草、饮水或用砷制剂给猪驱虫时引起的中毒，临床上主要以胃肠炎和神经功能紊乱为特征。

【病因】 主要是猪采食被无机砷或有机砷农药处理过的种子、喷洒过的农作物、污染的饲料，误食毒鼠的含砷毒饵，或饮用被砷化物污染的水引起急性中毒。其次，用砷化物作为饲料添加剂时，由于添加不匀、用药过量和长时间连续应用而发生中毒。内服或注射含砷药物治疗疾病用量过大也可致中毒。再者，砷的化工业厂排放的三废污染水源、农作物和牧草，也是引发砷中毒的一大因素。

【症状与病变】 最急性中毒，一般看不到任何症状而突然死亡，或者病猪出现腹痛，站立不稳，虚脱，瘫痪以至死亡。亚急性中毒可存活 2～7 天，表现腹痛，厌食，口渴喜饮，腹泻，粪便带血或有黏膜碎片；初期尿多，后期无尿，脱水，心率加快，体温偏低，末梢冰凉，后肢偏瘫；后期肌肉震颤、抽搐，最后因昏迷而死。猪有机砷中毒，临床仅表现神经症状，如运动失调、视力减退、头部肌肉痉挛、偏瘫等。

【辨证】 毒物性湿热证。

【治疗】 发生中毒时，应立即停喂可疑饲料。治宜防止毒物进一步吸收，解毒和对症施治、祛湿解表。

方 1　急救处理。用 0.02%～0.1%的高锰酸钾溶液反复洗胃，然后将硫酸亚铁 100g 加常水 250mL 溶解，再与氧化镁 15g（用 250mL 常水溶解）混合震荡成粥状后口服 30～60mL，每隔 4 小时重复给药 1 次以解毒；或者灌服适量牛奶、鸡蛋清、豆浆或木炭末以吸附毒物。同时灌服硫酸钠 50g 导泻。

方 2　特效解毒。硫代硫酸钠 1～3g 配成 5%溶液，静脉注射或肌内注射；或 5%二巯基丙磺酸钠注射液 5～8mg/kg 体重，皮下、肌内或静脉注射，第 1～2 天可每隔 4～6h 用药 1 次，第 3 日起逐日延长用药间隔时间，7 天为 1 疗程；或二巯基丁二酸钠 20mg/kg 体重（用生理盐水或 5%葡萄糖注射液稀释后），缓慢静脉注射，每天 2～3 次，连用 2～3 天为 1 个疗程，用 3～4 个疗程。

方 3　对症治疗。生理盐水 250mL、10%～25%葡萄糖注射液 250～500mL、10%维生素 C 注射液 5～10mL，静脉注射，纠正脱水和电解质紊乱，禁用含钾制剂，因其可形成亚砷酸钾而被迅速吸收后，反而加重病情。30%安乃近注射液 10～20mL，肌内注射或口服水合氯醛 2～5g，以镇痛镇静。10%葡萄糖酸钙注射液 10～20mL，静脉注射，以解除肌肉痉挛、震颤。出现麻痹时，维生素 B_1 注射液 5～15mg，肌内注射，以恢复神经机能。10%安钠咖注射液 5～10mL，肌内注射以强心。25%尼可刹米注射液 1～2mL，静脉或肌内注射，以缓减呼吸困难。1%速尿按 0.1～0.2mL/kg 体重，肌内注射以利尿。

方 4　升华硫磺粉 5～10g，加水 1 次灌服。

方 5　防风 150g，研成细末，冷水冲服；或绿豆 500g，甘草 60g，同煎灌服。

方 6　茶叶、甘草、白扁豆各 15g，绿豆（去皮）250g，共研末，凉水冲调灌服。

【预防】 预防本病应严格管理砷化物农药，以防猪误食；治疗用砷化物制剂时，要严格控制其用量；用砷化物作为饲料添加剂时，应拌匀，且不能过量应用和长时间连续应用；严格治理砷化工业厂排放的三废，减少农作物、牧草和水源的污染；最好不用污染区的饲草或原料制饲料，严禁猪饮用污染区的水。

二十一、硒中毒

硒中毒是指猪长期采食含硒量极高的饲草、饲料、饮水或一次注射超过安全量的硒而引起的一种微量元素中毒病。

【病因】给猪长期饲喂富硒的饲料、添加剂，或注射了超过安全量的硒元素而引起中毒。另外，工业污染的废水、废气中含有硒，容易挥发为气溶胶，在空气中形成二氧化硒，猪长期吸入可引起慢性中毒。

【症状与病变】明显消瘦，发育迟缓；皮肤先潮红，然后发痒落皮屑，7～10天后开始脱毛，臀部敏感，触摸时嘶叫；蹄冠、蹄缘交界处有环状苍白线，蹄壳松动或脱落；精神沉郁，目呆，呕吐，磨牙，进行性贫血，呼吸加快，心跳减慢，心律不齐；孕猪流产，产死胎，弱仔。剖检：皮下脂肪少且呈黄色，肌肉色淡或黄红色，骨脆易碎，肝脏表面呈淡黄或深黄色、呈条纹状，全身淋巴结出血且有坏死灶等。

【辨证】毒物性气血虚弱证。

【治疗】没有特效解毒药。治疗应立即停用原来的饮水和饲料，并不可用维生素C，以免减少硒的排泄而加重病情。

方1 鸡蛋清、牛奶、煮黄豆浆、亚麻籽油等适量，口服，可降低硒的毒性。

方2 20%硫代硫酸钠注射液0.5mL/kg体重，静脉注射，可能有一定的疗效。

【预防】在富硒地区或不明土壤含硒量地区，应检查其含硒量，如含硒高，应换饲喂含硒适当的饲料，以免引起硒中毒；猪场应远离富硒煤矿或其冶炼的厂矿，以免发病；饲料中添加硒制剂时应注意添加量，且要搅拌均匀，特别是添加无机硒时，更应注意安全添加量；用硒制剂治疗疾病时，要注意控制剂量。

二十二、氟中毒

氟中毒根据引起中毒的毒物分为无机氟化物中毒和有机氟农药中毒。无机氟化物中毒又称氟病，是指猪长期摄入超过安全限量的氟化物引起的一种以骨、牙齿病变为特征的中毒病，常呈地方性流行。而有机氟农药中毒是猪误食了被氟乙酰胺（一种杀虫农药和灭鼠药）污染的饲料或毒死的老鼠而引发的一种急性中毒病。

【病因】接触被氟污染的环境（如氟化盐厂、磷肥厂、大型砖瓦窑厂所排放的废气、废水造成的环境污染）以及采食在被污染处生长的植物和饮水而引起猪无机氟化物中毒；长期补饲未经脱氟处理的过磷酸钙等矿物质饲料；用过量的氟化钠驱虫也可引起氟病。误食了被氟乙酰胺污染的饲料或毒死的老鼠而引发。

【症状与病变】急性猪氟病，多在摄入氟化物半小时出现症状，可见呕吐，腹痛，腹泻，严重时抽搐、昏迷，呼吸困难，发绀，最后呼吸、循环衰竭而死亡。慢性猪氟病最为常见，呈地方流行，可见被毛粗乱，异嗜，行动迟缓，步样强拘、跛行，数米之外即听到关节发出“嘎嘎”声，并发出痛苦哀叫，重者卧地不起、四肢瘫痪，跖骨、掌骨对称性肥厚，肋骨变粗隆起，下颌骨对称性增厚、间隙变窄，牙齿逐渐变为对称性斑釉齿、呈淡红色或淡黄色；母猪常发生流产，产死胎、木乃伊，泌乳减少。

食入氟乙酰胺中毒的病猪，突然发病，口鼻发干、苍白，口吐白沫，鸣叫，腹胀，呕吐、腹泻，呕吐物有恶臭味，粪便混血或黏液；重者全身肌肉震颤，共济失调，盲目运动，时而转圈、时而前冲、撞物倒地，倒地后四肢作游泳状划动，瞳孔放大，肛温偏低（36.5～37.5℃），肢端、耳尖发凉，多因呼吸困难、衰竭而死亡，死亡猪多为体大健壮者。

剖检见血液呈酱黑色；胃肠臌气，胃内充满难闻的液体和气体、胃底部潮红；肝、脾肿大，色深或淤血；肺瘀血和水肿、出血；心脏和心内膜、外膜出血，心肌松软；腹腔内有少量深红色液体；胆囊壁增厚，胆汁黏稠；脑充血、出血。

【辨证】毒物性肝风内动。

【治疗】治宜及时清除毒物，解毒和对症施治、祛风止痉。

方1　先内服1%硫酸铜25～50mL催吐，0.5%氯化钙溶液洗胃，随后灌服硫酸钠50g导泻，再投服维生素D 5000～2万单位、牛奶500mL，或鸡蛋清10个和浓茶水200mL灌服，以保护胃黏膜。用于急性中毒者。

方2 10%葡萄糖酸钙注射液50～100mL，或5%氯化钙注射液20～50mL、10%葡萄糖注射液100～200mL，静脉注射，缓减低钙血症；同时，静脉注射25%硫酸镁注射液10～30mL，缓减低镁血症。隔天1次，3次为1疗程。并肌肉注射5%维生素B_1注射液20mL、25%维生素C注射液20～30mL，隔日1次，5次为1疗程。用于慢性中毒者。

方3 用滑石粉50g，分2次拌料喂服，15天为1疗程，停喂3天后再喂15天。

方4 解氟灵（氟乙酰胺特效解毒药）0.1～0.3g/kg体重，肌内注射，每天4～6次，首次量加倍，重者连用2～3天；灌服0.5%硫酸铜溶液50～100mL催吐，或用0.02%～0.05%高锰酸钾溶液反复洗胃；肌内注射盐酸氯丙嗪注射液100～200mg以解除痉挛；肌内注射25%尼可刹米注射液1～2mL或氨茶碱0.2～0.4g以兴奋呼吸；静脉注射5%葡萄糖氯化钠注射液200mL和10%维生素C注射液20mL以纠正脱水严重者。用于氟乙酰胺中毒。

方5 仙人掌80g，去刺去皮后捣烂，加食盐10g和常水100mL调匀，1次灌服。

【预防】 在自然高氟区，应引进低氟水或打深井取水饮用，或用活性氧化铝、明矾或熟石灰除氟后再作饮用水；应采取综合治理措施防控工业氟污染环境。注意含氟农药（氟化钠和氟乙酰胺）的妥善使用和管理；妥善处理被药毒死的老鼠，防止猪只吃食。

二十三、磷化锌中毒

磷化锌中毒是由于猪误食被磷化锌污染的饲料或被磷化锌毒死的老鼠后，而引起的中毒性疾病。临床以肌肉痉挛、呼吸困难、呕吐、腹泻等为特征。

【原因】 磷化锌对猪的致死量为每千克体重20～40mg。猪误食含用磷化锌灭鼠的毒饵，或摄入被磷化锌污染的饲料、饮水引起中毒；有时也见人为投毒。

【症状与病变】 病猪精神沉郁，不食，腹泻和呕吐，呼吸困难，可视黏膜发绀；呼出气和腹泻、呕吐物有大蒜味；初期体温略高于正常、后期偏低（35～37.6℃）；病重猪卧地不起，全身肌肉痉挛，呼吸极度困难，张口吐舌，口流黏稠唾液，胸腹部敏感，触之尖叫，从发病到死亡约为 6 小时，死猪尸僵直、腹部膨胀。剖检见口腔、气管内有多量白色胶样分泌物或泡沫状液体，肺充血、水肿；胃黏膜充血、出血，并大面积脱落，胃壁水肿增厚，胃内散发出大蒜味；肝肿大呈黄褐色，有出血点；心脏内外膜有散在出血点；肾肿大，包膜易剥脱。

【辨证】毒物性亡阳证。

【治疗】本病无特效解毒药。发现中毒应停喂可疑饲料和饮水。治宜催吐、洗胃、导泻（不可用油类泻剂，禁服脂肪类、牛奶和鸡蛋）、解毒、强心、兴奋呼吸等对症治疗措施。

方 1　1%硫酸铜溶液 25～50m 灌服催吐；用 1%～2%碳酸氢钠溶液反复洗胃，延缓磷化锌的分解速度；灌服硫酸镁或硫酸钠 40～60g、活性炭 30g 以导泻；静脉注射 5%硫代硫酸钠注射液 30～40mL、10%维生素 C 注射液 3～5mL、10%安钠咖注射液 5mL 以解毒强心；肌肉注射 25%尼可刹米注射液 1～2mL 以缓减呼吸极度困难者。肌肉注射硫酸阿托品 2～15mg 以解除痉挛，根据中毒轻重，隔 1～4 小时注射 1 次，直至猪瞳孔散大。同时配合耳尖、尾端放血。病猪症状缓解后，每天静脉注射葡萄糖、硫代硫酸钠和葡萄糖酸钙各 1 次，连续用药 3～4 天。

方 2　25%硫酸镁注射液 10～30mL 或盐酸氯丙嗪注射液 1～3mg/kg 体重，静脉或肌内注射以镇静；肌内注射 10%樟脑磺酸钠注射液 5～10mL 以强心，1%速尿注射液 0.1～0.2mL/kg 体重以利尿解毒。

方 3　仙人掌 50～100g，捣碎后加水适量灌服，连用 2～3 次。

【预防】专人妥善保管毒饵，防止被猪误食或污染饲料、饮水。及时妥善处理被毒死的老鼠。发现误食毒饵，应立即催吐、洗胃、导泻以延缓磷化锌的分解速度，加速毒物排出体外。

二十四、安妥中毒

安妥中毒是猪误食安妥毒饵或被安妥污染的饲料而引起的一种灭鼠药中毒病。临床以肺水肿、呼吸促迫、呕吐、呻吟、兴奋等为特征。

【病因】安妥又称α-萘基硫脲，对猪的半数致死量为单次口服25～50mg/kg体重。当猪误食安妥毒饵或被安妥污染的饲料即会引起中毒。

【症状与病变】食后数小时内，病猪忽然呼吸急促，口吐白沫或呕吐，呻吟怪叫，兴奋不安，流带血样泡沫状鼻液，体温正常，不及时救治，极易死亡。剖检见肺暗红、极度肿大、多出血斑，胸腔内积有大量透明液体；肝、脾暗红，肾充血，心包膜有出血点；胃黏膜充血并有少量溃疡斑。

【辨证】毒物性肝风内动。

【治疗】发现中毒应采取切断毒源。治疗宜排毒和对症施治。

方1 1%硫酸铜40～60mL灌服催吐；0.1%高锰酸钾水溶液，灌服洗胃，促进体内残留毒物排出。并用50%葡萄糖注射液10～30mL、20%甘露醇注射液100～300mL、10%安钠咖注射液5～10mL，静脉注射；维生素K_1注射液20～30mg，肌内注射；维生素C片1g解毒，口服，每天3次；含2%食盐的绿豆汤适量，灌服。

方2 血针疗法。耳尖、尾尖、尾本，用宽针或尖刀刺破放血。

方3 水针疗法。取肺俞、断血、大椎等穴。注射维生素K_1注射液20～30mg、25%维生素C注射液4mL，每日1次，连续3次。配合血针治疗。

【预防】妥善放置安妥毒饵，防止污染饲料和被猪误食。

二十五、铅中毒

铅中毒是指猪摄入过量的铅而引起的以神经机能紊乱、共济失调和贫血为特征的中毒性疾病。

【病因】铅为蓄积性毒物，小剂量持续地进入体内能逐渐积累而呈现毒害作用。猪长期采食在被铅污染的环境中生长的饲草或谷物等配制的饲料以及饮水等，可引起慢性铅中毒。另外，猪误食了含铅的汽油、机油、润滑油、油漆、颜料、蓄电池和铅弹等引起急性铅中毒。日粮中添加乳糖也可增加对铅的吸收。

【症状与病变】猪大剂量摄入铅后出现尖叫，腹泻，流涎，磨牙，肌肉震颤，共济失调，惊厥，失明，贫血等。血液中出现大量的有核红细胞、网织红细胞明显增多，红细胞中可见嗜碱性彩点；脑脊液增多，脑水肿、充血；肾脏肿大、脆性增加、呈黄褐色，肾小管颗粒变性和坏死、管腔堵塞；肝脏脂肪变性，偶有核内包涵体；骨质疏松或在骨骺端有致密的铅线。

【辨证】 毒物性肝风内动。

【治疗】 发现铅中毒，应立即切断毒源。治疗宜洗胃排毒，解毒及对症施治。

方1　急性中毒者，立即灌服1%硫酸铜溶液40～60mL催吐，灌服0.02%～0.1%高锰酸钾水溶液洗胃，口服6%～7%硫酸镁导泻。同时静脉注射10%葡萄糖注射液300mL、三磷酸腺苷注射液25mg、10%维生素C注射液10mL、10%葡萄糖酸钙注射液50～100mL，盐酸氯丙嗪注射液1～3mg/kg体重以镇静。

方2　慢性中毒者，依地酸二钠钙（乙二胺四乙酸二钠钙，$CaNa_2EDTA$）75～110mg/kg体重用5%葡萄糖注射液配成1%～2%浓度，静脉注射，每天2次，连用3～4天。

【预防】 预防本病应避免在铅矿及其冶炼厂污染地区放牧，防止饮用铅污染水；饲槽、圈舍周围的栏杆、门窗中猪只能舔食到的部位不用含铅油漆及颜料；圈舍及放牧地区，不要堆放或乱扔铅皮、油毛毡、机油等含铅垃圾。综合防制铅污染环境，减少工业生产向环境中排放铅是预防环境铅污染对动物危害的根本措施。在铅污染区对猪经常补充钙有一定的预防效果。另外，在铅污染区给猪补硒可明显减轻铅对组织器官机能和结构的损伤。

二十六、铜中毒

铜中毒是指猪一次误食大量铜盐引起急性中毒，或长期采食含铜盐较高的饲料、某些含铜植物而引起肝铜蓄积过多导致慢性中毒。

【病因】 当猪误吃了以硫酸铜、次醋酸铜、碳酸铜、氯化铜、氧化亚铜、硝酸铜等铜盐为原料制作的杀虫剂、浸种剂、驱虫剂、灭螺剂、木材防腐剂，即可发生急性中毒。或给猪长期饲喂含铜盐较高的饲料所致，当日粮铜的含量超过250mg/kg则易引起中毒；超过500mg/kg可致死。或者猪采食了被铜矿业三废污染的饲草或饮水也易发生中毒，当土壤中的含铜量高达1000～2000mg/kg时，此处的水、草就有极大的危险性。日粮中缺乏锌和铁时，可增加猪对铜中毒的敏感性。

【症状与病变】急性中毒者腹痛，剧泻和呕吐，呕吐物和腹泻物呈绿色或蓝色，有强烈渴感，体温升高（40～41℃），心律加快，严重休克时体温下降，继而虚脱，通常24～48小时内死亡。慢性中毒者精神沉郁，厌食，体温40～41℃，呼吸迫促，甚至困难，耳缘发绀，眼潮红，流黄色眼泪，行走蹒跚，头抵地、昏睡，皮肤发痒、丘疹，黄疸，粪便呈褐色或深绿色，尿红茶样带黑。剖检可见胃部食管区糜烂，肺脏水肿，肝脏、脾脏和肾脏肿大，胆囊肿大，胆汁浓稠，肠系膜淋巴结弥漫性出血，胃底黏膜出血，食道和大肠黏膜溃疡。慢性中毒者，肝脏纤维素性增生。

【辨证】毒物性肝风内动。

【治疗】发现中毒，应立即停喂可疑饲料。治宜排毒、解毒和对症施治。

方1 0.1%亚铁氰化钾（黄血盐）溶液洗胃，减少铜盐的吸收；灌服适量牛奶、蛋清、豆浆或活性炭保护肠黏膜。乙二胺四乙酸二钠钙1g或解铅乐1g，用生理盐水或5%葡萄糖注射液20～40mL溶解后静脉注射，每天1次，3天为1疗程，隔3～4天后再重注1次，以排除已吸收的铜盐。并肌内注射10%安钠咖注射液5mL以强心和1%速尿0.1～0.2mL/kg体重以利尿，静脉注射25%葡萄糖注射液300～500mL、三磷酸腺苷注射液25mg、10%维生素C注射液10ml、10%氯化钙注射液50mL、40%乌洛托品40mL保肾护肝。

方2 二巯基丁二酸钠7～20mg/kg体重，溶于生理盐水20～40mL，缓慢静脉注射，每天1次，连用4～5天。

方3 钼酸铵50～100mg、硫酸钠0.3～1g，喂服，每天1次，连用3天，可减少急性发病时的死亡率。

方4 10%～20%硫代硫酸钠溶液10mL/50kg体重，肌注，每日1次，用于慢性铜中毒。

【预防】预防本病应禁止饲喂铜矿和冶铜厂附近受污染的水和饲草；用铜制剂治疗疾病时应准确掌握剂量；在饲料中添加铜微量元素时，添加量不超过250mg/kg，且应搅拌均匀；日粮中增加钙、钼、锌、蛋白质和维生素E含量，以预防铜中毒。

二十七、锌中毒

猪锌中毒指猪一次摄入过量的锌剂或长期摄入含锌量较高的饲料或饮水而引起的一种微量元素中毒病。

【病因】 猪可耐受的日粮中锌含量为1000～2000mg/kg。用鸡强制换羽的高锌饲料来喂猪而发病，或猪长期采食或饮用被锌污染（镀锌管道以及锌的三废）的饲草料和饮水而引起蓄积性中毒。

【症状与病变】 猪的食欲下降，不愿走动，拉稀，随后拒食，能饮水，有明显的跛行，关节肿胀。剖检见胃肠有弥漫性出血，前肢肩关节、腕关节和后肢关节均见肿大、出血，腋部皮下出血。

【辨证】 毒物性肾阳虚衰。

【治疗】 锌中毒目前尚无特效疗法，治宜采取对症和支持疗法。

方1 肌肉注射0.5%维生素K_1注射液2～4mL和口服维生素D 5000～20000IU，静脉注射10%葡萄糖酸钙注射液50～100mL，或5%氯化钙注射液20～50mL加10%葡萄糖注射液100～200mL，连续用药2天。

方2 碳酸钙20～30g，硫酸钠或硫酸镁40～50g，或加水适量，1次灌服。

方3 维生素K_3注射液10mg，维生素AD合剂2mL，肌内注射，每天1～2次，连用5天。10%葡萄糖注射液150～250mL，静脉注射。

【预防】 严禁用鸡强制换羽的高锌饲料喂猪；严格控制锌制剂在饲料中的添加量；对来源于锌污染区的饲草或原料在配制饲料前，一定要检测锌的含量，以防锌的超标；对猪场的镀锌管道要定期清检。

二十八、一氧化碳中毒

一氧化碳中毒指猪吸入一氧化碳气体所致的以机体缺氧为特征的中毒性疾病。以冬季产房内母、仔猪多发。

【病因】 主要因产房内用煤炭或木材、秸秆等含碳物质取暖，当燃烧不完全时，再加上排烟不畅，可造成室内一氧化碳浓度急剧上升，猪吸入后即可引起中毒。

【症状与病变】 中毒轻者表现羞明、流泪，呕吐，心动过速，呼吸困难，步态不稳等；重者表现迅速昏迷、反射消失，可视黏膜呈樱红色，全身大汗，呼吸急促，脉细弱，后驱麻痹，有时出现阵发性肌肉强直或抽搐，最后意识丧失、大小便失禁、呼吸麻痹、窒息而死。

【辨证】毒物性亡阴证。

【治疗】发现中毒立即将动物撤离，让其呼吸新鲜空气，症状轻者可不治自愈。治宜对症施治。

方 1 重症病例，用含5%～7%二氧化碳和含95%～93%氧气的混合气体进行吸入治疗，也可静脉注射1%双氧水。

方 2 给中毒猪输入一定量健康猪的同型血，同时进行对症治疗。静脉或腹腔注射25%山梨醇溶液或50%高渗葡萄糖注射液50～100mL，以缓解脑水肿；肌内注射10%樟脑磺酸钠注射液5～10mL或10%安纳咖注射液5～10mL以强心；肌内注射25%尼可刹米注射液1～2mL或氨茶碱注射液0.2～0.4g以兴奋呼吸；将10%～25%葡萄糖注射液100～500mL、10%维生素C注射液20～30mg/kg体重、维生素B_1注射液50～300mg混合后静脉注射，配合肌内注射氢化可的松注射液20～80mg或地塞米松注射液5～25mg，解救休克。

二十九、氨中毒

氨中毒指猪误食了氮肥（尿素、硝酸铵、硫酸铵）或被氮肥污染的饲料或误饮氨水后，使体内氨含量突然大增而引起的一种中毒病。

【病因】因氮肥保管不当而被猪误食，或误将氮肥当食盐加入料中而喂猪，或猪饮用了氮肥的副产品氨水而引起猪氨中毒；另外，空气中氨气含量达到70mg/m^3上时，也可接触致病。

【症状与病变】饮入氨水或误食氮肥的中毒，首先出现严重的口炎、咽喉炎，流涎，呼吸困难，两耳、腹下、会阴部皮肤呈深红色，体温偏低；腹痛不安，频频举尾，里急后重，排带有泡沫的粪便；全身颤抖，共济失调；个别猪皮肤发紫，伴有阵发生强直痉挛。剖检见口、鼻内有泡沫状液体，黏膜溃烂，胃内容物有氨气味，肺水肿，中毒性肝病、间质性肾炎以及心肌变性等。

【辨证】毒物性湿热内蕴证。

【治疗】本病无特效疗法。治宜对症施治、清热消食。

方 1 白糖100g用开水溶解后，加入食醋250mL，给猪灌服。

同时静脉注射10%葡萄糖注射液300～1000mL、10%维生素C注射液3～10mL。病情重者，隔8小时再静脉注射上药1次。另外，每天肌内注射庆大霉素16万～32万单位，连用2～3天。

方2　食醋500mL、蜂蜜100mL，加水4～5倍稀释，1次灌服。

【预防】严禁把氮肥作为氮原给猪饲喂；妥善保管好氮肥，防止猪误食。给猪饲料添加食盐时，要认真谨慎，以防误添氮肥；消毒畜舍的氨水要妥善放置；畜舍要通风良好、清洁卫生。

三十、蛇毒中毒

蛇毒中毒是猪被毒蛇咬伤而引起的以神经、血液和循环系统严重损伤为主的全身性急性中毒病。

【病因】主要是被毒蛇偷袭咬伤。在南方7～9月炎热季节最多发，猪的咬伤部位多在四肢及鼻端。仔猪一旦咬伤，可在1小时内中毒死亡。

【症状与病变】猪被毒蛇咬伤后，其症状的轻重与毒蛇的种类、毒蛇的排毒量、毒液的吸收量及个体的体况有关，因此症状各有不同。神经毒症状，多由金环蛇、银环蛇等毒液所致，表现为呻吟，兴奋不安，全身肌颤，吞咽困难，口吐血沫，散瞳，血压下降，呼吸困难，心率失常，最后四肢麻痹，卧地不起，终因呼吸麻痹、窒息而死。血循毒症状，多由蝰蛇、五步蛇、竹叶青蛇、龟壳花蛇等所致，表现为咬伤部位剧痛、流血不止、迅速肿胀、发紫发黑、极度水肿、甚至发生组织溃烂和坏死，肿胀很快向上蔓延到整个头部或颈部，或蔓延到前肢以及腰背部；毒素吸收后引起全身颤抖，继而发热，心动过速，脉搏加快，血尿、血红蛋白尿和少尿；重者血压下降，呼吸困难，不能站立，最后倒地，死于心脏麻痹。混合毒症状，多由眼镜蛇和眼镜王蛇的毒液所致，表现为红肿热痛和感染坏死等局部症状明显；毒素吸收后，全身症状重剧而且复杂，既具备神经毒所致的各种神经症状，又具有血循毒所致的各种临床表现；死亡的直接原因是呼吸中枢和呼吸肌麻痹引起的窒息，或是因心力衰弱引起的休克。

【辨证】毒物性亡阴亡阳证。

【治疗】采取急救措施，防止蛇毒扩散，进行排毒和解毒，并配合对症治疗。

方1 立即在被毒蛇咬的伤口上方约2～10cm处结扎以防蛇毒扩散，随后用清水、冷开水、肥皂水、3%过氧化氢溶液、0.2%高锰酸钾溶液或0.02%呋喃西林溶液冲洗伤口，清除毒液，再用消过毒的小刀或三棱针在两个毒牙痕间的皮肤处扩创迫毒外流，也可用拔火罐等方法吸出毒液（但蝰蛇及蝮蛇咬伤者，一般不作扩创排毒，以防出血不止）。在扩创的同时，向创腔内或其周围局部点状注入适量1%高锰酸钾、胃蛋白酶以破坏蛇毒，也可用0.5%普鲁卡因注射液100～200mL进行局部封闭。

方2 内服解蛇毒的药物。如上海蛇药、蛇伤解毒片、群生蛇药等。

方3 七叶一枝花、八角莲、山梗菜、万年青、青木香、石蟾蜍、半边莲、田基黄等，用上述鲜草一种或数种，捣烂敷于伤口周围。

【预防】首先要掌握毒蛇的活动规律及其特性，采取措施加强预防；搞好畜舍卫生，对畜舍周围的树洞、岩洞、墙洞，应及时堵塞；要经常清查草料堆、乱石堆以防有蛇居住；同时畜舍经常灭鼠，可减少毒蛇因捕鼠而进入畜舍。

第七章 猪外科病和产科病

第一节 猪外科疾病的土法良方

一、湿疹

湿疹，中兽医称为湿毒症，指皮肤上层组织由于某种刺激而引起皮肤发生丘疹、瘙痒为特征的一种病症。常发于夏秋高温多雨的阴湿季节，多见于仔猪。

【病因】外界因素是主要的致病因素，如有毒物刺激，圈舍阴暗潮湿，饲料单纯，饲料中缺乏矿物质和维生素等均可致猪发生湿疹。此外，猪只皮肤不洁、寄生虫感染、慢性便秘和下痢、昆虫叮咬等也可引发本病。

【症状】患猪初期一般体温和食欲正常，常于耳根、下腹部及四肢内侧等处皮肤发生瘙痒。病初，皮肤渐红、肿胀，逐渐出现米粒至豌豆大小的扁平丘疹，有的形成水疱或脓疱，随后因摩擦而破溃结痂，呈麸糠样黑色痂皮。病程较长猪则表现食欲减退，精神沉郁，生长缓慢，皮肤粗厚，消瘦，衰弱，甚至死亡。

【辨证】湿热郁结或风热侵扰。

【治疗】治宜清热解毒、除污、祛湿止痒。

方 1　强力解毒敏注射液（复方甘草酸铵注射液，2mL：甘草酸铵 4mg，氨基乙酸 40mg，L-半胱氨酸 3mg），每千克体重 0.1～0.2mL，皮下或肌内注射，隔日 1 次，连用 2～4 次。

方 2　3%硼酸或 2%明矾溶液刷洗患部，然后再涂擦氧化锌软膏或硼酸软膏。

方 3 防风、蛇床子、苦参、黄柏、花椒子、艾叶各 15g，水煎取汁，候温刷洗患部。

方 4 紫草 25g，白芍 8g，菊花 35g，葛根 85g，栀子 20g，甘草 8g，水煎 3 次，取汁混合，分 3 次拌料喂服。同时取千里光 4000g，一点红 2000g，飞扬草 1300g（30 头份），水煎取汁，喷洒猪体。

方 5 双花、板蓝根各 200g，共研为末，每次 25g 拌料喂服母猪，每日 2 次，连用 1 周，对仔猪湿疹有一定疗效。

方 6 丝瓜叶捣烂见汁，涂擦猪只患部至红，每 3 日 1 次，用药 2～3 次即可见效。

方 7 蒲公英 3g，地丁草 3g，绿豆衣 2.4g，金银花 3g，玄参 3g，水煎取汁，候温 1 次灌服。适合于 5kg 左右的猪只。

方 8 青黛 30g，黄柏 30g，煅石膏 60g，滑石 60g，共研为末撒布或用麻油调敷于患部。

方 9 新鲜苍耳全草适量，水煎为浓药汁，趁热刷洗患部。

方 10 地榆 5 份，煅石膏 5 份，枯矾 2 份，凡士林 10 份，研末制成药膏，涂抹于患部。

方 11 松树针叶适量，焙干研末，涂于患部；或将药末加醋煎熬后，刷洗患部。

方 12 蜂房、明矾各适量，将明矾装于蜂房孔内，慢火烤枯明矾后再研为末，撒于患处。

方 13 花椒、艾叶、白矾、食盐各 50g，大蒜 250g，共煎取汁，涂洗患部，连用 3～4 次。

方 14 茵陈、金银花藤各 100g，煎水服。

方 15 雄黄 50g，猪苦胆 5 个，混合涂患部。

方 16 千里光、一枝黄花、野菊花、茵陈、艾叶各 25g，煎服。

方 17 地肤 15g，蛇床子 15g，煎水洗患部。

方 18 血针疗法 主穴为血印、前后寸子，配穴为山根、鼻梁、尾尖，以小宽针或三棱针刺破后视猪体体况适量放血。

【预防】饲喂富含维生素和矿物质的饲料；猪舍应阳光充足，保持干燥、清洁；保持猪只皮肤清洁，防止蚊、蝇叮咬。

二、荨麻疹

荨麻疹又称猪风块疹，是猪体受到外界或体内不良刺激而发生的一种过敏性皮肤病。

【病因】蚊、虻、蝇等昆虫叮咬，出汗后感受风寒，食入霉变或有毒饲料、化学药品及植物性荨麻毒毛的刺激，致使皮肤黏膜血管扩张而出现的一种局限性水肿反应。寄生虫病和急性胃肠功能紊乱，也可继发荨麻疹。

【症状】患猪头部、颈部两侧，胸侧、肩背部、臀部、乳房及肛门等部位出现大小不等的圆形和椭圆形的丘疹，周围有红晕，很快向周围扩散连成大块，患部皮肤瘙痒。病愈时，丘疹迅速消失，不留任何痕迹。

【辨证】风热侵扰或风寒侵袭。

【治疗】治宜祛风除湿、止痒。

方1　盐酸苯海拉明片（25mg），每千克体重2～4mg，1次口服。

方2　0.1%盐酸肾上腺素注射液（1mL：1mg），每头0.1～1.0mL，皮下注射。

方3　薄荷、牛蒡子、冬桑叶、防风各5g，僵蚕0.4g，蝉衣5g，水煎1次灌服（5kg猪用量）。

方4　艾蒿叶5份，花椒5份，防风2份，共煎取汁，热洗患部，每日2次。

方5　艾蒿叶5份，黄柏5份，白矾2份，共煎取汁，洗患部。

方6　食盐1份，白矾1份，大蒜2份，先将大蒜切碎熬水，然后加入食盐和白矾并溶解，趁热取汁擦洗患部。

方7　蝉脱、防风、荆芥各等量，共煎取汁，趁热擦洗患部。

方8　香菜500～800g，水煎1次，连同香菜喂服，或每日2次分服。

方9　白酒250g加热，与食用碱50g混匀，外擦患部。

【预防】做好猪舍卫生消毒工作，并保证猪舍干燥及通风良好；不饲喂霉变、有毒饲料。

三、风湿病

风湿病是一种急性或慢性反复发作的非化脓性炎症，常侵害对称的关节、肌肉及心脏。中兽医观点认为，风湿病是风、寒、湿侵入机体，致使肌肉和关节疼痛、心肌炎发作，又称风瘫。寒湿地区和冬春季节发病率较高。

【病因】本病全年均可发生，发病原因尚不完全清楚。冷湿天气、寒冷贼风、圈舍潮湿、饲料突变均易诱发本病；高热闷燥天气下浇喷井水施行降温，也可引发本病。一般认为，风湿症发生与溶血性链球菌感染有关。

【症状】患猪主要表现肌肉和关节疼痛及机能障碍。疼痛表现时轻时重，有活动型的、静止型的和复发型的。风湿病可分为肌肉风湿和关节风湿。个别风湿性肌炎患猪不表现症状即死亡，有的表现食欲减退，体温升高，触诊肌肉质度变硬，疼痛反应明显。患风湿性关节炎时，患猪常出现跛行，腰板僵硬，但随运动加强，跛行及疼痛症状会有所减轻。

【辨证】风湿内侵。

【治疗】治宜祛风除湿、活血及解热镇痛。

方 1　复方水杨酸钠注射液（10mL：水杨酸钠 0.5g，碘化钠 0.5g）10～20mL，1 次静脉注射，每日 1 次，连用 3～5 次。

方 2　复方安乃近注射液（2mL：0.5g）5～10mL，2.5%醋酸可的松注射液（5mL：125mg）5～10mL，分别肌内注射，每日 1 次，连用 2～3 次。

方 3　五加皮 50g，水煎取汁，与黄酒 250mL 混合，混食饲喂，或洗患部。

方 4　苍术 60g，麻黄 25g，防风 40g，荆芥 35g，羌活 40g，制草乌 15g，当归 40g，制川乌 15g，川芎 40g，黄芩 50g，共研为末，开水冲调后加水杨酸钠 25g，内服，对急性热型肌肉风湿具有较好疗效。

方 5　制天南星 30g，羌活 40g，独活 40g，秦艽 60g，当归 40g，川芎 40g，制草乌 15g，制川乌 15g，地龙 40g，牛膝 40g，水煎取汁混于 150g 白酒中，内服，对游走性疼痛风湿性关节炎具有较好疗效。

方 6　黑乌梢蛇数条，焙焦研为末，每次用量为小蛇 1 条，中蛇半条，大蛇 1/3 条，黄酒 200mL 为引，内服或拌料喂服，对久病的慢性风湿性肌炎具有较好疗效。

方 7　苍术、白术各 60g，薏苡仁 120g，水煎取汁，内服，对背腰僵硬慢性风湿性肌炎疗效较好。

方 8　荆芥 40g，防风 40g，桂枝 40g，透骨草 45g，独活 40g，羌活 40g，当归 50g，威灵仙 50g，制草乌 15g，制川乌 15g，水煎 2 次后取汁与白酒 150g 混合，内服。

方 9　连翘 40g，知母 30g，桔梗 30g，紫苏 30g，当归 40g，山药 25g，白芷 25g，杏仁 25g，花粉 30g，马兜铃 25g，平贝 25g，甜瓜子 30g，水煎 2 次，蜂蜜 100g 为引，内服。

方 10　大葱、花椒、生姜及艾蒿叶各等量，水煎取汁，趁热擦洗患处。

方 11　酒糟适量，加热后装入麻袋或编织袋，轮换外敷患处。注意避免烫伤皮肤，如发汗后应注意保温。

方 12　独活 9g，桑寄生 12g，秦艽 9g，防风 9g，细辛 3g，当归 9g，川芎 6g，牛膝 6g，茯苓 6g，木瓜 5g，水煎取汁，内服。病初，可加羌活 9g、桂枝 9g 以散风寒；疼痛严重时，可加乳香 6g、没药 6g，以活血止痛。

方 13　醋 1kg，酒 1kg，将酒加热后与醋混合，用棉花蘸之涂患处。

方 14　独活 50g，羌活 50g，木瓜 50g，制川乌 40g，制草乌 40g，薏苡仁 50g，牛膝 50g，甘草 20g。川乌、草乌加新鲜带肉猪骨 500g 文火炖 4 小时，再下余药煎汁，每日分 2 次灌服，连服 5 日。

方 15　生姜、大蒜和白酒按 1∶2∶7 的比例，先将生姜、大蒜捣碎放于白酒中浸泡 3～7 日后备用。患部用温水洗干净后用姜蒜酊擦涂，每日 2 次，连用 1 周。

方 16　当归、天南星、桂枝、川牛膝、木瓜各 25g，煎服。

方 17　紫苏 25g，生草乌、牛膝、木瓜、桂枝各 15g，煎服。

方 18　苍术、艾叶、蒜瓣子、花椒各适量，煎水洗四肢。

方 19　炙黄芪、薄荷、川牛膝、巴戟、补骨脂、威灵仙各 10g，白芍、木瓜、当归、桑枝各 15g，煎服。

方 20 取前肢的抢风穴、膊尖穴、膊栏穴、冲天穴、前蹄叉等穴位，后肢和腰胯部的百会穴、大胯穴、小胯穴、后三里穴、肾门等穴，行白针、电针、火针或水针。水针可注射安痛定注射液、红花注射液、当归注射液或可的松注射液等3～5mL，隔日1次，连续3～5次。也可施行醋酒灸、醋麸灸。还可烧烙。

【预防】 在冬春季节，要特别注意饲养管理和环境卫生，圈舍应保持清洁、干燥、通风良好，冬季应防寒保暖；让猪适当运动和晒太阳。

四、脓肿

脓肿是急性感染过程中，组织、器官或体腔内因病变组织坏死、液化而出现的局限性脓液积聚，四周有一完整的脓壁。常发生于颌下、阴囊、腹股沟、耳后、乳房、脐部及四肢等部。

【病因】 本病主要的致病菌是葡萄球菌，其次是化脓性链球菌、大肠杆菌、铜绿假单胞菌和腐败杆菌。有时可见结核杆菌、放线杆菌感染形成冷性脓肿（又称寒性脓肿，临床上无红、肿、热、痛现象）；刺激性强的化学药品，如氯化钙、高渗盐水、水合氯醛等被误注或注射时漏入皮下或肌肉可引起的非细菌性化脓性炎症；注射时不遵守无菌操作规程，注射部位也可发生脓肿。

【症状】 初期局部呈弥漫性红肿，后突出于表皮，随后范围逐渐缩小，形成局限性球状肿块，中央逐渐软化，按压时具波动感。脓肿常自溃排出脓汁。

【辨证】 热毒壅盛或外伤。

【治疗】 治宜清热凉血、清创消毒，消炎止痛、促进炎症产物消散吸收，防止化脓。

方 1 初期，可局部涂布消炎止痛软膏，如樟脑软膏、鱼石脂软膏、复方醋酸铅散等，亦可使用复方醋酸溶液、鱼石脂酒精或栀子酒精冷敷。炎性渗出停止后，局部可用温热疗法，同时配合抗生素或磺胺类药物治疗。

方 2 当炎症无法控制时，可应用温热疗法及药物刺激（如3%鱼石脂软膏）促进脓肿成熟；当局部出现明显波动时，可行手术疗法。在脓肿最低部位切开排脓，用浓茶汁反复冲洗，然后将紫花地丁干粉填入脓腔，每日1次，直至痊愈。

方3　马齿苋、蒲公英各60g，水煎取汁，候温灌服；也可用鲜品捣烂外敷。适用于尚未化脓的脓肿。

方4　鲜生地黄、天花粉各15g，金银花、蒲公英、玄参、地丁草、绿豆衣各10g，水煎取汁，候温1次灌服。

方5　0.2%高锰酸钾水溶液冲洗患部，然后将洗净的活蚯蚓和红糖等量混合，捣至泥状，敷于患处，每日换药2次。

方6　天南星研末，用醋调匀后敷于患部，每日换药3次。

方7　南瓜蒂烧成灰，香油调匀后敷于患部，每日换药2～3次。

方8　蒲公英200g，黄芪60g，皂角刺60g，川芎50g，白芷40g，花粉40g，水煎2次，合并煎液，候温灌服，对脓肿初期肿胀和热痛有较好效果。

【预防】注射给药时应执行严格无菌操作规程；经静脉注射刺激性药物时，应避免将其漏出静脉；发生外伤时，应及时处理，以防感染。

五、关节炎

关节炎是指由炎症、感染、创伤或其他因素引起的关节炎性病变，其主要特征是关节红、肿、热、痛和功能障碍。最常见的是骨关节炎和类风湿关节炎两种。

【病因】骨关节炎多由细菌感染引起，关节扭伤和损伤常是骨关节炎的诱因。长期受潮湿和风寒刺激，可致风湿性关节炎；此外，链球菌和其毒素也可导致风湿性关节炎。

【症状】仔猪发病时，关节急性肿胀，数日后变坚硬，有时形成脓肿，触诊敏感、疼痛。成年猪发病，初期关节并不肿大，其后逐渐增大且坚硬，很少形成脓肿。严重时，食欲降低，体温稍高，如得不到及时治疗，则猪只逐渐消瘦，生长缓慢。风湿性关节炎和细菌感染所引起的关节炎，一般伴有全身发热，几个关节同时有疼痛感，并稍有肿大，常是几个关节反复轮换发病。

【辨证】湿热下注。

【治疗】治宜消炎止痛。

方1　醋酸可的松注射液（5mL：125mg）2～5mL，1次肌内注射。

方 2 5%碘酒或松节油、樟脑油或 10%水杨酸酒精溶液涂擦患处。

方 3 硫酸镁 250g 加入温水 500mL 中，趁热洗患部。

方 4 苦楝树皮 500g，花椒叶 200g，二者共研碎，加醋 200mL 炒热，敷于患处后用布包裹好（注意松紧适度）。对于风湿性关节炎具有较好疗效。

方 5 金银花、连翘、天花粉各 15g，乳香、没药、甲珠、牛膝、当归、地丁、蒲公英、红花各 10g，共研为末，开水冲调，加黄酒 250mL 灌服。

方 6 乌梅根研为细粉，与蛋清混合，贴于患处。

方 7 半边莲适量切碎，加 95%酒精浸泡 2 日，涂擦患部。对关节周围炎效果较好。

方 8 威灵仙或刘寄奴草煎汁趁热洗患部。

方 9 犁头草捣烂，加适量热醋，外敷治疗关节周围炎。

方 10 针灸疗法。主穴选涌泉、滴水、抢风、三里、前后寸子，配穴选三台、百会、七星。

【预防】 加强饲养管理，保持猪舍清洁干燥，防止贼风；加强卫生防疫；避免猪只受伤。

六、关节扭伤

关节扭伤指由于外力的作用使关节韧带和关节囊过度伸展或扭转而致关节损伤。

【病因】 急转、急停、转倒、失足登空、嵌夹于穴洞时急速拔腿、跳跃障碍、不合理的保定等因素，引起关节超越生理活动范围的侧方运动和屈伸。

【症状】 患猪站立时姿势异常，不敢负重；驱赶行走时，患肢着地，呈现支柱跛行，并向损伤侧划弧圈；扭动或按压关节，有明显的肿胀、发热和疼痛反应；严重者关节变形，患肢不敢迈步，用三肢跳跃前进。

【辨证】 外伤所致气血淤滞。

【治疗】 治宜消炎止痛，活血散瘀。

方 1　醋 10 份，白矾 1 份，水适量，混合后冷敷患部，每日数次，每次 15min。对关节扭伤初期急性炎症有较好效果。

方 2　大黄 1 份，生姜 1 份，葱白 2 份，用醋熬成药膏，涂于患部，并用布包扎。

方 3　川乌、草乌、天南星、半夏各等量，共研为末，用陈醋调和外敷，并用布包扎，药干时在包扎布上淋醋，以保持湿润，每日换药 1 次。

方 4　生石膏 2 份，栀子 1 份，五倍子 1 份，共研为末，加白酒少量，陈醋调成糊状，外敷，药干时在包扎布上淋醋，以保持湿润。

方 5　伸筋草 80g，生姜 50g，川芎 50g，煅自然铜 30g，桃仁 25g，甜瓜籽 60g，水煎 2 次，内服，连用 3 日。

方 6　穿地龙 250g，炒甜瓜籽 100g，水煎 2 次，内服。

方 7　鲜松针或侧柏叶 120g，小青蛙 3～5 只，共捣烂，加白酒 65mL，隔水炖熟，外敷，每日 1 次，连用 5 次。

方 8　豆腐 10 份，鲜月季花叶 5 份（干品 2 份），食盐 2 份，黄砂糖 3 份，共捣成膏状，外敷，每日 1 次。

方 9　癞蛤蟆、生石灰各适量，共捣烂后晒干研末，童便调和，外敷，并用纱布包扎，每日 1 次。

方 10　韭菜捣烂后炒热，加白酒少量，热敷于患部，并用布包扎，每日 3 次。用于扭伤恢复期。

方 11　乳香 75g，没药 75g，栀子 100g，红花 25g，加醋适量调匀，外敷，并用纱布包扎。用于扭伤恢复期。

方 12　土鳖虫、当归、红花、大黄、桂枝各 15g，乳香、没药、川芎、续断、丹皮、牛膝、血竭、赤芍各 10g，研末，加黄酒 20mL，冲喂。

方 13　透骨草、接骨丹树叶枝、马蹄香（眉风草）、茴香根各一把，煎服。

方 14　木瓜 25g，大黄 50g，香附、乳香、没药、土鳖虫各 10g，栀子 15g。用研末，用适量醋调成糊状敷于患部，包扎好。

方 15　鹅不食草、韭菜、樟树叶、崩大碗、千斤拔各 150g，加酒捣碎，敷患部。

方 16　土鳖虫 25g，甜瓜子 50g，研末分 2 次服。

方 17 针灸疗法。主穴选涌泉、滴水、抢风、三里、前后寸子，配穴选三台、百会、七星。

【预防】 驱赶和捕捉时避免强烈动作；运输时防止猪跳车。

七、烫火伤

烫火伤指沸水、热油、火焰、金属、金属熔化物及化学药品等灼伤猪体，造成皮肤和肌肉不同程度的损伤，严重者可见全身变化。

【病因】 火灾及其他原因燃火致猪烧伤；沸水、热油泼溅致猪体烫伤；某些化学物质（如强酸、强碱、浓石灰乳等）黏附至猪体，也可致猪发生烫火伤。

【症状】 轻者，患部皮毛焦化，浮肿，有疼痛感，无全身性反应，几日内可自愈；重者，皮肤肿胀，形成水泡、破溃，溃后结痂。若为强烈的火焰所致的烫火伤，则皮肤为焦黑色，继而溃烂。治疗不及时，则表现全身症状，体温升高，精神沉郁，呼吸浅表、增数，严重时食欲废绝。

【辨证】 烫火伤所致血热津亏。

【治疗】 治宜保护创面，防止感染，清热解毒。

方 1 用温水洗去猪体上的污物，再用温肥皂水洗损伤部位，然后用生理盐水冲洗，拭干，最后用75%酒精消毒创面。

方 2 0.25%盐酸普鲁卡因注射液（2mL：40mg）100mL，5%碳酸氢钠注射液注射液（500mL：25mg）200mL，10%葡萄糖氯化钠注射液（250mL：葡萄糖12.5g，氯化钠2.25g）150mL，静脉注射，每日1次，连用2次。注射用青霉素160万单位，注射用链霉素100万单位，10%安钠咖注射液10mL，分别肌内注射，每天3次，连用1周。

方 3 大黄1000g，地榆1000g，冰片100g，黄连500g，共研细，用植物油1000mL调匀，敷于患部，每日2次，连用1周。

方 4 皂角刺20g，海藻20g，赤芍20g，黄柏10g，甘草10g，栀子15g，荆芥15g，白芷20g，龙胆草20g，石膏30g，共煎沸15min取汁，分2日服用。

方 5 苦胆木叶3份，地榆1份，分别研细，混匀装瓶备用。用药前先清洗创面，然后取适量调桐油涂于创面，待药自行脱落后再涂。

方6　黄连15g，黄芩24g，黄柏24g，栀子24g，水煎1次灌服。

方7　花椒200g，虎杖1500g，黄柏500g，黄栀子500g，共研细。食用植物油3000mL微火上熬15～20min，凉后置于研细的中药中，混匀，涂于创面，每天3次，连用1周。

方8　大黄末1份浸泡于4份95%酒精中3～4日，至酒精呈深棕色，双层纱布过滤，将滤汁装入喷雾枪内喷洒于创面，每日4～5次。有水泡的创面应先剪破水泡，再行喷洒。

【预防】加强管理，避免猪只接触沸水、热油、火焰、金属熔化物及化学药品等。

八、疝

疝，又称赫尔尼亚，是腹腔内的脏器从天然孔或病理性孔脱至皮下或其他解剖腔的一种疾病。根据发生部位不同，可分为脐疝、腹壁疝、腹股沟阴囊疝、会阴疝和膈疝等。

【病因】先天性脐部发育缺陷，脐孔闭合不全，或出生后脐带留的过短或脐带感染所致脐疝；先天性腹股沟环闭合不全，或腹压增高而引起腹股沟阴囊疝；腹壁外伤造成腹肌、腹膜破裂而致腹壁疝；过饱或惊吓奔跑时突然停止，导致腹腔内脏器官通过天然或外伤性横膈裂孔进入胸腔而引起膈疝；由于外伤或手术处理不当也可引起疝的发生。

【症状】不同类型疝，其症状各异。

脐疝：患部呈局限性球形膨大，质地柔软，无红、热、痛等炎性反应。病初多可将疝内容物还纳至腹腔，并可触到疝轮，在饱食或挣扎时可见脐疝增大。若疝囊膨大，常因皮肤受损伤及肠管而形成肠瘘。

腹壁疝：腹壁可见局限性扁平、柔软的膨隆，常可还纳，触诊时疼痛，多数可触到疝轮。随炎症逐渐发展，扁平肿胀的范围增大，逐渐向下、向前蔓延。

腹股沟阴囊疝：一侧或两侧阴囊增大，触诊时阴囊硬度不一，可摸到疝内容物，若提举患猪两后肢，常可使疝内容物还纳，但站立或腹压增大时又恢复原发病的症状。

会阴疝：在肛门、阴门近旁或其下方出现无热、无痛、柔软的肿胀，常为一侧性，肿胀对侧的肌肉松弛。

膈疝：无特征性临床症状，当进入胸腔的腹腔脏器多时，才表现明显的临床症状。患猪喜站立或呈前高后低姿势，呈犬坐式呼吸，呼吸加深变快，常表现呕吐和厌食，不能耐运动。

【辨证】多为气血虚衰。

【治疗】根据疝的种类不同，采取相应措施。一般采取手术整复为主，配合对症施治、补气升阳。

方 1　保守疗法治疗猪脐疝：对于疝轮较小的患猪，可施行保守疗法。将疝内容物还纳，在脐部周围分点注射 75%～95%酒精（或 10%～15%氯化钠溶液），每点 1～2mL，然后装腹部绷带加以固定。

方 2　手术疗法治疗猪脐疝：术前禁食 12 小时，不同类型疝采取相应的方法保定后，局部剪毛、消毒，用 1%普鲁卡因作浸润麻醉后，针对不同类型疝采取不同的方法手术整复。

疝轮较大的脐疝：仰卧保定。术部处理后，在疝囊底部梭形切开皮肤，仔细切开疝囊壁，探查疝内容物并还纳之。根据疝轮的大小、结缔组织厚度，将疝轮环状切除、修正后将腹膜和腹壁肌一次性连续缝合，皮肤做减张结节缝合。

腹壁疝：倒提保定。术部处理后，切开疝囊，钝性分离粘连肠管，将内容物还纳入腹腔，缝合疝轮，闭合手术切口。

腹股沟阴囊疝：倒提保定。术部处理后，切开皮肤、浅层和深层筋膜，将总鞘膜剥离出来，从鞘膜囊顶端沿纵轴捻转，在确保内容物全部还纳后，在总鞘膜和精索上打去势结，切断，将断端缝合到腹股沟环上（若腹股沟环宽大，需做几针结节缝合），筋膜和皮肤做结节缝合。

会阴疝：倒提保定。术部处理后，在肛门外侧作一弧形切口，钝性分离打开疝囊，将疝内容物还纳，在尾肌到肛门括约肌上部用肠线缝合 2～3 针，暂不打结，然后再由侧面的荐坐韧带到肛门括约肌作 1～3 针荷包缝合，在结束所有缝合后进行清洗、打结。多余的皮肤作梭形切口，皮肤作结节缝合，最后覆以胶绷带。

膈疝：仰卧保定。术部处理后，于脐前腹中线径路作腹壁切开，安装腹腔牵开器，将过多的胸腔积液和腹水排出，寻找膈肌裂孔，还纳内容物，用简单连续缝合法闭合膈肌裂孔，闭合结束后抽出胸腔内气体，确认裂孔处不漏气后，常规关闭腹腔。

【预防】 母猪生产时，要有专人监管，以防其撕咬造成断脐过短；仔猪出生后应积极预防脐带感染；避免猪只发生外伤，造成腹肌和腹膜破裂；进行腹腔手术时缝合要确实；对先天性或外伤性横膈裂孔应加以及时治疗。

九、公猪尿石尿闭

公猪尿石尿闭是指公猪尿路不通，排尿困难的一种病症。

【病因】 长期饮水不足，饮水 pH 值过高或过低，饲料中钙、磷比例不合理，维生素 A 缺乏可引发本病；长期饲喂棉籽饼也可引起本病。

【症状】 病猪体温一般正常，初期拱腰、尿少、尿频，逐步出现尿淋漓，排尿困难，至后期出现排尿痛苦，屡作排尿姿势而不见尿液排出，后腿叉开，不停踏步、摇尾。最后可因膀胱麻痹或破裂，出现尿毒症症状。

【辨证】 湿热下注。

【治疗】 治宜清热通淋。结石较小时，尿道不完全阻塞，可促使其排出；若结石较大，则应施行手术取石。

方 1　金钱草 120g，瞿麦 60g，通草 60g，大黄 40g，龙胆草 30g，细辛 20g，丁香 30g，研末或水煎取汁，分 2～3 次喂服。

方 2　金钱草 100g，鲜车前草 100g，海金沙 50g，水煎 1 次灌服。

方 3　结石较大而致排尿极困难时，可行导尿管冲洗，若仍无效，则实行手术治疗。仔细触摸结石阻塞部位（有条件的可借助 X 光诊断），切开皮肤、尿道，取出结石，并通入导尿管，上下通畅后，仔细缝合切口，内可置导尿管保留 1 周，导尿管下端应长出龟头，连续抗菌消炎 6～7 日，并通过导尿管用消毒药冲洗尿道及膀胱，1 周后取出导尿管。若切开皮肤及尿道，发现坏死严重，则可将切口上移，行尿道皮肤造口术（“公猪改母猪”）；也有人将结石以导尿管推入膀胱后，行膀胱插管冲洗术（1 周后取管）。

【预防】 加强饲养管理，保证饲料营养均衡，给予足够饮水；建场前，应对饮水 pH 值、硬度等进行测试。

十、直肠脱

直肠脱，俗称肛脱，指直肠的一部分或大肠的一部分脱出于肛门外而不能自行缩回。

【病因】主要由于便秘、腹泻，或体质衰弱及用刺激性药物灌肠后引起强烈努责而致直肠脱；母猪妊娠后期，腹内压增高，肛门括约肌松弛，也可诱发本病。仔猪维生素缺乏和突然变更饲料，也可发生。

【症状】轻者，卧地时或排粪后，直肠黏膜翻出肛门口，但常在起立后自行回缩。严重时，直肠脱出呈半球状或圆柱状，紫红色，表面水肿污秽，甚至引起创伤和撕裂。若伴有直肠或结肠套叠时，脱出之肠管较厚且硬，可向一侧弯曲，病猪频频努责，且伴有明显的精神沉郁，食欲减退，体温升高等全身症状。

【辨证】气陷证。

【治疗】治宜补气升阳，应采用手术整复和固定，并结合全身疗法改善机体衰竭状况。

方 1 整复、固定：对于发病初期或直肠黏膜脱出的病猪，将患猪倒提或保持前低后高姿势，可用 0.1%温高锰酸钾水溶液 500mL 或 1%温明矾水 300mL 清洗脱出的黏膜，用手指轻轻地将其还纳复位。不易复位者，可再用自制口径与直肠接近的薄塑料袋套在脱出的直肠上，另用一细胶管（如自行车气门芯胶管）伸入袋中注入山莨菪碱（654-2）注射液（1mL∶5mg），并轻揉脱出的直肠，待脱出的直肠收缩时顺势送还复位。然后温敷肛门周围，并分别在肛门上下左右四点注射，深度约 3～8cm，注射前预先将食指伸入肛门内以确定针头在直肠外壁周围，然后再注射，每点注射 95%酒精 0.5～2mL。或脱出部整复后，在距离肛门口 1～3cm 处，于肛门周围作一荷包缝合，收紧缝线，保留 1～2 指大小的排便口，打活结，7～10 天后患猪不努责时，拆除缝线。

方 2 直肠截断术：如直肠脱出过多，整复困难，或脱垂的直肠水肿、糜烂、穿孔或有套叠，不易整复，须考虑手术切除。脱出直肠局部用 1%普鲁卡因浸润麻醉，以高锰酸钾溶液清洗、消毒后用肠钳固定之；于固定处后方约2cm处将直肠环形横切，充分止血，用圆针和细丝线把肠管两断端的浆膜和肌层分别作结节缝合，然后单纯连续缝合内外两层黏膜层，再用0.1%高锰酸钾溶液充分冲洗、蘸干，涂以碘甘油或抗生素药物。

方3 党参30g，黄芪30g，白术30g，柴胡20g，升麻30g，当归20g，陈皮20g，甘草15g，水煎或研为细末后开水冲调，1次灌服，连用2～3日。于整复、固定后服用。

方4 升麻30g，黄芪25g，党参25g，白术20g，柴胡20g，陈皮20g，当归20g，香附15g，红花10g，乳香10g，没药10g，甘草5g，水煎1次内服，隔日1次。

方5 黄芪8g，白术8g，党参8g，生地黄8g，柴胡8g，升麻6g，陈皮8g，当归8g，甘草3g，共研细，拌料1次喂服，每日2次，连用2日。

方6 麻仁30g，李仁30g，陈皮30g，生地黄30g，黄芩30g，木通30g，黄芪25g，枳实25g，厚朴20g，芒硝20g，当归20g，升麻20g，通草20g，白芍20g，川芎15g，柴胡40g，甘草10g，水煎分2次灌服。

方7 艾叶煎水洗脱出肠段后，手涂香油，将直肠送入，缝合。

方8 田螺10个，冰片25g。冰片塞入田螺，用鸡毛蘸田螺出水涂肛门处。

方9 白矾100g，五倍子125g，用研末；黄葱250g，煎水后洗脱出部位，然后将药末撒患处。

方10 水针 选肛脱、后海等穴，整复后注射2%普鲁卡因注射液（2mL∶40mg）4～20mL与0.1%肾上腺素注射液（1mL∶1mg）1mL的混合液（也可注射75%酒精5～10mL），同时注射青链霉素等抗生素。

方11 电针 选后海、阴俞、肛脱等穴，接通电针机电针治疗15～20分钟，每日或隔日1次，连续3～5次。

【预防】预防应在平时加强饲养管理，保证全面营养，及时治疗胃肠疾病和寄生虫病，防止长期腹泻和便秘；应根据条件增大母猪的活动空间。

十一、阴茎出血

【病因】饲养管理不当，性成熟早幼猪互相爬跨，致阴茎摩擦出血；过度采精，或采精技术不熟练等机械损伤致阴茎出血。

【症状】发生阴茎出血时，可见猪只下腹、包皮周围、周围地面被鲜血污染；若出血过多，则表现食欲不振，精神沉郁。此外，还应注意鉴别是内出血还是外出血。内出血一般血量少，在射精后较多，因此，所采集的精液中可见血液；外出血，一般血量较多，且不断流出。

【辨证】外伤。

【治疗】治宜止血。

方1 0.1%盐酸肾上腺素注射液（1mL∶1mg），喷洒于出血部位或用无菌的脱脂棉蘸湿后敷贴患出。

方2 维生素K注射液（1mL∶2mg）8～12mg，1次肌内注射。

方3 旱莲草、龙牙草、金樱子各50～100g，水煎1次喂服，也可取汁擦洗患部。

【预防】加强饲养管理，合理使用公猪；采精者应技术熟练，同时避免过度采精。

十二、腐蹄病

腐蹄病是蹄间皮肤和软组织具有腐败、恶臭特征疾病的总称，包括蹄部皮炎、蹄间组织坏死、蹄关节炎、结缔组织炎、骨炎等。

【病因】多因圈舍泥泞、污秽，尖锐异物损伤，蹄形不整致畸变等引起。钙磷代谢紊乱、口蹄疫及病原微生物的侵袭或消毒药使用不慎，也可引发。

【症状】两后蹄趾间皮肤及蹄底破损处流黄色水样液，蹄匣松动，触诊疼痛反应明显；前蹄底及蹄趾间皮肤明显肿胀，两趾外展，穿刺可见黄色脓汁渗出。患猪跛行，严重者甚至跪地行走，体温升高、食欲废绝，若不及时治疗，甚至发生败血症而死亡。

【辨证】湿热下注。

【治疗】治宜清利湿热，应针对不同性质的蹄病，进行针对性处理。

方1 用10%硫酸铜溶液对患蹄进行蹄浴，或用0.1%高锰酸钾溶液清洗创部或有病蹄底，同时涂擦消炎膏及促进创伤愈合和促进肉芽生长的药物，同时应用全身性抗生素或磺胺类药。

方2 对患蹄每蹄封闭注射注射用青霉素40万单位和2%盐酸普鲁卡因注射液（2mL：40mg）2mL，然后0.1%高锰酸钾溶液清洗，每日2次。同时内服复方新诺明、维生素B_2。

方3 将豆油50～100mL煎沸，立即灌入蹄叉患部，然后用棉花填塞或用黄蜡封闭，包扎固定，间隔2日后重复1次。

方4 滑石、煅石膏、枯白矾各等量，研为细末，填入已清洗消毒的患部，封闭包扎。

方5 旱烟叶制成药末，填塞入经酒精消毒后的患部，包扎。

方6 松香1份，黄蜡2份，二者加热溶化，滴入患部，包扎。

方7 熟猪油100g熬至冒烟，立即倒入患部，用药棉填塞，包扎，间隔4～5日再重复治疗1次，一般4～5次可治愈。

方8 患蹄冲洗消毒后，浇入融化的血竭适量，再以黄蜡封闭，包扎。

【预防】加强饲养管理，搞好环境卫生和消毒，及时清除粪便和异物，保持圈舍和运动场所干燥、洁净；可在圈舍门口放置干燥的防腐剂或药液，如2%～4%硫酸铜溶液或硫磺石灰（1：15）药液；饲料中添加硫酸锌、尿素或二氢碘化乙二胺，可达到预防目的。

十三、蹄叶炎

蹄叶炎指蹄真皮弥漫性、非化脓性的渗出性炎症，临床上以疼痛和不同程度的跛行为特征。

【病因】猪蹄形不整，未及时修整，使其长期不合理的负重而引发本病。日粮不平衡，精料添加过多，或饲料配制低劣，致使消化机能紊乱，四肢末梢血液循环障碍，也可发生本病。此外，长途运输、胎衣不下、霉败饲料中毒、乳房炎等均可诱发本病。

【症状】体温升高，食欲减退，站立和行走困难。两前蹄发病时，两前肢交叉负重；两后蹄发病时，头低下，前肢后踏，两后肢稍向前伸，不愿走动，步态强拘，腹壁紧缩；四蹄发病而勉强站立时，四肢集于腹下，趾尖着地，步样紧张，肌肉阵颤，并频频交替负重，呈低头拱背状，疼痛明显。

【辨证】走伤或料伤。

【治疗】治宜去除病因，解除疼痛，改善血液循环。

方1 芒硝70g，芦荟2g，干姜6g，小苏打30g，共研为末，开水冲调，1次灌服。

方2 血余炭（人发烧灰）10g，松香32g，二者共研为末后，与溶化后的黄蜡47g调成膏，将膏涂于蹄心、蹄壁，再用烙铁轻烙，数日重复处理1次。

方3 用醋将血余炭调为膏，敷于蹄底，全部填满，如发炭少，可加醋糟填平，再用平板烙铁在药上烧烙，药温保持在45℃左右，每次半小时，烙后包扎，每日早晚各1次。

方4 雄黄5份、葱白4份、鸡蛋清4份、蜂蜜2份、醋1份，共捣成膏，敷于患蹄壳及底部，并包扎，每日3～4次，连用数日，用于蹄叶炎初期疼痛发热。

方5 柳树叶、槐树叶、松树叶、柏树叶各适量，水煎汁加醋适量。初期冷浴患蹄，后期温浴，每日2～3次，每次半小时。

方6 薄荷、苍耳草各适量，水煎取汁，冷浴患蹄，每日3次，每次1小时，连用数日。用于治疗蹄叶炎疼痛。

【预防】加强饲养管理，按母猪营养需要，严格控制精料喂量；加强对乳房炎、胎衣不下、子宫炎等疾病的治疗，减少继发性蹄叶炎；定期修蹄，减少和缓解蹄变形，使蹄负重合理，防止病程加重。

十四、蜂窝织炎

蜂窝织炎是皮下、筋膜下及肌间疏松结缔组织内发生的急性的、弥漫性化脓性炎症，特征是在这些部位形成浆液性、脓性或腐败性渗出物，并可能出现明显的全身症状。

【病因】主要由皮肤或黏膜上的创口感染，病原微生物侵入引起炎症反应，病原微生物主要有溶血性链球菌、金黄色葡萄球菌以及厌氧性或腐败性细菌；也可由于某些刺激性的药物如静脉注射氯化钙而漏至皮下或注射伊维菌素至皮下等引起；不洁的多次的皮下或肌内注射；慢性脓肿引起皮下渗透与蔓延等。

【症状】局部肿胀、增温、疼痛明显，不久会出现组织坏死和多点化脓，发病迅速，蔓延而广泛，组织坏死明显。常有全身症状，如体温升高、精神沉郁、食欲不振、白细胞增多等全身败血症征兆。

【辨证】 内热壅盛或外伤。

【治疗】 在病灶局部，应对伤口进行剪毛清洗，对组织肿胀、渗出物多的可切开发病组织，排出炎性渗出物，减少组织内压，防止扩散。范围较大，排脓不畅时，可多处切开利于排液并对切口内使用含抗生素的灭菌生理盐水进行冲洗。

方 1　0.5%普鲁卡因＋抗生素。对于渗出或肿胀不太严重的，可以在病灶周围实行 0.5%普鲁卡因＋抗生素的封闭，以限制病灶的蔓延，每隔 1 天 1 次，连用 3 次。

方 2　鱼石脂 10g，95%酒精 100mL。将鱼石脂加入酒精，充分混合摇匀，直接涂敷或用纱布湿敷患处。本方用于蜂窝织炎早期，可控制炎症发展，促进炎症产物吸收。

【预防】 防止外伤；注意正确用药。

第二节　猪产科病的土法良方

一、卵巢机能减退

卵巢机能减退指卵巢的发育或机能暂时性或长久性衰退，致使母猪无性周期或性周期停止，从而表现出不发情或发情停止。

【病因】 饲料量不足或品质低下，特别是饲料中缺乏蛋白质、维生素 A 及维生素 E，是本病主要原因。哺乳时间过长、慢性消耗性疾病，使母猪消耗营养过多，脑垂体产生卵泡刺激素的机能降低，也可引发本病。此外，气候骤变、过热和过冷，以及其他生殖器官疾病均可引发本病。

【症状】 母猪发情周期延长或长期不发情。发情时外部症状不明显，或有发情表现但不排卵。卵巢体积显著减小，且无卵泡或黄体。由于卵巢机能减退，子宫的体积往往也会缩小。

【辨证】 肾虚或血淤。

【治疗】 治宜补虚强肾，通经活络。

方 1　注射用促黄体素释放激素（25μg）15μg 或注射用孕马血

清促性腺激素（1000 单位/支）500～1000IU 与人绒毛膜促性腺激素注射液（1000 单位/支）200～1000IU 组合，1 次肌内注射。

方 2 苯甲酸雌二醇（或丙酸雌二醇）注射液（1mL∶2mg）2～8mg，或己烯雌酚注射液（1mL∶2mg）4～10mg，或己烷雌酚注射液（1mL∶5mg）8～20mg，肌内注射。

方 3 促孕灌注液 15～20mL，1 次子宫内灌注，隔日 1 次，连续 3～5 次。

方 4 当归 25g，红花 25g，白术 30g，川芎 30g，淫羊藿 60g，神曲 60g，水煎取汁，白酒为引，分 3 次内服。

方 5 淫羊藿 30g，菟丝子 30g，阳起石 30g，当归 30g，炙黄芪 30g，巴戟天 30g，续断 30g，党参 30g，白术 30g，骨碎补 30g，川芎 20g，远志 20g，石菖蒲 20g，水煎取汁，加黄酒 200mL，分 3 次内服。

方 6 收集孕妇晨尿于清洁容器中，过滤，按 0.5%的比例加入纯净的液体石炭酸防腐，滤纸过滤，皮下注射，隔日 1 次，第 1 次用量为 20～30mL，第 2 次为 30～50mL，第三次为 50～60mL。

方 7 健康孕马血清或全血 10～15mL，1 次皮下注射，次日或隔日重复 1 次。

方 8 淫羊藿 6g，阳起石 6g，当归 5g，香附 5g，菟丝子 3g，益母草 6g，煎汤 1 次灌服，每日 1 剂，连用 2～3 次。

方 9 公猪诱情，早晚用试情公猪追逐或爬跨母猪或将母猪与公猪同舍混养。

【预防】 加强饲养管理，供给全价营养的配合日粮，合理运动，使其维持中等体况；搞好防暑防寒工作；隔离仔猪，哺乳母猪若需在断奶前促其发情配种，可将仔猪隔离开。

二、子宫炎

子宫炎指母猪在分娩时或产后子宫感染而发展为炎症的疾病。尤其是炎热夏季，母猪产后发病率明显增加。

【病因】 分娩时或生产后，母猪子宫发生感染可引发本病；配种、不洁的人工授精及妊娠期发生流产而感染，或母猪妊娠期缺乏运动，分娩时体力消耗大，抵抗力下降，均可诱发本病。此外，应激因素也可诱发本病。

【症状】患猪体温升高，食欲减退，阴门中排出污红色或棕黄色的黏液，并混有灰白色的黏膜组织小块，具有特殊臭味，若治疗不及时，常导致脓毒症或败血症。断奶后母猪发情无规律，或无发情表现，或发情症状不明显，或虽有发情表现，但屡配不孕。

【辨证】脾肾虚弱、湿热下注或热毒壅盛。

【治疗】治宜消炎、解毒、清利湿热。

方1　用0.1%高锰酸钾溶液冲洗阴道和子宫后，肌内注射己烯雌酚注射液（1mL∶2mg）2mL，最后向子宫内注入注射用青霉素80万～160万单位。

方2　白头翁15g，地骨皮20g，黄柏15g，延胡索15g，水煎1次灌服。

方3　白木槿花、白英藤根、黄毛耳草各50g，水煎1次灌服，每日1剂，连用3剂。

方4　益母草、夏枯草、蒲公英各50g，水煎1次灌服，每日1剂，连用3剂。

方5　茅莓根150g，白英藤100g，小蓟100g，水煎1次灌服，每日1剂，连用3日。

方6　两面针根、野菊花各50g，水煎取汁待凉后冲洗子宫，连用2日。

方7　野牡丹、三百草、鸡冠花各400g，水煎1次灌服。

方8　益母草、兰香草、菟丝藤、红糖各500g，水煎取汁，加入少量酒1次灌服。

方9　苦草、白花莲、翻白草、金银花、益母草各50g，水煎1次灌服，也可用于冲洗子宫。

方10　蒲公英、樱花藤各33g，水煎1次灌服，每日1剂，连服3日。

方11　车前草、木通、栀子、萹蓄、秋石、常山、白果、肉苁蓉、桑白皮各25g，煎汁服，连续2次。

方12　金银花、黄连、知母、黄柏、车前、猪苓、泽泻、甘草各20g，煎服。

方13　两面针50g，野菊花50g。煎汁冲洗子宫，连用2天。

方 14 白针疗法：主穴选交巢、肾门、阳明、开风、百会、六眼，配穴选三里、涌泉、蹄叉、尾根、山根。

【预防】加强饲养管理，保持圈舍清洁、干燥；分娩前对母猪后躯进行清洗消毒，特别是阴户、肛门和尾巴；分娩后，及时做好母猪的抗菌消炎工作；母猪产床的粪便要及时清理，至少每日 2 次；人工授精时要严格消毒。

三、胎动不安

胎动不安又称“胎气不安”，指母猪在妊娠期因驱赶、惊吓、营养不良及疾病而表现腹痛不安，阴道流出浊液或血水。

【病因】母猪摄入发霉、变质或冰冻饲料可致胎动不安；母猪怀孕后不慎摔倒或登高、或受到驱赶、惊吓时，或怀孕母猪营养不良或患热性病、严重腹泻时，也可发生本病。

【症状】病猪表现精神沉郁，食欲减退，消瘦，体温升高，大小便频数，起卧不安，呻吟且不断举尾努责，从阴道流出浊液或血水，触诊胎儿活动增强。

【辨证】气血失调、肝脾肾功能失常或冲任二脉受损。

【治疗】治宜安胎、止血、滋补气血。

方 1 1%黄体酮注射液（1mL：20mg）2～4mL，1 次肌内注射，每日 2 次。

方 2 党参 50g，续断 60g，桑寄生 40g，黄芪 50g，杜仲炭 40g，倭瓜蒂 100g，水煎内服。若有出血表现，可加百草霜 25g，共煎内服。

方 3 党参 50g，白术 50g，当归 40g，川芎 40g，熟地黄 50g，黄芩 50g，苏叶 40g，陈皮 35g，甘草 25g，水煎 1 次灌服。

方 4 党参 15g，黄芪 15g，黄芩 15g，杜仲 15g，白芍 15g，菟丝子 12g，桑寄生 10g，木香 10g，甘草 10g，水煎 1 次灌服。

方 5 荞麦 300～500g，压碎炒黄，开水冲泡后 1 次灌服。

方 6 南瓜蒂 200～300g，水煎 1 次灌服。

方 7 当归 50g，黄芩、芍药各 25g，川芎、白术各 15g，艾叶 50g，煎汁加黄酒 100mL，灌服。

方 8 艾叶 50g，益母草 50g，煎汁服。

方 9 苧麻根 300g，益母草 200g，鸡蛋 3 个，煎服。

方 10 铁树叶 100g，益母草 50g，煎后加鸡蛋 1 个服。

【预防】 加强饲养管理，供给营养全面的日粮；怀孕后期保持母猪一定活动量，但在驱赶时应注意防滑倒、防跳跃，避免腹部受到机械性碰撞或挤压。

四、难产

难产指在分娩过程中，母猪不能将胎儿正常产出的疾病，主要见于初产母猪和老龄母猪。

【病因】 母猪难产常因饲料搭配不合理致使母猪过肥或体质衰弱，过早交配等原因引起；也见于胎儿过大、畸胎、胎位不正、死胎，母猪骨盆、子宫颈口狭窄及产道干涩等。

【症状】 母猪产期已到，但不见母猪努责或努责无力；或虽出现努责，但不能顺利产出仔猪。母猪表现烦躁不安，时起时卧，痛苦呻吟；或虽顺产出部分胎儿，但以后娩出力减弱，不能继续产出胎儿。

【辨证】 气血虚弱或气血凝滞。

【治疗】 治宜补养气血或理气解郁。当难产发生时，应立即仔细检查产道、胎儿及母猪的全身状况，分析难产的原因，及时采取相应的助产措施，也可用下列验方。

方 1 益母草 15g，当归 15g，川芎 10g，桃仁 10g，炮姜 6g，水煎取汁 1 次喂服，用于胎位正常及子宫颈开张和产道正常时的难产。

方 2 鳖甲 30g，红花 25g，桃仁 25g，炒蒲黄 30g，当归尾 30g，赤芍 20g，水煎取汁，然后将铁锈块（棒）烧红淬入药汁，候温喂服。对确诊为死胎的难产有催产作用，一般 1 日后可排出死胎和胎衣。

方 3 芒硝 250g，童便 300mL，1 次灌服，多在 24 小时内排出死胎。

方 4 当归 25g，川芎 13g，生地黄 13g，蒲黄 20g，牛膝 20g，白芍 10g，百草霜为引，水煎灌服。

方 5 车前子 20g，红花 20g，龟板 15g，生地黄 20g，当归 20g，木通 20g，黄酒 200g 为引，水煎 1 次灌服。

方 6 川芎 25g，当归 25g，龟板 20g，木通 15g，共研细，加黄酒、红糖各250g内服。

方7 桃仁10～25g，益母草50g，水煎1次灌服。

方8 葱头、韭菜捣烂，外敷于母猪脐部。

方9 牛膝40g，红花40g，煎水喂服。

【预防】 严格选种，对于生殖道异常母猪，应及早淘汰；加强妊娠期母猪饲养管理，给予搭配合理的日粮，适当增加母猪运动；如果产出期超过正常时间，应行产道检查，以及早发现问题。

五、胎衣不下

胎衣不下又称为胎衣滞留，指母猪分娩后在正常时限（3小时）内未见胎衣排出。

【病因】 母猪怀孕期间，饲料单纯或饲料中缺乏维生素、矿物质和微量元素，及怀孕母猪消瘦、过肥和运动不足等，可导致子宫弛缓，收缩无力，进而引发胎衣不下。胎儿过多、过大，或怀孕期间，子宫和胎盘受到感染，也易引起胎衣不下。此外，分娩时间过长、母猪过度疲劳等也可引发本病。

【症状】 病猪拱腰，不断努责，精神委顿，食欲减退或废绝，喜卧地，体温升高，喜饮水，阴门流出红褐色腥臭味的液体，内含胎衣碎片。常引发脓毒败血症而致猪死亡。全部胎衣不下易于辨认，但在猪甚少发生。而部分胎衣不下，往往不易观察到，直至胎衣腐败，排出胎衣碎片才被发现。

【辨证】 气血虚弱或气血凝滞。

【治疗】 治宜促进子宫收缩、补养气血或理气解郁。

方1 缩宫素注射液（催产素，1mL：5IU）5～10IU，肌内或皮下注射，2小时后可重复注射1次。也可皮下注射麦角新碱注射液（1mL：0.2g）0.2～0.4g。

方2 确定子宫内无胎或无活胎后，向子宫内注入5%～10%氯化钠溶液3L，可促使胎儿胎盘缩小，与母体胎盘分离，但应使注入的氯化钠溶液尽可能完全排出。

方3 川芎16g，当归16g，没药16g，干姜16g，莪术16g，红花10g，荆三棱16g，香附60g，甘草7g，水煎1次灌服。

方4 荆芥10g，防风10g，白矾10g，蛇床子10g，艾叶16g，

水煎药液2kg，候温至45℃，用灌肠器将其注入病猪子宫内，使灌入子宫内的液体振荡，促使胎衣排出。

方5 滑石、穿山甲、海金沙各10g，大戟9g，水煎取汁，加猪油100g，1次灌服。

方6 益母草12g，赤芍10g，川芎10g，当归尾10g，蒲黄6g，五灵脂6g，水煎1次灌服。

方7 香附15g，当归15g，川芎10g，红花6g，桃仁6g，炮姜9g，水煎1次灌服。

方8 酒大黄30g，芡实叶16g，当归10g，香附10g，川芎10g，瞿麦10g，红花10g，黑荆芥10g，炮姜10g，急性子10g，桃仁7g，甘草7g，水煎1次灌服。

方9 柞木枝120g，益母草120g，黄柏30g，红花30g，水煎1次灌服。

方10 熟地黄、当归尾、赤芍药、炙甘草、肉桂、炝干姜、蒲黄、黑大豆（去皮）各200g，共研为末，取150g，用酒和童尿各半盏同煎后1次灌服。

方11 莲叶蒂7个，红糖125g，水煎1次灌服。

方12 蛇蜕20g炒焦，研为末，加白酒50g，拌料1次喂服，并白针百会穴。

方13 皂角1份，细辛2份，共研为末，数次吹入鼻内，促使病母猪反复打喷嚏，引起子宫活动。

方14 当归25g，红花、桃仁、甘草各10g，川芎、五灵脂各15g，香附20g，煎水服。

方15 大戟10g，滑石、穿山甲、海金沙各15g，研末后加猪油100g，草木灰水冲服。

方16 蓖麻叶、仙人掌（去刺）、黄荆、车前各150g，红花40g，白茅根100g，捣烂冲水，入蜂蜜100g，灌服。

方17 车前草、萹蓄各50g，海金沙25g，红糖100g，黄酒100mL，水煎服。

方18 红花、木通各15g，黄芪20g，共研末内服。

方19 车前子50g，炒茴香50g，黄酒半斤（250g），冲服。

【预防】怀孕母猪应饲喂全价饲料，要适当增加其运动时间，防止母猪过肥、过瘦。分娩后注意清点胎衣数量是否与娩出胎儿数一致。

六、子宫脱出

子宫脱出指猪的子宫一部分或全部从子宫颈内脱出到阴道内或阴门外，多见于分娩后母猪。

【病因】 怀孕母猪经产、运动不足、营养不良，分娩时子宫弛缓无力，可引发子宫脱出；胎儿过多、过大，使子宫扩张过度，也可致子宫脱出；母猪分娩后胎衣拥堵、阴道感染刺激使努责过强，也易发生子宫脱出；难产时助产或胎衣不下时，牵引或抽拉胎儿过猛，易致子宫脱出；母猪剧烈腹泻而不断努责，或年老体弱而肌肉紧张性降低时，均易发生本病。

【症状】 子宫脱出可分子宫内翻及子宫外翻。子宫内翻时，病猪站立时常拱背、举尾、频频努责，呈排尿排便姿势，手伸入产道，可摸到套叠的子宫角拥堵其中；病猪卧下时，可见到阴道内突出的红色球状物。

子宫外翻时，以两子宫角脱出多见，脱出子宫呈明显的“Y”状，有时可能一子宫角外翻，而另一子宫角发生套叠。脱出的子宫角像两段（或一段）粗大的肠管，黏膜呈紫红色，并有很多横褶。子宫脱出时间稍久者，黏膜发生瘀血、水肿，呈暗红色。若延误治疗，则子宫黏膜被粪便、泥土等污染，并受到地面摩擦而引起损伤，发生坏死，继发腹膜炎、败血症等。

【辨证】 气陷证。

【治疗】 治宜首先及时整复、固定，并滋补气血。

方1 手术整复、固定 将病猪前低后高侧卧保定，再用温热的0.1%高锰酸钾或0.1%新洁尔灭将子宫、外阴及尾根区域充分清洗，施行尾椎用2%普鲁卡因注射液20～30mL局部麻醉后，整复子宫。若子宫脱出时间短或猪体较大时，则可在脱出的一侧子宫角尖端的凹陷内灌入消毒液，并将手伸入其中，先把此角尖端塞回阴道后，再将剩余部分送回，然后用法处理对侧子宫。若脱出时间过久，子宫颈收缩、子宫壁变硬，或猪体较小时，可先在靠近阴门处隔着子宫壁将脱出较短的一侧尖端向阴门内推压，使其通过阴门，然后再仔细整复脱出较长的对侧子宫角。若整复困难，则可将靠近阴门处的子宫黏膜充分消毒，然后横切一3cm长的切口，伸进两个手指，分别将两子宫角送入阴门，将切口留在外面，经缝合后，再将其送入。为防子宫再次脱出，可用粗线在阴唇两侧进行结扎，做内翻缝合或纽扣缝合，一般3天后可拆线。无生产价值的母猪可切除子宫。

方2 党参30g，黄芪30g，白术30g，柴胡20g，升麻30g，当归20g，陈皮20g，甘草15g，冲调，1次灌服，每日1剂，连用2～3日。于整复、固定后服用。主要用于气血虚弱母猪。

方3 花红50g煎汤，用黄酒200mL拌食，1次内服。

方4 大枣50g，升麻10g，枳壳12g，炙黄芪50g，将大枣去核后共研碎，开水冲调，1次内服。

方5 黑豆40g，何首乌10g，木瓜10g，共研细，水煎1次灌服，每日早晚各1次。

方6 生黄芪100g，知母50g，升麻50g，柴胡30g，桔梗30g，当归40g，水煎1次灌服。

方7 菟丝藤和白华莲各500g，煎水洗患部，棉花根、翻百草根各100～250g，水煎取汁，1次内服。

方8 当归、黄芪、党参、升麻、香附子各25g，川芎、白芍、柴胡、陈皮、生姜各15g，水煎取汁，1次内服。

方9 全当归、党参、升麻、白术、茯神、炒枳壳各15g，黄芪30g，陈皮20g，贡胶10g，黄酒200mL为引，调服。

方10 石菖蒲500g，鲜艾叶200g，蓖麻叶250g，煎水洗净脱出部位，涂上菜油，敷硼酸粉200g，将子宫还纳，并以防己、党参、黄芪各15g，当归25g，煎服。

方11 水针疗法。选肛脱、阴脱、后海等穴，整复后注射1％普鲁卡因5～10mL与0.1％肾上腺素1mL的混合液，同时注射青链霉素等抗生素。也可注射95％酒精5～10mL。

【预防】 怀孕后期的母猪应加强饲养管理，饲料中应添加足够蛋白质、无机盐及维生素，且应适当增加其运动时间；饲喂不要过饱，以防腹压过大；难产时，助产用力应适当；发病后应及早治疗。

七、产后败血症

产后败血症又称为产褥热，是指局部炎症感染扩散而继发的严重全身性感染疾病。

【病因】母猪分娩时，产房不洁或贼风侵袭，可引起产后败血症；难产时助产不当，致软产道受到创伤和感染而引发本病；严重的子宫炎、子宫颈炎及阴道炎，可继发本病；胎儿腐败、胎衣不下、子宫脱出、子宫复旧不全及严重的脓性坏死性乳房炎也可继发本病。

【症状】猪产后败血症多呈亚急性，病猪精神沉郁，食欲减退或废绝，体温升高，呈稽留热型，反应迟钝，泌乳减少，眼结膜充血，脉搏微弱，呼吸浅表、急速，腹壁收缩，触诊敏感。随疾病的发展，病猪出现腹泻，粪便带血，且具腥臭味，有时发生便秘，有时阴户内流出带臭味的分泌物。

【辨证】邪毒内侵，侵犯营血或心包。

【治疗】治宜清热解毒，活血化瘀。

方1 先用3%双氧水或0.1%雷弗努尔溶液冲洗子宫，待药液排完后再用生理盐水冲洗，并排尽残留液体。

方2 注射用青链霉素各150万～200万单位，1次肌内注射，每日2次，连用2～3日。5%碳酸氢钠注射液（500mL∶25g）100mL、10%～20%葡萄糖注射液（500mL∶25g）300～500mL混合后1次静脉注射。10%安钠咖注射液（2mL∶0.5g）5～10mL肌内注射。若子宫有炎症，可皮下或肌内注射垂体后叶素注射液（2mL∶10IU）2～4mL。

方3 大葱50g，生姜50g，红糖150g，黄酒200mL，霜打桐叶一把切末，混合后1次内服。

方4 益母草40g，柴胡20g，黄芩20g，乌梅20g，水煎取汁，以黄酒150g和红糖150g为引，候温1次灌服。

方5 当归尾15g，川芎15g，桃仁15g，炮姜炭10g，牛膝10g，益母草15g，红花5g，水煎1次灌服，每日1剂，连用2～3日。

方6 血针或白针治疗，主穴选耳尖、耳根、鼻梁、卡耳，配穴选涌泉、滴水、尾尖。或主穴选耳尖、尾尖、天门、百会，配穴选涌泉、滴水、山根、六脉。

【预防】加强饲养管理，寒冷季节应注意防寒保暖，保持圈舍清洁，供给营养丰富且易消化饲料，饮水充足；助产时，注意器械和手臂消毒，操作应谨慎；积极治疗原发病，增强母猪抵抗力。

八、产后瘫痪

产后瘫痪又称为乳热症、产后风，是母猪分娩后突然发生的以肌肉松弛、昏迷和低钙血症为特征的代谢性疾病。母猪多在产后2～5日发病。

【病因】母猪在生产前、后消耗大量能量和营养物质，若饲料单一，则易造成某些矿物质和维生素缺乏及钙、磷比例失调而发生本病；母猪生产前、后运动不足，长期睡卧，或因胎儿过多，后躯压力过大，也易引起瘫痪；产后母猪圈舍阴暗潮湿，加之贼风侵袭，易发生瘫痪；母猪难产行助产时，盆神经受损，也可引起瘫痪。

【症状】病猪初期表现不安，不久即精神沉郁，食欲废绝，反射较弱，便秘，体温正常或稍升高。轻者，站立困难，行走时后躯摇摆；重者，无法站立，躺卧、昏睡。泌乳量减少或无乳，拒绝哺乳。

【辨证】邪毒内侵，湿热下注。

【治疗】治宜健骨补肾、祛风活血。

方1 当归50g，川芎40g，防风50g，荆芥50g，白术30g，黄芩50g，柴胡50g，白芍40g，五味子40g，羌活40g，艾叶50g，苏梗50g，甘草30g，水煎取汁，或研细混饲，分4次喂服，每日2次。于母猪怀孕3个月后使用，可预防产后瘫痪。

方2 10%葡萄糖酸钙注射液（10mL∶1g）50～150mL，稍加温后1次静脉注射，避免药液漏入皮下，必要时可重复应用。

方3 维丁胶性钙注射液（2mL∶钙1.0mg，维生素D_2 0.25mg）4mL，维生素B_1注射液（2mL∶50mg）8mL，维生素B_{12}注射液（1mL∶0.5g）5mL，混合后1次肌内注射，每日2次，连用1周。

方4 独活35g，桑寄生20g，红花20g，当归20g，白芍20g，熟地黄20g，党参20g，茯苓20g，防风20g，牛膝25g，杜仲25g，川芎15g，桃仁30g，桂枝10g，细辛5g，甘草10g，水煎取汁，候温灌服，每日1剂，连用2～3日。

方5 荆芥50g，防风40g，黄芪30g，党参30g，红花30g，麻黄30g，木瓜30g，以红糖和白酒为引，水煎取汁，候温灌服，每日1剂，连用2～3日。

方 6 麻黄 10g，细辛 7g，附子 7g，桂枝 10g，秦艽 10g，防己 7g，苍术 10g，赤芍 10g，官桂 16g，钩藤 7g，姜黄 10g，甘草 7g，大血藤为引，煎汤候温灌服。

方 7 独活 10g，桑寄生 10g，威灵仙 10g，防风 13g，当归 13g，杜仲 13g，白毛藤 13g，煎汤候温灌服。

方 8 牡蛎粉、食盐各 50g，青矾 5g，狗骨头（烧为灰）100g，共研为末，加白酒 200mL，调匀，分 2 次灌服，每日 1 次。

方 9 鸡蛋壳 4 枚，骨头 50g，共捣碎，加热酒调匀，1 次喂服。

方 10 黑豆（炒）500g，黄酒 500g，童尿 200mL，煎沸候温 1 次喂服。

方 11 老姜、葱头、艾叶各 200g，黑醋 500g，煮沸后加酒 100mL，去渣 1 次灌服。也可用渣涂擦四肢及腰部。

方 12 当归尾、赤芍、延胡索、羌活、独活各 9g，焦山楂、泽兰各 12g，益母草 120g，水煎 1 次喂服。

方 13 荆芥、防风、红花、麻黄、艾叶、党参、黄芪、甘草各 15g，加黄酒 200mL，煎服。

方 14 炒白术、全当归各 50g，川芎、白芍、阿胶各 30g，党参 40g，焦艾叶、木香、炙甘草各 15g，陈皮 25g，紫苏 20g，炙黄芪 40g，煎汁加黄酒 200mL 为引喂服。

方 15 大血藤、香巴戟、陈艾、金刚藤各 50g，过山龙（地枇杷）、前胡、威灵仙、酢浆草各 25g，加黄酒为引，煎服。

方 16 乳房通风疗法。将断头 18 号输液针打磨光滑接上乳胶管，取下自行车打气筒的气嘴夹，将乳胶管接上打气筒。母猪乳头用酒精棉球消毒后，将输液针轻插入乳头管内，分别向乳房缓缓打气，直至乳区皮肤紧张，弹打乳房呈鼓音时停止。

方 17 艾灸疗法。陈艾叶、雄黄加冰片少许，混合搓成药绒，将药绒制成大拇指大的艾炷，剪除百会穴周围毛发，将艾炷贴于百会穴点燃，连续灸熨 3～5 壮。待艾炷燃毕，用纸压灭其燃点即可。

方 18 针熨结合疗法。首先用毫针针刺百会穴，得气后将醋浸湿的厚纱布方块覆于针刺过的穴位上，再在纱布上喷洒适量酒或酒精后点燃进行热敷，每日 1 次，连续 4～5 日为一疗程。病重者，隔1～2 日再进行一个疗程。

方 19　电针疗法。选百会为主穴，大胯、小胯、抢风、开风、三台、肾门、脾俞、后三里、蹄叉等为配穴。穴位一般根据发病部位选择临近穴位。接通电针机通电刺激 20～30 分钟，隔天 1 次，连续 2～3 次。

方 20　火针疗法。根据发病部位选择临近穴位治疗。常选百会、风门、肾门为主穴，肩井、抢风或大胯、后三里为配穴。针后配合醋酒灸或软烧患处效果更佳。

方 21　水针疗法。根据发病部位，取百会、肾门、三台、开风、肩井、抢风、大胯、后三里等穴，注射 0.3%硝酸士的宁注射液 0.2mL，或 10%当归红花注射液 3～5mL、氢化可的松注射液 3～5mL，还可注射 10%葡萄糖酸钙注射液 10mL 或维丁胶性钙注射液（2mL：钙 1.0mg，维生素 D_2 0.25mg）5～10mL。每天 1 次，连续 3～5 次。

【预防】加强母猪的饲养管理，母猪圈舍应洁净、干燥、光线充足、通风良好；供给营养丰富、易消化的饲料。

九、乳房炎

乳房炎也称乳腺炎，中兽医称之为奶痈，是由于物理、化学、微生物的原因而致使乳腺组织或间质组织发生红、肿、热、痛，甚至溃烂化脓，泌乳量减少甚至停止的一种病症。

【病因】母猪卧栏时，由于门栏尖锐、地面粗糙，使乳房受到挤压、摩擦等造成外伤时，常引发乳房炎；哺乳时乳头被仔猪咬伤，也可引发本病；母猪分娩前后，突然饲喂大量发酵饲料，泌乳过多，也常引起乳房炎；母猪患子宫内膜炎、阴道炎时，常继发乳房炎。此外，猪舍环境不良、饲养管理不当、气候潮湿等均可诱发本病。

【症状】常表现为一个或几个乳区发病，有时波及整个乳房。患区皮肤发红、温度升高、肿胀。严重时，整个乳房和腹下部表现红、热、肿、硬，触摸有痛感，全身症状明显，体温升高、食欲废绝、拒绝哺乳。病初，乳汁稀薄，随后乳汁含有絮状物，有时呈粉红色，甚至乳汁黄稠，混有脓血。随病程延长，肿胀乳区范围扩大，化脓溃烂，流出腥臭味脓汁。病情严重者，失去泌乳能力。

【辨证】热毒壅盛或气血瘀滞。

【治疗】治宜抗菌消炎、清热下乳。

方 1 注射用青霉素 160 万～320 万单位，注射用链霉素 1～2g，安痛定注射液（2mL：氨基比林 100mg，安替比林 40mg，巴比妥 18mg）10～20mL，地塞米松注射液（1mL：5mg）5～15mg，缩宫素注射液（催产素，1mL：5IU）10～20IU，混合后 1 次肌内注射，每日 2 次，连用 1～2 日。

方 2 母猪侧卧保定，局部用 75%酒精棉球消毒，以 0.5%盐酸普鲁卡因注射液 30～40mL 加入注射用青霉素 40～400 万单位，分别于左右侧距乳房肿胀边缘 2cm 处，用针头刺入 1cm 深，分点注射，每点 3～4mL，每日 1 次，连用 3～4 日。若体温升高，可肌内注射安痛定注射液（2mL：氨基比林 100mg，安替比林 40mg，巴比妥 18mg）10mL。食欲差者，可配合肌肉注射维生素 B_1 注射液（2mL：50mg）5mL。

方 3 王不留行 30g，赤芍 30g，白芍 30g，当归 30g，丝瓜络 30g，陈皮 25g，青皮 25g，甘草 15g，共研细，分 2 次灌服，每日 1 剂。

方 4 蒲公英 30g，金银花 25g，连翘 20g，丝瓜络 30g，通草 13g，芙蓉花 16g，穿山甲 13g，水煎 1 次喂服。

方 5 蒲公英 60g，紫花地丁 50g，芙蓉花 50g，大蓟 40g，水煎 1 次喂服，药渣敷患处，每日 1 剂。也可用鲜品捣汁内服，药渣敷患处。

方 6 肉桂 60g，半夏 60g，没药 60g，白芥子 70g，柴胡 70g，浙贝 70g，当归 90g，青皮 90g，土鳖虫 90g，淫羊藿 90g，海藻 120g，十大功劳 90g，甘草 40g，两头尖（竹节香附）40g，水煎取汁，分 4 次灌服，每日 2 次。

方 7 黄芪 20g，当归 20g，忍冬藤 20g，野菊根 20g，蒲公英 20g，紫花地丁 20g，紫背天葵 20g，甘草 20g，黄酒为引，水煎 1 次喂服。

方 8 金银花 30g，陈皮 30g，连翘 25g，穿山甲 25g，蒲公英 30g，赤芍 25g，丹皮 25g，桔梗 20g，白芷 20g，乳香 15g，没药 15g，甘草 10g，共研细，水煎喂服，每日 1 剂，连用 3～5 日。

方 9 蒲公英 300g，王不留行 100g，水煎取汁，加全蝎粉 20～30g 和白酒 150g，1 次喂服。

方 10 桃仁、金银花、栀子各 45g，连翘 30g，红花、生地黄、赤芍、当归、川芎、王不留行、穿山甲、陈皮各 25g，甘草 15g，水煎取汁，每日 1 剂，分 2～3 次灌服。用于子宫内膜炎继发性乳房炎。

方 11 大黄、黄柏、姜黄、白芷各 5 份，天南星、陈皮、苍术、川朴、甘草各 2 份，天花粉 10 份，共研为末，用醋调成药膏，外敷乳房患部。药干淋醋，经常保持药粉湿润。

方 12 皂角 20 份，白芷 5 份，天南星 1 份，共研为极细粉末，吹入患病乳房的对侧鼻孔内，如双侧乳房患病，吹入两鼻孔内。本法适用于乳房炎初期。

方 13 等量生半夏和大葱白，捣成泥状，捏成鼻孔大小的栓子，塞入患病乳房对侧鼻孔内，包扎固定，1 小时后去除，每日 2 次。本法适用于乳房炎初期。

方 14 多量葱白，开水冲调，趁热先熏后洗乳房肿硬患部。

方 15 牛膝 100g，吴茱萸 100g，大黄 100g，共研细，临用时用蛋清调匀，患部清洗干净后贴敷，每日 1～2 次，连用 3～4 日。

方 16 黄花根 100g，白头翁 50g，水煎拌饲 1 次喂服。

方 17 茄子把或南瓜把 7 个，烧灰后用酒调服。

方 18 金银花、连翘、蒲公英、地丁各 15g，知母、黄柏、木通、大黄、甘草各 10g，研末拌食喂。

方 19 皂角刺、赤芍、归尾、荆芥、防风、花椒、黄柏、连翘、透骨草各 50g，煎水候温洗，连续 2～3 日。

方 20 白蔹 250g 捣烂，面粉适量调敷。

方 21 王不留行、穿山甲各 15g，乳香、没药、皂刺各 10g，研末拌食服。

方 22 鲜半边脸 100g，鲜鹅不食草 25g，仙鹤草 100g，煎服。

方 23 蒲公英、忍冬藤各 50g，水煎加酒适量喂服。

方 24 水针疗法 肾门、阳明、百会穴或乳房肿胀边缘处，分点注射 0.5%普鲁卡因共计 30～40mL，并加入注射用青霉素 400 万单位，以及安痛定注射液 10mL 等药液

方 25 白针疗法 主穴选肾门、百会、阳明、乳基等穴，配穴选涌泉、蹄叉、三里等穴。

【预防】 做好母猪圈舍和围栏的清洗及消毒工作；分娩前后，不

可突然增喂精料及多汁饲料；仔猪断乳前后逐渐减少哺乳次数，使乳腺活动慢慢降低。

十、产后缺乳

母猪产仔后泌乳量显著减少，甚至无乳汁产生，称为缺乳症。

【病因】 产仔过多的老弱母猪，缺乏运动而致体质过肥的母猪，配种过早而又产仔过多的母猪均易发生产后缺乳。细菌感染、应激、激素分泌紊乱等和母猪怀孕及哺乳期间饲料单纯也可引发本病。此外，母猪产后胎衣不下，继发子宫炎，可引起子宫炎-乳腺炎-无乳综合征。

【症状】 母猪产后无乳或乳汁明显减少，体温升高，乳房硬结，拒绝仔猪吮乳，食欲减退，精神沉郁，便秘，产后24小时内可观察到乳房肿大，但无乳挤出，仔猪饥饿。患子宫炎-乳腺炎-无乳综合征时，母猪表现胎衣不下、子宫炎、乳腺炎等症状。

【辨证】 气血虚弱或淤滞。

【治疗】 治宜活血通络，消肿催乳。

方1 缩宫素注射液（催产素，1mL∶5IU）5mL，肌内注射，每日4～6次，注射前1小时将仔猪与母猪分开，注射后10～15min放回仔猪哺乳。

方2 维生素E注射液（1mL∶50mg）100mg，垂体后叶素注射液（1mL∶6IU）20IU，10％葡萄糖注射液（500mL∶50g）500mL，混合后静脉滴注，用药10分钟后按摩乳房百余次，仔猪早晚各自由吮乳1次。

方3 王不留行10g，黄芪5g，皂角刺5g，当归10g，党参5g，川芎10g，漏芦3g，路路通2g，共研细，拌料1次喂服，每日1剂，连用3日。

方4 海带250g浸胀、切碎，加猪油50～100g，煮汤1次饲喂，隔周1次。

方5 当归30g，川芎30g，通草30g，木通25g，生地黄20g，白芍20g，白术20g，甘草10g，萱草根50g，王不留行40g，蒲公英20g，水煎取汁，黄酒500mL为引，1次灌服。同时静脉注射脑垂体后叶素40IU、50％葡萄糖注射液60mL，肌内注射注射用青霉素160万单位。

方 6　王不留行（炒）75g，豆腐 1000g，皂角刺 45g，共水煎，1 次喂服，每日 1 次，连用 3～5 日。

方 7　鸡蛋 5 枚，鲜藕 500g，加水煎煮，1 次喂服，每日 1 剂，连用 2～3 日。

方 8　黄芪 30g，党参 30g，白术 30g，当归 25g，川芎 25g，瓜蒌 20g，木通 20g，通草 20g，路路通 20g，甘草 20g，共研细，开水冲调，1 次灌服，每日 1 剂，连用 2～3 日。

方 9　干荷叶 120g，木通 30g，水煎取汁，再加入红糖 120g，调匀，候温 1 次灌服，每日 1 剂，连用 2～3 日。

方 10　王不留行 60g，水煎 2 次，然后加入干燥胎衣粉末 60～80g，混饲喂服，早晚各 1 次。

方 11　鸡蛋 10～20 枚，红糖 100g，煮熟，加白酒 50g，混饲。

方 12　大豆 1500g 加工成豆浆，猪膀胱 2 个切碎，二者混合煮熟，混饲喂服，每日 2 次。

方 13　生南瓜子 100g，连皮捣碎，混饲 1 次喂服，每日 2 次。

方 14　生菜 500g 切碎，加入黄酒 150g，混饲 1 次喂服。

方 15　红小豆 250～500g 煮熟，混饲 1 次喂服。

方 16　小鱼虾 500g，猪蹄 1 对，煎汤 1 次喂服。

方 17　鲜虾 250g，甜酒 500mL，分 2 次喂服。

方 18　虾米 200g 捣烂，红糖 100g，黄酒 100mL，混合后 1 次灌服，每日 1 次，连服 3 次。

方 19　王不留行 25g，水煎去渣，然后加入鸡蛋 5 枚、核桃仁 5 个、大葱 200g，30 分钟后加入少许食盐，灌服。

方 20　王不留行、党参、熟地黄、金银花各 50g，穿山甲、黄芪各 40g，广木香、通草各 30g，煎服。

方 21　蚂蚁卵 100g，黄酒 200mL 为引冲服。

【预防】加强饲养管理，喂给多汁和富含蛋白质饲料；选好种母猪，待乳房发育完全，体成熟时再配种；适当增加母猪运动量，坚持每天按摩乳房。

十一、假孕

猪出现妊娠的征候但并不产仔称为假孕。

【病因】内分泌紊乱，如交配不当，其黄体大量形成并分泌黄体酮，及母猪生殖器官疾病，尤其子宫有炎症或蓄脓均可形成假孕状态。

【症状】母猪与正常猪妊娠相似，后期乳房增大，有的甚至可挤出乳汁，接近正常怀孕期满左右，会出现作窝、蹲窝、拒食；有的母猪还会给仔猪哺乳。有时阴道内会排出液体，然后多数转为慢性子宫内膜炎。

【辨证】气血淤滞。

【治疗】治宜及早、缩宫活血。

方 1 盐酸氯丙嗪注射液（1mL：50mg），按每千克体重 1～2mg 肌内注射。

方 2 益母草膏 40～80mL，灌服，每日 2 次。

【预防】加强饲养管理，给予科学搭配的日粮；对于配种后母猪，应注意密切观察，及早甄别；积极预防和治疗生殖器官疾病。

十二、母猪产后不食

母猪产后不食指母猪产后胃肠功能紊乱、食欲减退的一种病症。

【病因】母猪产后不食主要因母猪怀孕期间，饲料单纯、营养不良引起；产前饲喂精料过多，或突然变更饲料种类，也可引起本病；产后母猪罹患子宫炎、低血糖、低血钙、严重的寄生虫病等疾病，也影响母猪食欲。

【症状】母猪产后精神不振，消化不良，食欲减退，严重时则食欲废绝，粪便先稀后干，泌乳减少，体温正常或略高。

【辨证】脾虚不运等。

【治疗】治宜活血化瘀、补气健脾。

方 1 新斯的明注射液（2mL：1mg）2～6mg，每日 1 次，肌内或皮下注射。

方 2 人工盐 30g，复合维生素 B 片（每片含主要成分：维生素 B_1 3mg，维生素 B_2 1.5mg，维生素 B_6 0.2mg，烟酰胺 10mg，泛酸钙 1mg）15 片，陈皮酊 20mL，1 次喂服，每日 1 次，连用 5 日。

方 3 厚朴、枳壳、陈皮、苍术、大黄、龙胆草、郁李仁、甘草各 10～15g，共研为末，混饲 1 次喂服，或水煎取汁 1 次灌服，每日

1次，连用2～3次。

方4　柴胡5g，黄芩5g，姜半夏5g，党参10g，甘草3g，大枣3个，神曲5g，青皮3g，陈皮5g，生姜5g，煎汁去渣，1次喂服，每日1次，连用2日。

方5　取1头健康猪的血液（如发生凝结，需捣烂），用胃管投服，每日1次，连用2～3次。

方6　当归80g，云苓40g，白术40g，黄芪60，党参50g，益母草50g，良姜50g，水煎取汁；生羊肉250g煮熟后取汁1L；二者混匀，灌服，每日1次，连用2次。

方7　五灵脂20g，生、熟蒲黄各10g，煎汁，与童便100mL混匀，1次灌服，每日1次，连用3～4次。

方8　海带100～200g，猪排骨250g，共煎煮，取汁加少许食盐，1次灌服，每日1次，连用2～3次。

【预防】怀孕母猪日粮应搭配合理，适当地增加蛋白质、维生素和矿物质；饲料变更应科学过渡；积极治疗原发病。

十三、母猪产后尿闭

母猪产后尿闭又称产后癃闭，指母猪分娩后10日内出现排尿困难，尿液潴留于膀胱的一种危急症。

【病因】老龄母猪及产程较长的母猪，产后易发生尿闭；母猪产后体质虚弱、膀胱麻痹、腰肾受损，也可导致尿闭。

【症状】体温一般正常，呼吸稍快，母猪常卧地不起，拒食，腹围明显增大，触诊腹部有明显波动感，频频作排尿姿势，但无尿液或尿液呈点滴状排出。对于老龄、体弱、病重母猪，若治疗不及时，常导致尿毒症而死亡。

【辨证】气血虚弱。

【治疗】治宜导尿、兴奋排尿中枢为原则，结合补益气血、理气健脾，巩固疗效。

方1　施行导尿术：母猪上颌保定，将导尿管及术者手部消毒、润滑后，左手中指伸入阴道探查到尿道口后，右手将导尿管顺着左手中指缓缓插入尿道口20～30cm，即可见尿液流出。

方2　母猪取头高尾低的站姿，将扁担置于猪腹下膀胱部位，向上抬压，力量由轻而重，反复数次，可促使麻痹的膀胱收缩而排尿。

方 3 用扫帚在猪腰部正中背脊上用力扫一下，稍停后再突然重复扫腰部，反复数次，也可刺激产生排尿反射。

方 4 10%葡萄糖注射液（500mL：50g）500mL、三磷酸腺苷注射液（2mL：20mg）100mg、注射用辅酶 A（200IU）500IU、肌苷注射液（5mL：0.2g）500mg 和 10%安钠咖注射液（2mL：0.5g）20mL，腹腔注射；40%乌洛托品注射液（5mL：2g）40mL，静脉注射；10%磺胺 5-甲氧嘧啶注射液（10mL：1g）20mL，肌内注射。

方 5 黄芪、党参各 50g，肉苁蓉、当归各 60g，川芎、茯苓、泽泻、白术、陈皮、枳壳各 40g，水煎取汁 1～1.5L，可供体重 75～100kg 母猪分 2～3 次内服。

方 6 茯苓 50g，泽泻 30g，木通 30g，车前子 30g，黄芩 20g，甘草 15g，水煎取汁，早、午、晚分 3 次灌服。

方 7 党参 50g，黄芪 60g，当归 30g，升麻 20g，柴胡 20g，共研细，加蜂蜜 100g，混饲喂服，每日 1 剂，连用 3～5 日。适用于膀胱麻痹引起尿闭的母猪行导尿术后巩固疗效。

方 8 尖辣椒 1 个，剪去尖角，塞入母猪阴道内，可刺激产生排尿，一般 30 分钟内可排尿，排尿结束后取出辣椒。

方 9 水针疗法 10%安钠咖注射液（2mL：0.5g）5～15mL/次，注入后海穴，每日 1 次，连用 1～2 次。或新斯的明注射液（2mL：1mg）6mL，或 10%樟脑醇溶液（樟脑 10g，加 75%乙醇至 100mL，溶解后过滤即得）5～6mL，或松节油 2～3mL 注入阴俞穴（肛门与阴门连线中点）。

【预防】 母猪产后及时补充能力；母猪产后较长时间未见排尿者，应及早采取措施，按摩腹部刺激膀胱排尿，按摩无效时及时行导尿术。

十四、持久黄体

持久黄体指发情周期或分娩之后，发情周期黄体或妊娠黄体持续存在而不消失。

【病因】 饲料单纯，缺乏营养，尤其缺乏蛋白质和维生素，可引起母猪持久黄体；产仔过多，哺乳负担过重，也常引发本病；内分泌激素紊乱，如卵泡刺激素不足，促黄体生成素和促乳素过多，可使黄体持续存在的时间超过正常时间；某些疾病，如子宫蓄脓、慢性子宫炎、胎衣不下等均影响黄体的吸收而发生持久黄体。

【症状】性周期停止或发情间隔延长或产后久不发情；阴户干燥、皱缩；临床上出现不发情，拒绝交配。一般发生于一侧卵巢，另一侧卵巢常呈静止状态。

【辨证】气血虚弱或湿热内蕴。

【治疗】治宜催情促孕。

方1 氯前列烯醇注射液（0.2mg）1～2mg，1次肌内注射。

方2 促孕灌注液15～30mL子宫灌注，每天1次，连续3～5次。

方3 电针疗法 取两侧肾俞穴或百会、后海、阴俞穴，每次通电15～20分钟，每日或隔日1次，连续3～5次。

方4 白针疗法 选百会、后海穴，针刺入后反复行针至有明显针感，留针15～20分钟。

方5 氦氖激光照射后海穴，每日1次，每次10分钟，连续3日。

【预防】加强饲养管理，给予搭配合理的日粮，特别应供给富含蛋白质、维生素、微量元素的日粮；应适当加强母猪运动；及早治疗母猪生殖器官疾病。

十五、公猪性欲缺乏

公猪性欲缺乏指公猪不能配种或配种后难于使母猪受孕的一种病症。

【病因】公猪使用过度，致精力衰退而缺乏性欲；公猪久未配种，且缺乏运动，过度肥胖，可引起性欲缺乏；饲料中缺乏维生素A、维生素E，引起性腺机能退化而缺乏性欲；某些疾病，如睾丸炎、肾炎、膀胱炎等也可引起公猪性欲缺乏。

【症状】公猪配种时，性欲迟钝，厌配或拒配；交配时表现阳痿不举，或偶有爬跨表现，但不持久；射精不足，精子活力较差。

【辨证】肾虚或湿热下注。

【治疗】治宜壮阳补肾，清利湿热。

方1 丙酸睾丸素注射液（1mL：50mg）100～125mg，1次肌内注射，每日1次，连用5～7日。

方2 党参30g，肉苁蓉40g，巴戟天40g，炙淫羊藿45g，麦门冬、天门冬、白术、黄柏各30g，甘草20g，共研为末，拌饲喂服，每日1剂，连用1周。

方3 淫羊藿90g，补骨脂30g，熟附子10g，阳起石30g，五味子15g，菟丝子30g，水煎取汁，加黄酒200mL，1次灌服，每日1剂，连用2～3剂。

方4 韭菜200g，蚯蚓100g，共捣烂，以黄酒150mL和红糖100g为引，拌饲喂服，每日1剂，连用1周。

方5 淫羊藿、阳起石各30g，肉苁蓉、菟丝子、续断各25g，杜仲、黄芪、党参各20g，甘草15g，水煎灌服，每日1剂，连用3～5剂；或共研为末，拌饲喂服。

方6 天麻125g，淫羊藿100g，五味子75g，杜仲75g，牛膝75g，浸泡于50度白酒2.5L中，1周后喂服（1次量：200kg以上体重的猪200mL，200kg以下体重的猪150mL），每日2次，连用1周。

【预防】加强饲养管理，建立科学配种制度，防止过度配种，推广人工授精；对种公猪应适当加强其运动；积极治疗原发病。

十六、睾丸炎

睾丸炎指睾丸实质的炎症。由于睾丸炎和附睾紧密相连，因此，临床上两者常同时发生或互相继发。

【病因】睾丸受损时，葡萄球菌、链球菌和化脓棒状杆菌等继发感染引起；也常继发于结核病。睾丸附近组织或鞘膜炎蔓延，或副性腺细菌感染等均可引发睾丸炎。

【症状】病猪一侧或两侧睾丸肿大，阴囊皮肤红肿、发热，触诊睾丸紧张、疼痛，体温升高，食欲减退；并发化脓感染时，局部和全身症状常加剧。慢性睾丸炎时，睾丸无明显热痛症状，睾丸变硬、变小。

【辨证】湿热下注。

【治疗】治宜消肿止痛、清利湿热。

方 1 10%鱼石脂软膏，局部涂擦。

方 2 生姜 500g，生地黄骨皮 100g，共捣烂，外敷患部。

方 3 松树青果，或大茶叶根，或天南星，研为末，加白酒外敷。

方 4 鱼腥草、车前草、苦蘵（灯笼草）各 200g，柑子叶 150g，栀子、凤尾草、桃叶各 100g，石菖蒲 50g，柳树根 250g，水煎，分 2 次灌服。

【预防】 加强饲养管理，避免睾丸损伤；睾丸损伤后应及时处理，以防感染；对患结核病及睾丸附近组织炎症的患猪，应及早治疗，防止继发感染。

十七、阳痿

阳痿是指公猪在配种时性欲不旺盛，阴茎不能勃起的一种疾病。

【病因】 饲喂过度，尤其是供给过量的蛋白质而又缺乏运动时，公猪过度肥胖易发生本病；人工采精时，采精技术不佳、更换采精技术员、采精场所不安静等，也可造成阳痿；配种过度、阴茎疾病也常引发本病。

【症状】 交配和采精时，公猪阴茎不能勃起，或出现性兴奋，虽用力爬跨，但不能完成性交过程。不同原因引起的阳痿，还伴有其他症状。由于饲养不良引起的阳痿，病猪精神沉郁，消瘦或过肥；配种过度引起的阳痿，病猪精神委顿；由于疾病导致的阳痿，则公猪不愿爬跨。

【辨证】 肾虚。

【治疗】 治宜针对病因，及时施治，催情壮阳。

方 1 丙酸睾酮注射液（1mL：50mg）或苯乙酸睾酮注射液（2mL：20mg）100mg，皮下或肌内注射，隔日 1 次，连用 2～3 次。

方 2 冻干孕马血清促性腺激素（1000IU）1000IU，皮下或肌内注射，每日 1 次，连用 2～3 次。

方 3 阳起石 12g，研细，分 2 次混饲喂服，连用 7～10 日。

方 4 党参 12g，黄芪 9g，白术 12g，云苓 9g，远志 9g，牡蛎 12g，苁蓉 12g，杜仲 9g，菟丝子 9g，淫羊藿 12g，枸杞 9g，肉桂 9g，水煎取汁，分 2 次灌服。

方5 山药30g，金樱子24g，益智仁18g，杜仲15g，菟丝子15g，巴戟21g，芡实30g，覆盆子15g，远志15g，牡蛎50g，龙骨50g，共研细，取30g拌饲喂服，每日1次，服完为止。

方6 熟地黄12g，当归9g，党参12g，枸杞9g，黄精15g，牡蛎15g，五味子10g，首乌12g，淫羊藿15g，甘草3g，一枝箭30g，共研细，混饲分2次喂服。

方7 阳起石30g，巴戟天12g，葫芦巴9g，黄精9g，菟丝子9g，石莲子9g，芡实9g，党参9g，炙黄芪9g，共研细，分4次混饲喂服。

方8 黄鳝500～1000g，捣烂内服，连用10～15日。

方9 菟丝子40g，细辛3g，水煎取汁，1次内服。

方10 核桃仁30g，枸杞30g，覆盆子15g，淡竹叶6g，水煎取汁，1次内服。

方11 淫羊藿30g，阳起石30g，肉苁蓉25g，菟丝子25g，川续断25g，杜仲20g，党参20g，甘草15g，水煎取汁，候温灌服，每日1剂，连用2～3日。

【预防】 及早应淘汰遗传因素所致器质性阳痿的公猪；改善饲养管理，避免供给过量的蛋白质饲料；适当增加种公猪的运动；改善采精技术，改良采精环境，避免频繁更换采精员。

十八、母猪配种过敏症

自然交配的某些初产母猪（经产母猪少见），在配种数小时后出现一些过敏症状。

【病因】 某些初产母猪在与某个别公猪交配时，由于公猪的精液进入母猪的阴道和子宫引起过敏反应，或由于交配刺激本身引起受配母猪的一种反应。

【症状】 交配后母猪乏力，瘫软，反应迟钝，甚至不食，四肢发冷，体温偏低，胃寒怕冷。

【辨证】 亡阳证。

【治疗】 治宜对症抗过敏。

方1 10%安那加10mL，一次肌内注射。

方2 地塞米松75mg，一次肌内注射或随液静脉注射。10%葡葡糖酸钙液 20～50mL、维生素 C 10～20mL，混合后静注。

方 3　白针疗法。选择抢风穴和蹄叉穴。

十九、新生仔猪窒息

新生仔猪窒息又称为假死，指刚出生的仔猪呈呼吸障碍，或无呼吸而仅有心跳，如不及时抢救，常会死亡。

【病因】分娩时产道狭窄、胎儿过大或胎位异常，同时助产时间长，强迫胎儿产出，也可致仔猪窒息；倒生、前置胎盘、脐带缠绕、子宫阵缩过强，均可引起仔猪窒息；分娩前母猪过度疲劳，或患贫血、大出血、心力衰竭、高热、全身性疾病也可引起仔猪窒息；也见于仔猪产出后气温过低受冻而窒息。

【症状】仔猪产出后，具有轻微的活动力或几乎不活动，可视黏膜发绀或苍白，口鼻内充满黏液，全身松软，反射几乎消失，呼吸基本停止，但心跳尚有并且微弱。

【辨证】窍闭证。

【治疗】治宜及时施救，刺激呼吸，保温。

方 1　倒提仔猪，拍打其背部，使口腔、鼻腔内的黏液和羊水倒流出。

方 2　将仔猪尽快放入母猪腹下，使母猪和仔猪腹贴腹，通过母猪均匀的胸腹起伏，启动窒息仔猪的呼吸。

方 3　用手轻轻地在仔猪胸部并有节奏地按压，帮助其恢复呼吸。

方 4　用酒精刺激仔猪鼻端，以助其恢复呼吸。

方 5　针灸疗法　用毫针针刺山根穴、鼻中穴。

【预防】应及时正确地对分娩母猪接产和护理仔猪；应注意对分娩过程延滞、胎儿倒生及胎囊破裂过晚等进行及时助产。

二十、新生仔猪便秘

新生仔猪出生后，超过 24 小时仍不排出胎粪称新生仔猪便秘或胎粪停滞。

【病因】仔猪未能及时吃到母乳（初乳中富含镁，有轻泻作用，而且初乳食入后可促进胃肠蠕动）；怀孕母猪饲养不良，致使仔猪发育不良、体弱虚弱而发生便秘。

【症状】仔猪出生后1～2日未见胎粪排出，逐渐表现不安，拱背，努责，回顾腹部，食欲不振，精神委顿。手指检查直肠，肛门处有浓稠蜡状黄褐色胎粪。

【辨证】气滞便结。

【治疗】治宜通肠导便。

方1 45℃肥皂水100～300mL，或石蜡油50～100mL，直肠灌注，然后轻揉肛门或热敷腹部。

方2 芒硝10g，大黄5g，共研为末，拌入少量稀饭中喂服。

方3 巴豆1粒，去壳打碎；鲜麻根50g，捣烂，将二者混合，拌入少量饼粕饲料中喂服，每日1次，一般服药半天后见效。

方4 食用植物油或石蜡油10～50mL，1次灌服。

方5 皂角烧灰研为末，用蜂蜜炼后作成药丸送入直肠。

方6 猪苦胆1个，蜂蜜60～100g，二者混合，加温水200mL，口服。也可将两药加倍灌肠。

方7 炒牵牛子5g，焦槟榔片4g，大黄10g，水煎灌服。

【预防】仔猪产出后，应及时给予哺乳；母猪怀孕期间，应提供优质饲料。

二十一、脐炎

脐炎指新生仔猪的脐带短头被感染的炎症。

【病因】接产时，对仔猪脐带断头未消毒或消毒不严，可引起脐炎；仔猪脐带断头被粪尿或其他脏物污染，或仔猪间互相啃咬脐带，均可致脐炎；母猪生产环境不洁，也常引起仔猪发生脐炎。

【症状】脐带断头湿润，脐带基部红肿，有时脐孔周围也肿胀，有疼痛表现。从脐孔内排出黏液，甚至脓液，病猪拱背、不愿走动。常发生转移性关节炎，病猪食欲不振，体温升高，跛行。

【辨证】外邪侵扰。

【治疗】治宜消炎、吸湿、生肌。

方1 用0.1%高锰酸钾溶液，消毒清洗患部。

方2 灶心土（伏龙肝），研为末，塞入脐孔。

方3 艾蒿叶烧灰，塞入脐孔。

方 4 黄柏粉、黄芩粉、枯白矾粉各等量混匀，塞入脐孔。

方 5 荆芥熬为浓汁，擦洗患部。

方 6 炒黄柏、炒苍术各等量共研为末，塞入脐孔。

方 7 南瓜把烧为灰，研细，加香油调匀，塞入脐孔。

【预防】母猪生产的环境应干净、舒适；接生时，脐带要消毒；避免仔猪互相啃咬。

第八章 近年来猪出现的新病及疑难杂症

一、圆环病毒病

猪圆环病毒病是由猪圆环病毒2型感染引起的多种传染病，包括断奶仔猪多系统衰弱综合征、猪皮炎和肾病综合征、呼吸系统疾病、繁殖障碍、肉芽肿性肠炎、渗出性皮炎、坏死性淋巴腺炎和新生仔猪的先天性震颤等疾病，临诊表现多种多样。主要特征为体质下降、消瘦、贫血、黄疸、生长发育不良、腹泻、呼吸困难、母猪繁殖障碍、内脏器官及皮肤的广泛病理变化，特别是肾、脾及全身淋巴结的高度肿大、出血和坏死。

【病原】病原为猪圆环病毒，属于圆环病毒科圆环病毒属，无囊膜、单股环状DNA病毒，能在哺乳动物细胞中自我复制。到目前为止，已发现有两个血清型，即PCV1和PCV2。PCV1无致病性，PCV2具有致病性。目前，PCV2被认为是与许多不同猪病综合征有关的重要的病原。该病毒可在猪源细胞如PK-15和Vero细胞培养物中复制，但不引起明显的细胞病变。对外界环境抵抗力极强，可耐受低至pH3的酸性环境，一般消毒剂很难将其杀灭。

【症状与病变】PCV2与多种疾病有关，临床常见断奶仔猪多系统衰竭综合征和猪皮炎与肾病综合征，且危害严重。

断奶仔猪多系统衰竭综合征：该病主要临床症状是消瘦、呼吸困难、淋巴结肿大、腹泻、苍白和黄疸。在某一头猪身上并不是所有的症状都明显，在一段时间内，感染的猪场即使不出现全部症状，也会出现大多数症状。其他症状包括咳嗽、发热、胃溃疡、脑脊膜炎和突然死亡，但较少见。病死猪的剖检病理变化较明显，常见的病变包括胸腔积液、心脏苍白；肺脏水肿、间质增宽、质度坚硬或似橡皮，其上散在有大小不等的褐色实变区；全身淋巴结，特别是腹股沟、纵隔、肺门和肠系膜以及颌下淋巴结显著肿大；肾脏肿胀、灰白色，皮质与髓质交界处出血；脾脏、肝脏轻度肿胀。

猪皮炎和肾病综合征：该病是一种比较新的、致死性的疾病，主要感染1.5～4个月的断奶和育肥仔猪，通常呈散发。感染猪最初出现多灶的、局限性的、轻微隆起的、暗红色的不规则的环状皮肤病变，直径1～20mm。短时间皮肤病变后，病猪出现发热（肛温≥41℃）、厌食、严重消瘦和沉郁。出现这些症状的猪通常很快死亡，感染猪的死亡率大约20%。在死亡病例中，皮肤的病变包括感染部位的真皮和皮下组织出现严重的坏死性血管炎。主要眼观病变出现在皮肤和肾脏中。皮肤病变最先出现在猪体后1/4、四肢和腹部，然后蔓延到胸部、腰背部和耳部。眼观可见圆形或不规则形状的红色到紫色深浅不一的斑点和丘疹，在会阴部和四肢末端结合形成不规则的斑块；肾肿大，皮质苍白且有直径2～4mm的红色环状的出血灶；肾脏和腹股沟淋巴结通常肿大变红。

【辨证】气血虚弱。

【治疗】本病尚无有效疗法，应坚持预防为主的方针。一般认为猪圆环病毒病是多种因素引起的疾病，除病毒感染外，饲养环境、病毒和细菌混合感染都是发病的原因。因此，该病的控制应集中于消灭这些诱因和原因。在临床上治宜补气养血，控制发病诱因结合应用下列药物有一定的疗效。

方1　板蓝根30g，忍冬藤35g，连翘30g，白头翁25g，黄连20g，神曲20g，山楂30g，莱菔子25g，枳壳20g，甘草15g。水煎，拌料饲喂，每天1剂，连用3天。

方2　黄芪150g，黄芩100g，板蓝根20g，党参50g，茵陈20g，金银花50g，连翘50g，甘草25g。水煎3次，合并滤液至每毫升含生药1g，按每千克体重2mL剂量灌服，每天1次，连用7天。

方3　石膏（先煎）120g，水牛角60g，生地黄30g，黄连20g，栀子30g，丹皮30g，黄芩30g，赤芍30g，玄参30g，知母30g，连翘25g，桔梗25g，竹叶30g，甘草30g。水煎取汁，候温灌服，每日1剂，连续3～5日。

方 4 板蓝根打碎，于母猪产前 1 周和产后 1 周、仔猪断奶前 7 天和断奶后 30 天，按 1.5%拌料饲喂。

方 5 注射用长效土霉素按每千克体重 0.5mL 1 次肌内注射，哺乳仔猪分别在 3、7、21 日龄各注射 1 次。同时，在饲料中拌入强力霉素或土霉素（按每千克体重 150mg）、泰妙菌素（按每千克体重 50mg），供断奶前后仔猪喂服，母猪产前、产后 1 周内也可倍量喂服。

方 6 水针疗法。选脾俞、后三里、耳根等穴，每穴注射 5%葡萄糖生理盐水或维生素 B_1、黄芪注射液 2～3mL，隔日 1 次，连续 2～3 次。也可注入清开灵、双黄连注射液、长效土霉素等药物。

方 7 卡耳埋植。见猪瘟方。

【预防】本病尚无有效疗法，应坚持预防为主的方针，加强饲养管理和卫生防疫措施，杜绝疫病的发生。减少仔猪应激，做好其他猪病的防制等措施有助于预防圆环病毒的感染。另外，定期在饲料中添加一些抗生素，对预防本病和降低发病率有一定作用。一旦发现可疑病猪，要及时隔离。鉴于病毒的地方流行特性，应用免疫接种方法建立畜群的牢固免疫性是防制此病的可靠措施，目前，商品化疫苗主要是灭活疫苗，在临床上有一定的预防效果。

二、猪繁殖呼吸综合征

猪繁殖与呼吸综合征是由猪繁殖与呼吸综合征病毒引起的猪的一种传染病，又称“猪蓝耳病”，本病以妊娠母猪的繁殖障碍（后期流产、死胎、木乃伊胎、弱胎）及各种年龄猪特别是仔猪的呼吸道疾病（间质性肺炎）为特征。本病给世界养猪业造成巨大的经济损失，现已成为危害规模化养猪生产的主要疫病之一。

【病原】猪繁殖与呼吸综合征病毒为单股正链 RNA 病毒，属尼多病毒目、动脉炎病毒科、动脉炎病毒属。该病毒对温度和湿度较敏感，潮湿的环境有助于病毒存活，低温下保存的病毒具有较好的稳定性，而干燥可很快使病毒失活。通常 37℃下 48 小时、50℃45 分钟就失去感染性，在 4℃则缓慢失去感染性。另外，它的感染性还受 pH 的影响，在 pH 小于 5 或大于 7 的条件下，其感染力降低 95%以上。在 pH7.5 的培养液中可于－20℃和－70℃长期保存。对有机溶剂十分敏感，经氯仿处理后，其感染性可下降99.99%。对常用的化学消毒剂的抵抗力不强。

【症状与病变】本病的临床表现复杂多样，与毒株毒力、管理水平、营养状况、免疫状况及有无并发、继发感染等有密切关系。母猪病初精神倦怠、厌食发热。妊娠母猪后期发生早产、流产、死胎、木乃伊胎及弱仔。仔猪以2～28日龄感染后临诊症状明显，死亡率达80%，大多数初生仔猪表现呼吸困难、肌肉震颤、后肢麻痹、共济失调、打喷嚏、嗜睡，有的耳部发紫和躯体末端皮肤发绀。育成猪眼睛肿胀，发生结膜炎和腹泻，并出现肺炎。公猪呼吸急促、性欲减弱、精液质量下降。

剖检见可视黏膜苍白，全身不同程度黄染，皮下水肿，死胎胸腔内存大量清亮液体，1月内病死仔猪，肺前叶边缘普遍有灰色肝变病灶；切开气管，内部充满泡沫状物；肺门淋巴结肿大，肺间质明显增宽，部分猪有渗出性肺炎或大叶性肺炎，个别严重者，肺边缘有红色肉变区；肝肿大变性，棕黄色，全身淋巴结肿大，切面有出血斑点；肾苍白，肿大，表面有凹凸不平灰白色坏死灶，个别有针状出血点；脾脏肿大变软，个别呈蓝紫色；结肠内容物稀薄。

【辨证】气血虚弱。

【治疗】该病尚无特异疗法。治疗宜抗病毒、对症消炎，补养气血。

方1　黄芪、金银花、苦参、紫花地丁、蒲公英各2份，儿茶、没药、防风、荆芥、黄柏各1份，煎煮2次，浓缩成生药含量1.0g/mL。每头猪每次用注射器灌服药液20mL，早晚各1次，药渣拌入饲料中自由采食，7天为1个疗程。

方2　石膏（先煎）120g，水牛角60g，生地黄30g，黄连20g，栀子30g，丹皮30g，黄芩30g，赤芍30g，玄参30g，知母30g，连翘25g，桔梗25g，竹叶30g，甘草30g。水煎取汁，候温灌服，每日1剂，连续3～5日。

方3　蓝耳泰注射液2.5mL，1次肌内注射，每日1次，3次为1疗程（7日龄以前仔猪不可注射，可口服）。白介素-Ⅱ 2.5mL、10%维生素C注射液5mL分别肌内注射，每日1次，连续2～3次。

同时，磺胺间甲氧嘧啶30g拌入50kg饲料中喂饲，连续2～3天；或按每千克体重0.2g喂服，每日2次。

方4 水针疗法。选肺俞、大椎、身柱、苏气、断血等穴，每穴按肌内注射剂量1/3选择注射黄芪注射液、清开灵、双黄连注射液、鱼腥草注射液、硫酸卡那霉素注射液等。

方5 卡耳埋植。见猪瘟方。

【预防】认真做好综合性防控措施是控制和减少本病的有效途径。

建立和完善以“卫生消毒”工作为核心的猪场生物安全体系。做好清洁卫生和消毒工作，将卫生消毒工作落实到猪场管理的各个环节。通过严格的卫生消毒措施，一方面降低感染率，另一方面可将猪场环境和猪舍内病原微生物的污染降低到最低限，以减轻或杜绝猪群继发感染的机会，把疫病控制在最小范围内。一般每周至少带猪消毒1～2次，消毒前应用清水将猪舍冲洗干净，场区一般每月消毒一次。另外死胎、死猪及时进行无害化处理。

要加强检疫。引种及购买仔猪时要严格检疫、隔离。禁止引入阳性猪种，杜绝从疫区带入病毒；新引进的种猪至少隔离21～28天，60天后如无异常再和原场猪群混群饲养。

最大限度地控制感染猪群的继发感染。猪繁殖和呼吸综合征病毒感染猪群后可导致免疫抑制，易继发细菌病和病毒病，加重病情。因此，适当使用抗菌药物、实施猪群的保健计划，控制猪群的细菌性继发感染是降低本病危害的有效措施。可在妊娠母猪产前和产后阶段、哺乳仔猪断奶前和后、转群等阶段适时阶段性的在饲料中添加适量的维生素和预防量抗菌药物（如泰妙菌素、氟苯尼考、土霉素、金霉素、强力霉素、利高霉素、磺胺类、替米考星等），以防止猪群的细菌性（如肺炎支原体、副猪嗜血杆菌、链球菌、沙门氏菌、巴氏杆菌等）继发感染。此外，在哺乳仔猪和保育猪，则可用长效土霉素制剂和头孢噻呋保健。

正确使用疫苗，要注意区分弱毒活疫苗和灭活疫苗的不同使用特点。无此病的猪场防疫一般应选用灭活疫苗；而本场或周边猪场有蓝耳病史时，最好用弱毒疫苗和灭活苗联合使用，也可单独使用。需要特别指出的是，不能单纯指望现有的疫苗来完全控制猪繁殖呼吸综合征。

三、新生仔猪腹泻

新生仔猪腹泻指近年来冬春季节在我国出现的大范围的新生仔猪腹泻疫情。主要表现为仔猪出生3天左右开始呕吐（呕吐物为未消化的乳糜）、腹泻，先呈鸡蛋清样，之后呈水样黄色稀粪，粪便中伴有少量固态物质（未消化的奶块、脱落的肠绒毛等），吮乳无力、仔猪体质快速瘦弱最后衰竭死亡。发病率达30%～90%，2～3天内死亡率几乎达到100%。常规抗菌疗法没有效果，疫情持续存在，甚至在已经平息的猪场依然可以再次暴发。

【病因】 目前尚没有一致的看法，可能是由于猪流行性腹泻病毒（PEDV）变异的结果，也可能与霉菌毒素中毒有关，还可能新的病毒（如博卡病毒、脊病毒等）造成的。

【症状与病变】 猪群发病特点表现为母猪与新生仔猪同时具有临床症状，母猪主要表现为产前产后便秘，产后发烧不食、少奶甚至无奶、拉水样粪；新生仔猪初期表现为黄色水样或溶糖状腹泻物，有臭味，腹泻、呕吐，进而转变为剧烈水样腹泻、允乳无力、仔猪体质快速瘦弱最后衰竭死亡。

【辨证】 湿寒困脾。

【治疗】 治宜燥湿散寒，健脾和中。

方1　发生该病后仔猪要防休克和防中毒。仔猪通过饮用口服补液盐或者腹腔注射5%以下的糖盐水，口服的一昼夜4～6次，以补充体液防止脱水（需要注意的是口服或者腹腔注射的糖的浓度要合适，口服的补液盐水要加热至体温后给仔猪饮用），同时仔猪可每头每天2次灌服蒙脱石粉2g和保赤丸15～30粒、乳酶生片2片；母猪则饲喂红糖加姜片熬成的糖水，还可喂服五苓散（猪苓、茯苓、泽泻、白术、桂枝等组成）渗湿利水、温阳化气、和胃止呕，并通过哺乳起到一定的治疗作用。

方2　康复仔猪的血清5mL/头，肌内注射，每天2次。

方3　英特菲2g+锐锋1g用20mL生理盐水稀释混合注射，每头仔猪颈部肌内注射1mL。每天1次，连用3天。病情严重者，单独使用锐锋继续治疗2天。

方4　藿香正气液0.5～1mL/头，灌喂仔猪，每天1～2次；或藿香正气液 50～100mL，拌料饲喂母猪。结合方 1 效果更佳，还可预防性使用。

方 5 病死仔猪内脏拌料喂服母猪，对于严重感染猪场，有一定的防治效果。

【预防】 预防的核心是加强仔猪舍内的保温，并保持其舍内干燥的环境条件，适当的限制仔猪吃奶可以降低死亡率；并保证仔猪出生 3 天内不被病毒感染，同时尽早建立起抵抗猪流行性腹泻病毒肠道屏障。具体措施如下：第一，及时隔离发病猪，加强产房消毒（宜用生石灰等），减少空气中飘浮的病毒颗粒，必要时可以在妊娠舍设立临时的分娩室，待仔猪出生 3 天后才转入分娩舍，总之降低仔猪承受的感染压力。第二，母猪产前 40 天交巢穴接种猪传染性胃肠炎-流行性腹泻二联苗，20 天后加强一次，一些发病猪场还可以在产前 30 天反饲病猪胃肠组织，连续 7 天，这些都有助于促进母猪产生抗体。第三，产前 3～5 天时在待产母猪料中加入藿香正气液、平胃散、黄芪多糖等，祛湿健脾，提高机体免疫力。第四，小猪出生后尽快吃初乳。第五，仔猪出生后，可喂服嗜酸乳杆菌、地衣芽孢杆菌、粪肠球菌等益生菌。第六，对已经发病仔猪可以紧急注射猪瘟细胞苗 10 头份。在发病期间，场内场外进出要换鞋，以防交叉感染。

四、猪皮炎及肾病综合征

猪皮炎及肾病综合征是临床以病猪厌食、消沉、发热 41℃左右，在胸部、腹部、股及前腿皮肤上出现广泛的大小、形状不同的紫红色圆形或不规则的甚至融合的病灶的一种疾病。不同品种及年龄的猪均可感染，8～12 周龄的猪最常见，易与蓝耳病、细小病毒，伪狂犬病，猪流感，喘气病及多种疾病混合感染，使病情更加严重和复杂。60％～80％出现皮肤病变的猪发生死亡。

【病因】 本病的病因目前尚没有定论，可能由猪圆环病毒病-Ⅱ、蓝耳病毒、胸膜肺炎放线杆菌、链球菌等病原引起的，并与断奶仔猪多系统衰竭综合征有关。还可能与内分泌失调，某种激素分泌增加；与环境因素和和各种应激有关；药物的滥用；重金属残留；饲料中的霉菌毒素的影响等都有关系。

【症状与病变】病猪皮肤出现散在斑点状的丘疹，开始呈红色，发展为圆形或不规则的隆起，呈现红色、紫红色的病灶，继由中心部位变黑并逐渐扩展到整个丘疹，病变主要发生在背部、臀部和身体两侧，并可延伸至下腹部以及前肢，严重的可覆盖全身各处。病猪表现厌食、消沉并伴有发热41℃左右，60%～80%出现皮肤病变的猪发生死亡。体外寄生虫（疥螨）感染严重的猪场该病的症状相对较严重；个别猪出现发热、喜堆一起、食欲减退、逐渐消瘦、结膜炎，拉黄色水样粪便、呼吸急促、衰竭死亡。症状轻微者可于一周后逐渐康复，症状严重的猪通常在3天内死去，也有一些病猪在出现临床症状后2～3周才死亡。

主要的病变一般发生于皮肤和肾脏。剖检常见淋巴结出血性肿大，肾脏早期肿胀，外观呈土黄色贫血状态，肾皮质变薄易碎，中晚期质地坚实，肾包膜较难剥离，透过肾包膜可见到表面有大小不一、灰白色的坏死灶；心包积液、心肌柔软；肺可见间质性肺炎、大叶性肺炎等病变；个别猪可见关节腔出血。肾脏的变化可作为诊断该病的主要依据。

【辨证】湿热郁结。

【治疗】治宜清热燥湿，解表化郁、抗菌消炎。

方1　清瘟败毒散2kg＋阿莫西林粉500g＋霉净宝1kg，混合拌料1000kg，连用10～15d（霉净宝需长期使用）。饮水中加入黄芪多糖500g＋板清颗粒500g＋猪用维多利1000mL，兑水1000kg，连用5～7d，上下午各一次，每次饮水2小时，其余时间饮清水。

方2　地塞米松10mg，肌内注射，一天一次，连用2～3天。配合头孢噻呋（或强效阿莫西林）、磺胺间甲氧嘧啶、板蓝根注射液、鱼腥草注射液共同注射效果更好。

方3　荆防败毒散合麻杏石甘散加减，拌料喂服，每日1剂，连用5～7日。

【预防】加强饲养管理；尽量减少各种应激因素；加强猪舍通风，降低生长育成舍的湿度和温度；适当降低猪饲养密度。加强环境卫生，清除猪舍周围的杂草，加强猪场环境和猪舍的消毒和灭蚊工作。添加霉菌毒素处理剂，在该病的高发期和雨季或湿度高的季节，猪饲料中应加入霉菌毒素处理剂。

五、副猪嗜血杆菌病

猪副嗜血杆菌病，又称多发性纤维素性浆膜炎和关节炎，也称格拉泽氏病，是由猪副嗜血杆菌引起的一种以纤维素性浆膜炎、多发性关节炎、胸膜炎和脑膜炎为特征的猪呼吸道传染病。主要发生在断奶后和保育阶段的幼猪，发病率一般在10%～15%，严重时死亡率可达50%。

【病因】 由副猪嗜血杆菌引起。主要发生在仔猪断奶和保育阶段，常见于5～8周龄的猪。本病主要通过空气、猪与猪之间的接触或污染排泄物传播，病猪和带菌猪是本病的主要传染源。对于猪呼吸道疾病，如支原体肺炎、猪繁殖与呼吸综合征、猪流感等感染时，副猪嗜血杆菌的存在可加剧临床症状。

【症状与病变】 临床症状取决于炎症部位，包括发热、呼吸困难、关节肿胀、跛行、皮肤及黏膜发绀、站立困难甚至瘫痪、僵猪或死亡。母猪发病可流产，公猪有跛行。哺乳母猪的跛行可能导致母性的极端弱化。急性的病猪体温高达40～41℃，精神沉郁，食欲减退，气喘咳嗽，呼吸困难，鼻孔有黏液性及浆液性分泌物，关节肿胀，跛行，步态僵硬，同时出现身体颤抖，共济失调，可视黏膜发绀，3天左右死亡。慢性病猪消瘦虚弱，被毛粗乱，皮肤发白，咳嗽，呈腹式呼吸，生长不良，关节肿大，严重时皮肤发红，耳朵发绀，少数病猪耳根发凉随即死亡。

剖检时胸膜炎明显（包括心包炎和肺炎），关节炎次之，腹膜炎和脑膜炎相对少一些。以浆液性、纤维素性渗出为炎症（严重的呈豆腐渣样）特征。往往可见胸腔内有大量的淡红色液体及纤维素性渗出物凝块；肺表面覆盖有大量的纤维素性渗出物并与胸壁粘连，多数为间质性肺炎，部分有对称性肉样变化，肺水肿，腹膜炎，常表现为化脓性或纤维性腹膜炎，腹腔积液或内脏器官粘连；心包炎，心包积液，心包内常有干酪样甚至豆腐渣样渗出物，使外膜与心脏粘连在一起，形成“绒毛心”，心肌有出血点；全身淋巴结肿大，呈暗红色，切面呈大理石样花纹；脾脏肿大，有出血性梗死；关节肿大，关节腔有浆液性渗出性炎症。

【辨证】 湿热内蕴。

【治疗】 治宜清利湿热，止咳平喘、抗菌消炎。

方 1　注射用青霉素钠 200 万单位，注射用水 5mL，一次肌内注射，每日 2 次，连用 3～5 天。

方 2　三甲氧苄氨嘧啶 0.5g，按 1kg 体重 10mg 喂服，每日 2 次，连用 3～5 天；磺胺嘧啶 5g，按 1kg 体重 0.1g 喂服（首次 0.2g），每日 2 次，连用 3～5 天。

方 3　30%氟苯尼考注射液，0.1～0.15mL/kg 体重，肌内注射，连用 3-5 天。

方 4　清开宁注射液或双黄连注射液 0.1～0.15mL/kg 体重，肌内注射，每日 1～2 次，连用 3～5 天。

方 5　荆防败毒散合麻杏石甘散加减，拌料喂服，每日 1 剂，连用 5～7 日。

【预防】 接种疫苗是控制本病的有效方法之一。由于不同血清型的菌株缺乏交叉保护，接种疫苗的菌株血清型应与导致猪群发病的菌株的血清型相同。初免猪产前 40 天一免，产前 20 天二免。经免猪产前 30 天免疫一次即可。受本病严重威胁的猪场，小猪也要进行免疫，根据猪场发病日龄推断免疫时间，仔猪免疫一般安排在 7 日龄到 30 日龄内进行，每次 1mL，最好一免后过 15 天再重复免疫一次，二免距发病时间要有 10 天以上的间隔。加强饲养管理与环境消毒，减少各种应激，在疾病流行期间有条件的猪场仔猪断奶时可暂不混群，对混群的一定要严格把关，把病猪集中隔离在同一猪舍，对断奶后保育猪“分级饲养”，这样也可减少 PRRS、PCV-2 在猪群中的传播。注意保温和温差的变化；在猪群断奶、转群、混群或运输前后可在饮水中加一些抗应激的药物如维生素 C 等，同时在料中添加以上推荐药物组合可有效防止本病的发生。

六、猪增生性肠病

猪增生性肠病也称增生性回肠炎、增生性出血性肠病、猪回肠炎、回肠末端炎、猪肠腺瘤，是生长育成猪常见的肠道传染病，由细胞内劳森氏菌引起的猪小肠黏膜腺窝上皮细胞腺瘤样增生的传染病。近几年，美国、澳大利亚、巴西、法国、丹麦、英国等国发病都呈上升趋势，因而日益受到重视。

【病因】 引起猪增生性肠病的病原是细胞内劳森菌，该菌也曾称为回肠细胞内共生菌，它是一种肠细胞专性厌氧菌，在不含细胞的培养基不能生长，仅能在鼠、猪或人等的肠细胞系上生长，革兰氏染色阴性。

【症状与病变】 临诊表现主要为间歇性下痢，食欲下降，生长迟缓。育成猪及后备母猪表现为血样下痢，焦油状腹泻和突然死亡。急性常发于6周龄～20周龄生长育成猪，有时也发生于保育仔猪和成年公、母猪。剖检特征为小肠及回肠黏膜增厚。病理组织学变化以回肠和结肠隐窝内未成熟的肠细胞发生腺瘤样增生为特征。

【辨证】 湿热内蕴，血瘀成毒。

【治疗】 治宜清热利湿、活血解毒、抗菌消炎。

方1 注射用红霉素25mg/kg，肌肉注射，每天一次，连用5天。

方2 泰农（或泰妙菌素）按110g/t饲料的剂量添加，连用21天；水溶性可肥素按5～10mg/kg浓度的剂量添加到饮水中，连用10天；林可霉素在饲料中添加21mg/kg及壮观霉素添加42mg/kg，连用7～14天。也可用于预防。

方3 白头翁散（白头翁、黄柏、黄连、秦皮）或通肠芍药散（大黄、槟榔、山楂、山药、芍药、木香、黄连、玄明粉、枳实），连用5～7天。

【预防】 实行全进全出制，有条件的猪场可考虑实行多地饲养，早期隔离断奶等现代饲养技术。加强兽医卫生，严格消毒，加强灭鼠，搞好粪便管理。尤其哺乳期间应尽量减少仔猪接触母猪粪便的机会。尽量减少应激反应，转栏、换料前给予适当的药物可较好地预防该病。疫苗接种繁育群和断奶育肥群，可有效控制该病。

七、附红细胞体病

附红细胞体病是由附红细胞体寄生于红细胞表面所引起的人畜共患病。该病分布范围广、感染宿主多，其中以猪的附红细胞体病最为严重，一年四季均可发病，但是在夏季呈流行性。它的传播途径有血源、消化道、昆虫等。不同年龄的猪都易感染，其中以怀孕母猪、保育猪、体质弱的猪尤为突出。该病主要特征为贫血、黄疸和发热。和其他疾病混合感染表现出更突出、更复杂的病变。

【病原】附红细胞体是一种多形态原核生物体，多数为圆形、球形和卵圆形。少数呈顿号形和杆形。对苯胺色素易于着色，革兰氏染色阴性，姬姆萨氏染色呈紫红色，瑞脱氏染色为淡蓝色。虫体直径为0.2～2.6μm。附着于红细胞表面或游离于血浆间，游离于血浆间时，虫体能翻转扭动；附着于红细胞表面时，其运动相对减弱，但仍能让红细胞变形（如多角形、星形、轮状形、菠萝形等）以致使红细胞移动甚至出现较大轨迹的持续转圈运动。附红细胞体对外界抵抗力弱，56℃ 30分钟即可灭活，一般的外界自然环境条件下无法独立生存，大多数消毒液能很快将其杀灭。

【症状与病变】潜伏期3～15天不等，猪感染后主要表现为急性贫血、发热、黄疸等。急性感染的临床特征为急性黄疸性贫血和发热，猪体温高达41～42℃，呈稽留热，有时有黄疸。猪的两耳，四肢，腹下等皮肤呈暗红色，尤其耳朵边沿发绀，有的病例整个耳廓、尾巴、及四肢的末端明显的发绀，并伴有严重的低血糖、酸中毒症。贫血严重的猪会出现厌食、反应迟钝、大便干硬、尿液呈浓茶色等症状。耐过猪生长缓慢。慢性病猪表现为消瘦、皮肤苍白、呼吸困难；有的腹泻与便秘交替出现，生长缓慢。怀孕母猪表现背部毛孔出血、流产等；空怀母猪表现不发情或屡配不孕等；公猪性欲减退，精子活力低下。

剖检常见全身皮肤黏膜苍白、黄染、皮下有大小不等的出血点或出血斑，脂肪黄染；血液稀薄，呈樱红色水样，凝固不良；肝脏肿大变形，呈黄棕色；胆囊充满浓性明胶样胆汁；淋巴结肿大、水肿、切面多呈黄色；心肌苍白柔软，心外膜脂肪黄染，心包内有积液；肠黏膜脱落、出血，水肿；脑膜充血，并有针尖状出血点，脑室或胸腹腔积液。

【辨证】肝胆湿热。

【治疗】治宜驱杀虫体、清肝利胆。

方1　生地黄、柴胡、玄参、丹皮、赤芍、板蓝根各20g，黄芩、杏仁、荆芥、薄荷、二花、连翘各15g，石膏40g，甘草5g，供40kg体重猪1次服用，每日1次，连用2次。

方2　当归100g，熟地黄60g，赤芍50g，黄芪60g，川芎30g，常山100g，地榆70g，苦参70g，青蒿60g，粉碎按1%比例混饲或每头猪30～50g，开水冲调，候温灌服，每日1剂。

方3 水牛角120g，黑栀子90g，桔梗30g，黄芩30g，赤芍30g，生地黄30g，玄参90g，连翘壳60g，鲜竹叶30g，丹皮30g，紫草30g，生石膏240g。上药加入水5000mL，煎开20分钟取汁，按10～20mL/kg体重分早、晚饮用，药渣加入饲料中饲喂。

方4 清湿祛红汤：柴胡10～20g，黄芩10～30g，茵陈10～30g，板蓝根15g，常山10～20g，青蒿15～40g，贯众10～20g，丹皮10～20g，赤芍10～20g，地黄10～30g，金银花10～30g，党参10～30g，甘草10～20g。大便干燥者加大黄15～40g，党参15～40g，当归10～30g，大枣15～40g。供25～125kg体重猪1次使用。每天1剂。

方5 清瘟败毒饮加减：黄连、竹叶、槟榔、柴胡、大黄、黄芩各10g，金银花、连翘、丹皮、玄参、枳壳、常山各15g，大青叶、生地黄各20g，石膏40g，煎水候温饮服，每日1剂，连用2～3剂。

方6 鲜芦根500g，茅草根250g，共煎成汤加白糖100g，让猪自饮，每日2次，连用3天。

方7 金银花30g，野菊花30g，生地黄20g，青蒿15g，常山30g，鱼腥草20g，大黄20g（后下）、芒硝20g（冲）。水煎候温服。

方8 贝尼尔每千克体重5～7mg，配成5%水溶液，深部肌内注射，每日1次，连用2～3天。病重猪需采取强心、输液、补右旋糖苷铁、维生素C、维生素B等措施以及精心饲养综合治疗。

方9 卡耳见猪瘟方。

方10 水针治疗。选择大椎、身柱、肺俞、苏气、脾俞、后海等穴，注射氨基比林（100mg/mL，每千克体重3～5mL），或长效土霉素（每千克体重20mg），或牲血素（每千克体重1mL）等药物，每天2次，连续2～3天。

【预防】该病预防重点是灭蚊、驱蚊和驱除猪体外寄生虫。预防免疫抑制性疾病的发生可以降低附红细胞体病的发病率。阉割、断尾时注意器械消毒，注射时注意更换针头，减少人为传播的机会。

八、新生仔猪抖抖病

新生仔猪抖抖病通常又被称为“仔猪先天性震颤”、“新生仔猪跳跳病”或“仔猪先天性震颤综合征”。表现为仔猪刚出生不久（通常1～10天），出现全身或局部肌肉阵发性挛缩的一种疾病，一窝中有的仔猪部分发病，有的整窝发病，死亡率很高，有的能达100%，因有一定传染性，所以又称传染性先天性震颤。

【病因】具体病因目前尚没有定论。可能与母猪妊娠期间营养不良，胎儿发育不良，特别小脑发育不全所致；也可能是遗传性疾病，但究竟是那些遗传的因素引起，并不清楚。还有人认为可能是由猪瘟、蓝耳病、圆环病毒、伪狂犬等所引起。另外，当新生仔猪受到寒冷或兴奋刺激以及注射组胺或麻黄素都可以加剧本病的发生。

【症状与病变】新生仔猪出生后几天内、甚至生后12小时即发生颤抖。病情较重者，全身抖动，后肢无力，站立困难，只能趴在地上，无法吃奶，饥饿而死；病轻者，站立时轻微的颤抖，左右摇摆，行走困难，吃乳费力，人工扶助可以吸乳，若护理不当，常因饥饿、挤压、踩踏而死。本病的另一种表现是后肢肌肉呈强直性痉挛，后肢分开，似犬坐姿势，尾部轻微震颤，病猪可在3周内康复，康复猪往往生长受阻。病死猪无肉眼可见的明显变化，剖检可见中枢神经髓鞘不全、脑膜周围血管充血、出血、小脑发育不全，硬脑膜纵沟窦水肿、增生和出血。

【辨证】气血瘀滞所致窍闭。

【治疗】治宜扶正祛邪、疏通经络，补充营养，镇静。

方1　氯化琥珀胆碱注射液4～6mg/kg体重，颈部肌肉，每天1次，5天为1疗程。

方2　盐酸氯丙嗪注射液（冬眠灵）25～50mg，肌内注射以安定、镇静，并人工哺喂。

方3　10%葡萄糖酸钙注射液3～5mL、维生素B_1注射液100mg，分别肌肉注射，每天2次，连用2～3天。

方4　鲜牡荆草茎叶40g或鲜牡荆根30g，水煎至约20～30mL灌服。若次日未愈，再服1剂，或配合维生素B_1注射液100mg肌内注射。

方5　金银花30g，菊花30g，板蓝根30g，白僵蚕30g，全蝎10g，钩藤20g，蝉蜕10g，朱砂0.8g，地龙干20g，甘草10g，防风10g，研成细末，按0.3～0.5g/kg体重，配蜂蜜10mL灌服，每天

3次。

方6 白针或血针疗法。选天门、山根、耳筋、心筋等穴位。

【预防】 加强对病仔猪护理，如猪舍保持温暖、干燥、清洁、辅助仔猪吃上母乳，或人工哺乳，可使大多数病仔猪痊愈；查清公猪来历或病史，以及后代有无此病，避免由公猪通过配种将本病传染给母猪。

九、无名高热

猪无名高热是指原因不明、发病突然，以高热（体温40℃以上）、皮肤发红或有红斑、粪干尿少为特征的一种发热综合征，俗称红萝卜症、发斑症。该病以夏秋季节多发，用抗菌素、磺胺类药物等治疗无效或效果很差。

【病因】 临床所谓无名高热一般无传染性，认为主要是非传染性致热原发热和非致热原性发热。非传染性致热原性（蛋白质性致热物质、化学物质、坏死组织崩解产物、变态反应中形成的抗原抗体复合物等）发热多由中枢神经系统损伤、内分泌机能障碍等原因引起。

【症状与病变】 突然发病，病猪食欲减退或废绝，精神委顿，体温40～42℃；皮肤发红、有红斑，肌颤；有眼屎、结膜潮红、流泪；呼吸喘粗、咳嗽；鼻盘干燥，鼻孔流浆液性分泌物；尿少色黄，粪干硬色黑、外附白色黏液或肠黏膜；喜食污泥、饮污水；一般病程1～2周。本病以高热、皮肤发红、粪干为特点，注意与中暑、湿热证区别。

【辨证】 邪热壅盛。

【治疗】 治宜清热解毒、滋阴凉血。临床常采用中西结合疗法。

方1 用猪或羊的胆1～2个，取胆汁（约80mL）加入米醋30～40mL，搅拌均匀（以不结块为宜）直肠灌注，每日1次，连续1～2次，排便后即可退热。或同时用1个胆汁加蜂蜜250mL，调匀给猪灌服，效果更好。

方2 粳米750g，水牛角粉、石膏各150g，玄参45g，知母、生地黄、麦冬各30g，甘草25g。先将粳米用4～5kg水熬煮，米熟捞去，入水牛角粉煎至1.5kg左右，加入知母、生地黄、玄参、麦冬、甘草同煎10～15分钟，滤渣再煎1次，药液合并于1日内分2次服用，每次加石膏粉半量，每日 1 剂，连用 2～3 剂。也可用板蓝根、鲜车前草各 20g，大青叶、知母、生地黄、鲜地骨皮、红花、桃仁各 15g，黄芩、赤芍、甘草各 12g，黄连、黄柏、栀子、金银花、连翘各 10g，诸药混合，煎煮取汁，入芒硝 15g，分 2 次灌服。同时肌内注射庆大霉素 24 万单位，静脉注射 5%葡萄糖氯化钠注射液 500mL、10%维生素 C 注射液 4～6mL，每日 1 次，连用 2～3 日。用于皮肤有出血斑之发热。

方 3　石膏 45g，芒硝、生地黄、玄参、麦冬各 15g，诸药水煎取汁，加食油 50g 混匀，供体重 50kg 的猪只 1 次灌服。胃火重者，加大石膏用量；肠燥粪干者，加大芒硝、生地黄、玄参用量，减石膏用量，另加大黄 15g；兼有肺热气喘者，加知母、黄芩、花粉、杏仁各 10g，甘草 5g，蜂蜜 70g，减石膏用量。

方 4　生地黄、丹皮各 45g，鳖甲 30g，青蒿、知母各 15g，水煎灌服，每日 1 剂，连用 3 日。

方 5　鲜仙人掌（去皮刺）500g，生石膏 30g，共捣烂，加适量温水混合后喂服，1 天 2 次，连用 2～3 天。

方 6　卡耳疗法。在耳内侧中央避开血管处用手术刀或中宽针刺破皮肤并扩创成囊状，埋入蟾酥米粒大小蟾酥 1 粒，用胶布贴封切口即可。也可埋入中药粉（细辛、瓜蒌、皂角各 25g，胡椒 20g，白砒 10g，共研为极细末）0.05～0.1g，手指压住创口，轻轻按揉几下，待切口肿胀时，用宽针划破肿胀处，使之流出黄水毒血，涂上桐油或醋。

方 7　刮痧加血针疗法。先用温水将猪洗刷净，擦干皮肤，然后用瓦片或竹片等从前向后刮猪脊背，先轻后重，反复进行。待猪全身被刮得发热时，针刺尾尖、耳尖、尾本、涌滴等穴出血。

方 8　穴位注射。选大椎穴，取当日产的新鲜鸡蛋清 10mL 注入（体重 25kg 的猪只用量）。

【预防】 平时加强饲养管理，改善饲养条件，保证全价营养和舍内通风、清洁，减少各种不良刺激。

十、低体温症

低体温证是一种原因不明、体温低于正常值的一种综合征。本病多见于年老体弱、消瘦贫血、怀孕、产后或久病体虚的种母猪，也可见于仔猪，寒冷季节多发。

【病因】 多因饲养管理不当、母猪怀孕或产后、或久病失治、或年老体弱等导致气血亏虚，加之突受风寒或饮食冷水冻料等所致。

【症状与病变】 病猪精神差，食少或不食，不愿站立，弓背夹尾，肌颤，体温低于38℃，小便短少，大便干或稀，结膜苍白，有的母猪愈后耳尖、尾尖脱落。

【辨证】 气血亏损。

【治疗】 治宜补养气血。临床常采用中西结合治疗。

方1 10%安钠咖注射液30mL、50%葡萄糖注射液60mL、10%维生素C注射液5mL、生理盐水50mL、维生素B_{12}注射液0.5mg，静脉注射，每日1次，连用3日；肌内注射辅酶A 400IU、肌苷注射液0.5g，每日2次。同时用当归、党参、五味子、陈皮、山茱萸各15g，熟地黄、附片各10g，水煎取汁约300mL，供体重80kg的猪只1次灌服，每日1剂，连用3剂。

方2 川芎35g，白术、茯苓、白芍、熟地黄、干姜各30g，党参、当归、肉桂、黄芪各25g，甘草20g，大便干者加大黄50g，红糖150g为引，煎汁或粉碎后兑水，供体重100kg的猪只服用，每日1剂，连用3～4日。用于公猪因配种频繁造成的体温偏低者。

方3 附片（炒黄）30g，干姜、甘草各10g，加水煎汁150～200mL，候温，供体重40kg的猪只1次灌服。

方4 附子理中丸3～6丸，加水溶化后灌服，每日1次，连用3次。用于体温偏低的种母猪。

方5 四逆汤加味，配合西药。黄芪50g，党参40g，附子、干姜各30g，甘草20g，水煎2次，取药液加红糖100g，1次内服，每日1剂，连服2～3剂。同时用0.1%肾上腺素注射液6～8mL，肌内注射，每日1～2次，连用2～3天。用于成年体重猪因阳气虚弱所致低温证。

方6 升麻30g，柴胡15g，陈皮15g，党参30g，当归15g，菖蒲15g，生姜15g，甘草15g，供体重50kg猪煎服，每天1剂。同时肌内注射0.1%肾上腺素注射液3mL，每隔3～4小时1次，连用3次。用于升阳复脉。

【预防】 加强饲养管理，提供全价饲料；做好防寒保温工作；严禁饲喂冰冻饲料或饮水；种公猪不宜频繁交配；特别加强母猪怀孕及产后的护理；及时治疗原发病。

十一、血尿症

血尿是指尿液中混有红细胞或血液的尿。猪血尿症是泌尿系统及其邻近器官或全身某些疾病所表现的一个症状。

【病因】 泌尿系统本身病损，主要是由于肾脏血管破裂或毛细血管通透性增高所致，常见病有肾炎、肾盂炎、膀胱炎、尿道炎、尿石症和尿毒症等。泌尿系统邻近器官的病变，由于炎症波及尿道，引起尿道毛细血管通透性增高的结果，常见病有前列腺炎、精囊炎、急性输卵管炎、子宫内膜炎或肿瘤等；中毒性疾病引起血尿，常见有棉籽饼中毒、菜籽饼中毒、酒糟中毒、砷化物中毒、汞中毒、磷化锌中毒和铜中毒等；寄生虫疾病引起血尿，常见病有猪附红细胞体和猪焦虫病等；全身性疾病，如感染、血液病、心血管病患等所致。

【症状与病变】 症状和病变因不同致病因素而各异。但共同的症状是血尿。如急性肾炎，泌尿系统感染、结石、结核、肿瘤及某些出血性病患时，多见粉红色混浊血尿；如尿道中附近外创性出血（公猪阴茎龟头创伤性出血，母猪产道外伤等）时，多见鲜红色血尿。泌尿系统病引起的血尿症，还表现为排尿姿势异常，尿频，少尿、无尿，或尿淋漓，痛尿等；中毒性疾病引起的血尿，还表现有相应的中毒症状，如呕吐、口吐白沫、腹痛、腹泻、痉挛、颤抖、兴奋/抑郁、运步异常等；寄生虫性疾病引发的血尿，还表现为消瘦、贫血、黄疸等。

【辨证】 下焦湿热或气血虚衰。

【治疗】 以治疗引起血尿的原发病为治则，同时对症治疗、补气利湿。

方 1 醋酸泼尼松 15mL，内服，每天 2 次，连用 3～5 天后，减量 1/5；双氢克尿噻 0.2g，内服，每天 1 次，连用 3～5 天。同时对症治疗，25％葡萄糖注射液 100mL、10％安钠咖注射液 10mL、5％维生素 C 注射液 40mL，静脉注射，以补液强心；腹腔注射 40％乌洛托品注射液 40mL，或内服乌洛托品 10g，控制尿路感染；青霉素

160万～320万单位，肌内注射，防止继发感染。用于泌尿系统疾病引发的血尿。

方2 1%硫酸铜50～100mL，内服催吐，再用0.01%～0.2%高锰酸钾溶液洗胃；10%～25%葡萄糖注射液100～500mL、10%维生素C注射液3～5mL、维生素B_1注射液50～300mg，静脉注射，以补液解毒。同时对症治疗，如静脉注射或腹腔注射25%山梨醇溶液或50%高渗葡萄糖注射液50～100mL，以缓解脑水肿；25%硫酸镁注射液10～30mL或2.5%氯丙嗪注射液2～5mL/kg体重，肌内注射，以镇静解痉；10%樟脑磺酸钠注射液5～10mL，皮下注射以强心；10%葡萄糖注射液250mL与速尿40mg混合后静脉注射，每日2次，连用3～5次，以利尿。用于中毒性疾病引发的血尿。

方3 1%维生素K_1注射液6～8mL或0.5%安络血注射液2～4mL，皮下或肌内注射制止出血，每天2～3次。

方4 鲜芦根120g，车前草60g，滑石30g，甘草6g，灯芯草1把，水煎，分2次灌服。

方5 白针疗法。选断血穴，毫针或圆针直刺2～3cm。也可注入止血药物。

【预防】 加强饲养管理，猪舍应通风良好、卫生清洁，注意防寒保暖，以防感染疾病；提供营养全价、配方合理的饲料，以防尿石病和慢性中毒病的发生；妥善保管各种农药和老鼠药，以防猪误食发生中毒性疾病而引发血尿症；定时驱虫，以防寄生虫病的发生；及时治疗泌尿系统器官附近组织的原发病，以防蔓延感染泌尿器官。

十二、应激综合征

应激综合征是猪对遭受的不良因素的极端刺激而产生的一系列非特异性反应的一种复杂病症。此病在我国各地均有发生，以瘦肉型、长速快的猪种多发，如皮特兰猪和长白猪。

【病因】 饲养管理过程中的应激因素，如高密度饲养、过饥过饱、断乳、突然更换饲料、注射疫苗、捕捉、惊吓、保定、转群、称重，运输过程中的装运、驱赶，日粮中缺乏微量元素及维生素导致的营养应激，环境中的冷热、噪声刺激、卫生不洁，公猪配种、母猪分娩及疾病等因素是引发猪应激综合征的外在原因；某些遗传因素则是猪应激综合征发生的内在原因。

【症状与病变】初期表现为肌肉和尾巴震颤，皮肤红白交替，可视黏膜发绀，体温升高，呼吸困难；继则肌肉僵硬，卧多立少，眼球突出，口吐白沫，呈高度酸中毒现象；最后虚脱，多在高热和休克状态下死亡。哺乳母猪见泌乳减少或无乳，公猪性欲下降。急性死亡病猪在死后30分钟左右见肌肉苍白、柔软而渗出物增多；反复发作而死亡的病猪见背部、腿部肌肉干硬而色深。

【辨证】湿热内蕴。

【治疗】去除应激因素，镇静，纠正酸中毒，中药清利湿热。

方1　对症状较重者，可肌肉注射或内服氯丙嗪1～2mg/kg体重，静脉注射5%碳酸氢钠溶液40～120mL；为了防治变态反应性炎症和过敏性休克，可注射氢化可的松注射液20～80mg。高热者，将注射用青霉素4万～10万单位/千克体重、复方氨基比林注射液5～20mL、地塞米松注射液5～25mg，混合肌内注射。同时静脉注射50%葡萄糖注射液20～60mL、10%维生素C注射液10～20mL。

方2　3.5%静松灵注射液0.5～1mg/kg体重，肌内注射；同时配合使用维生素A、维生素E、维生素C和微量元素硒等，可提高猪抗应激能力。

方3　安定注射液0.55～1mg/kg体重肌内注射，或口服片剂安定2～5mg/kg体重。

方4　5%碳酸氢钠注射液液50～250mL，缓慢静脉注射，用于有酸中毒者。

方5　神曲、麦芽、山楂、生石膏各40g，连翘、金银花、葛根、紫苏、沙参、芦根各20g，香薷、藿香、车前草、知母各15g，竹茹、佩兰、陈皮、砂仁、黄连、大黄、黄芩各10g，加水1500mL，煎至1000mL，候温供体重50kg的猪只分3次服用，服药期间应停止供水。也将本方按1%～1.5%加入饲料中喂饲。

【预防】选择抗应激性强的猪种，有应激敏感病史的猪群，不宜留作种用；减少和避免各种因素对猪群的刺激：如饲料更换应有过渡期，舍内通风良好、干燥清洁、宜防寒保温，保持栏舍安静，定时定量专人饲喂，减少调群分圈次数，做好消毒和防疫工作，运输时防寒、防暑、防压、防滑、注射镇静剂、保证供水等；猪在注射疫苗、改变饲养环境及运输前后3天，在饲料或饮水中添加电解多维、维生素C、硒和维生素E、拜固舒等药，可避免或减缓应激综合征的发生；肌肉注射氮呢酮注射剂，有3个剂量级用于预防猪应激：低剂量（0.4～1.2mg/kg体重），用于防运输应激；中剂量（2mg/kg体重），可使猪躺下，嗜睡，但驱赶时仍能走动；高剂量（大猪4mg/kg体重，小猪8mg/kg体重），可使猪镇静倒下，站不起来。但大公猪用量不宜超过2mg/kg体重。本品常用于防止猪混群时争斗、咬尾症、嚼耳症、母猪产后残食仔猪等均有效。

十三、新生仔猪溶血病

新生仔猪溶血病又称仔猪溶血性黄疸，是由于种猪血型不合而配种所引起的一种新生仔猪免疫性疾病。本病发生于个别窝仔猪中，临床特点为吮吸初乳后迅速出现贫血、黄疸和血红蛋白尿。病死率可达100%。

【病因】 由于种间杂交或同种而血型不合配种，母猪妊娠后，胎儿体内具有遗传性的抗原物质通过胎盘进入母体血液，母猪受这种抗原物质刺激，产生一种能特异性凝集抗体和溶血抗体，它能破坏仔猪红细胞。妊娠后期，这种物质进入母猪血液，产前进入初奶。新生仔猪吮吸初奶后，这种抗体即进入仔猪血液，产生特异性免疫反应-抗原抗体反应，使仔猪血液遭到破坏而发病。

【症状与病变】 新生仔猪出生后一切正常，但吃了初奶后数小时即发病。临床表现为全身苍白，眼结膜黄染，不吃奶，畏寒，震颤，后躯摇晃，尿呈透明红色。最急性者生后吃初乳在12小时内即可休克而死。剖检见全身黄染，肝呈不同程度的肿胀，脾为褐色、稍肿大，肾肿大而充血，膀胱内积聚暗红色尿液。

【辨证】 亡阳证。

【治疗】 此病目前尚无很好的治疗方法，一般多采用对症疗法。

方1 10%葡萄糖注射液、低分子右旋糖酐、乌洛托品、维生素K以及强心利尿剂等药物注射，以维护心脏功能、补充营养和加速排除血中抗体。

方2 10%维生素C注射液2mL、氢化可的松注射液10mg，肌内注射，每日 1 次，连用 2～3 天。

【预防】发现此病后应立即将该母猪所产的仔猪由其他母猪代哺乳或进行人工哺乳；同时人工定时挤掉其奶汁，3 天后便可重新哺乳。如果有产仔期相近的母猪，且两头母猪均较温顺，可整窝仔猪调换哺乳。该母猪以后需改换其他适当的公猪配种。

附录

一、猪的常用数据

指　标	单位	数值
体温	℃	38～40(幼龄),38～39(成年)
呼吸	次/min	18～30
脉搏	次/min	60～80
每昼夜排尿量	L	2～5
每昼夜排粪量	kg	1.5
15～30日龄每天喂料次数	次	5～6
30日龄后每天喂料次数	次	3～4
成年猪每天喂料次数	次	2～3
每年每头猪可产窝次	次	2.24
每头猪一生可产窝次	次	6～8
母猪性成熟	m	5～8
母猪初次配种时间	m	8～10(良种),6～8(土种)
母猪可作种用年限	y	4～5
公猪性成熟(长白)	m	6～8
公猪初次配种时间	y	1
公猪配种使用年限	y	1～4
母猪妊娠期	d	114
母猪发情周期	d	18～23
母猪发情持续时间	d	2～3
母猪最适配种时间	h	发情后21～45
发情再次配种时间间隔	h	12

续表

指　标	单位	数值
母猪发情压背反应时间	h	52～60
仔猪断乳时间	d	21～35
仔猪剪耳号时间	d	2～3
仔猪剪牙时间	d	1
仔猪补饲开始时间	d	5～7
仔猪断尾时间	d	1～2
带仔母猪日饮水量	L	16～22
保育猪(5～16kg)日饮水量	L	1～2
生长猪(16～50kg)日饮水量	L	2～4
肥育猪(50～100kg)日饮水量	L	4～8
种母猪(100～236kg)日饮水量	L	8～16
公猪日饮水量	L	25～65
种母猪(100～236kg)日需饲料量	kg	1.7～2.6
生长猪(16～50kg)日需饲料量	kg	0.7～1.0
育肥猪(50～100kg)日需饲料量	kg	1.2～2.7
种公猪日需饲料量	kg	1.9～2.3
保育猪(5～16kg)日需饲料量	kg	0.2～0.6

二、猪的血液生理生化指标参考值

指　标	单位	数值
红细胞	万个/微升	550.9±33.5 626±84(仔猪)
红细胞压积	%	40.68±5.15(哺乳仔猪) 39.47±3.81(后备仔猪)
白细胞	个/微升	14020±930 12100±2940(仔猪)

续表

指　标	单位	数值
幼稚型中性粒细胞	%	0～5.4
杆状核中性粒细胞	%	5.5(3～7)
叶状核中性粒细胞	%	31.5(28～54)
酸性粒细胞	%	2.5(0～58)
碱性粒细胞	%	0.5(0～1)
淋巴细胞	%	55.5(40～70)
大单核细胞	%	3.5(2～6)
血小板数	万个/微升	13～45
血液凝固时间	分	3.5～5(玻片法),3～5(试管法)
血液 pH		7.47
血液占体液量	%	4.6
乙酰胆碱酯酶	U/L	930
丙氨酸氨基转移酶	U/L	31～58
精氨酸酶	U/L	0～14
天门冬氨酸氨基转移酶	U/L	32～84
丁酰胆碱酯酶	U/L	400～430
胆固醇酯	mg/dL	28～48
游离胆固醇	mmol/L	0.72～1.24
总胆固醇	mmol/L	0.93～1.40
皮质醇	nmol/L	82±3
肌酸激酶	U/L	2.4～22.5
肌酸酐	μmol/L	141～239
纤维蛋白原	μmol/L	2.94～14.7
葡萄糖	mmol/L	4.72～8.33
谷氨酸脱氢酶	U/L	0
γ-谷氨酰转移酶	U/L	10～60

续表

指　标	单位	数值
谷胱甘肽还原酶	U/100gHb	68.2±9.2
乳酸脱氢酶	U/L	380～634
碱性磷酸酶	U/L	118～395
山梨醇脱氢酶	U/L	1.0～5.8
总蛋白	g/L	79.0～89.0
白蛋白	g/L	79.0～89.0
球蛋白总量	g/L	52.9～64.3
白蛋白/球蛋白比例	—	0.37～0.51
血红蛋白	g/L	100～160
黄疸指数	U	2～5
结合胆红素	mmol/L	0～5.13
非结合胆红素	mmol/L	0～5.13
总胆红素	mmol/L	0～17.1
铜	μmol/L	32.4(20.9～43.8)
铁	μmol/L	16.3～35.6
铁结合量(总量)	μg/dL	417±72
铁结合量(未饱和铁结合量)	μg/dL	100～262
镁	mmol/L	1.11～1.52
钾	mmol/L	4.4～6.7
钙	mmol/L	1.78～2.90
氯	mmol/L	94～106
丙酮酸钠	mmol/L	135～150
磷酸盐(无机)	mmol/L	1.71～3.10
碳酸氢盐	mmol/L	18～27
尿素	mmol/L	3.57～10.7
尿素氮	mg/dL	10～30
胡萝卜醇	μmol/L	0.19～0.65

三、猪场主要传染病参考免疫程序

疫苗名称	用法	公猪		母猪		肉猪	仔猪
		后备	现役	后备	现役		
猪瘟冻干苗	头份/头	4～5	4～5	4～5	4～5	4	2
	时间	适配日龄前4周	2次/年	配种前4周	仔猪离奶后	70日龄	超前免疫或30日龄
五号病灭活苗	头份/头	2	2	2	2	1～2	1
	时间	适配日龄前4周	3次/年	配种前4周	产前4周	75、100日龄	30～35日龄
猪链球菌冻干苗	头份/头	2～3				2	1～2
	时间	2次/年				50～70日龄	20～30日龄
猪肺疫 冻干苗	头份/头	2				1～2	
	时间	2次/年				50～60日龄	
猪肺疫 灭活苗	剂量	5mL				5mL	
	时间	2次/年				50～60日龄	
猪丹毒 冻干苗	头份/头	2				1～2	
	时间	2次/年				50～60日龄	
猪丹毒 灭活苗	剂量	5mL				5mL	
	时间	2次/年				50～60日龄	
乙型脑炎冻干苗	头份/头	1	1	1	1		
	时间	适配日龄前4周	1次/年	配种前3周	1次/年		
细小病毒冻干苗	头份/头	1	1	1	1		
	时间	适配日龄前3周	2次/年	配种前3周	2次/年		

续表

疫苗名称	用法	公猪		母猪		肉猪	仔猪
		后备	现役	后备	现役		
伪狂犬冻干苗	头份/头	2	2	2	2	1	0.5～1
	时间	适配日龄前5周和3周各1次	2次/年	产前3周	产前3周	视具体情况	3～5日龄,滴鼻
猪水肿病灭活苗	剂量						2mL
	时间						断奶前2～3天
仔猪黄痢[①]K88、K99[①]	头份/头			1	1		
	时间			产前3周	产前3周		
猪萎鼻灭活苗[①]	剂量			2mL/次	2mL/次		1mL
	时间			产前2月和1月各1次	产前1个月		7～10日龄
猪传染性胃肠炎苗[①]	头份/头			1～2		1	1
	时间			产前6周和2周各1次		视具体情况	8～16日龄
喘气病灭活苗[①]	剂量	2mL					1mL
	时间	1次/年					10～15日龄首免,留种用猪3～4月龄二免
蓝耳病灭活苗[①]	剂量	2～3mL					弱毒苗1头份
	时间	2次/年					视具体情况

① 表示该种疫苗是否接种,视各场实际情况而定。

四、猪常用穴位及其主治

穴名	定　位	针　法	主治
一、头部穴位			
山根	吻突上弯曲部,即上唇与吻突相连处向后第一条皱纹上,正中一穴	小宽针或三棱针直刺0.5～1cm,出血	中暑,感冒,消化不良,昏迷,咳嗽,气喘,面神经麻痹

续表

穴名	定　位	针　法	主治
鼻梁	两鼻孔之间，鼻中隔正中处，皮下为口轮匝肌的静脉丛，一穴	小宽针或三棱针直刺0.5cm出血	咳嗽，感冒，消化不良，热性病
承浆	下唇正中，有毛无毛交界处，一穴	小宽针或三棱针直刺0.5～1cm，出血；毫针、圆利针向上斜刺1～2cm	下唇肿，口疮，歪嘴风
玉堂	口腔内上腭第三棱正中线旁开0.5cm处，穴下为黏膜静脉丛，左右侧各一穴	病畜保定后，用木棒开口，以小宽针或三棱针从口角斜刺0.5～1cm，出血	消化不良，口疮，热性病
锁口	口角后方约2cm的口轮匝肌外缘处，左右侧各一穴	毫针、圆利针或火针直刺1～2cm	牙关紧闭，口眼歪斜，颊肿，腮肿
开关	咬肌前缘，最后一对上下臼齿间，即从外眼角向下引一垂线与口角延线的相交处，左右侧各一穴	毫针、圆利针直刺1～2cm，或向后斜刺2～3cm	牙关紧闭，口眼歪斜，颊肿，腮肿
耳门	耳根下部，腮腺上缘的凹陷处，左右侧各一穴	毫针、圆利针直刺1～2cm	口眼歪斜，牙关紧闭
脑腧	下颌关节前上缘的凹陷中，即由外眼角到耳根内侧连线的正中处，左右侧各一穴	毫针、圆利针斜向前下方，即向对侧眼球方向刺入1～2cm	感冒，癫痫，脑黄
耳尖	耳背侧，距耳尖约2cm处的三条耳大静脉上，每耳各取一穴	小宽针刺破血管，出血，或在耳尖部剪口放血	中暑，感冒，中毒，热性病，肺热，消化不良，腹泻
心筋	内耳廓三条隆起棱脊中的中间一条（中耳褶），距耳廓基部3～5cm处，左右耳各一穴	毫针、圆利针皮下平刺至耳廓基部，再用小宽针沿针挑破皮肤	歪头（向左歪刺右耳，向右歪刺左耳）
脑筋	内耳廓三条隆起棱脊中的上面一条（前耳褶），距耳廓基部2～3cm处，左右耳各一穴	毫针、圆利针皮下平刺至耳廓基部，再用小宽针沿针挑破皮肤	感冒
卡耳	耳中下部，避开血管处（内外侧均可），左右耳各一穴	用宽针在皮下刺成一皮囊，深2～3cm，嵌入适量白砒或蟾酥，再将白酒或酒精少许滴入针眼，轻揉即可	感冒，风湿症，热性病，猪丹毒

续表

穴名	定　　位	针　法	主治
安神	耳根后方，寰椎翼前缘下部与腮腺之间的凹陷处，左右侧各一穴	毫针向前内下方，对准同侧上颌最后一对臼齿方向，刺入 8～12cm	用于针刺麻醉，施行颈、胸、腹部等外科手术
天门	两耳根后缘连线与背中线相交处的凹陷中	毫针、圆利针或火针向后下方斜刺 2～3cm	中暑，感冒，癫痫，破伤风
二、躯干部穴位			
大椎	最后颈椎与第一胸椎棘突间，即肩胛骨前缘延长线与背中线相交处的凹陷中，一穴	毫针、圆利针略向前下方刺入 3～5cm	感冒，肺热，呕吐，癫痫
苏气	第四、五胸椎棘突间的凹陷处为主穴(即前肢肘突向背中线作一垂线的相交点)，又倒数第五、六、七肋间距背中线约 6～10cm 处为副穴(即苏气主穴向后一横指宽，旁开 6～10cm 处为第一副穴，依次向后退一、二肋间为第二、三副穴)左右侧各三穴	主穴：毫针、圆利针顺棘突方向刺入 2～3cm 副穴：毫针、圆利针向内下方刺入 2～3cm	感冒，咳嗽，气喘，肺热
三台	第二、三胸椎棘突间的凹陷处，即苏气主穴向前 2～3 横指或向前数第二凹陷处，一穴(此穴亦可取肩胛冈延长线与背中线的相交点)	毫针、圆利针略向前下方刺入 3～5cm	前肢风湿，挫伤
身柱	第三、四胸椎棘突间的凹陷处，即苏气主穴向前一横指或向前数第一凹陷处，一穴	毫针、圆利针略向前下方刺入 3～5cm	感冒，肺热，癫痫，脑黄
断血	第十三、十四胸椎棘突和第一腰椎棘突后缘的凹陷中各一穴，即百会穴与苏气主穴连线中点为一穴，前后隔一横指处各一穴，共三穴	毫针、圆利针略向前下方刺入 2～3cm	尿血，便血，阉割后出血
百会	腰荐十字部凹陷处，即两侧髋骨荐结节连线与背中线交点稍后方凹陷中，一穴	毫针、圆利针直刺 2～3cm	腰胯风湿，便秘，脱肛，泌尿生殖系统病

续表

穴名	定　位	针　法	主治
肾门	第三、四腰椎棘突间的凹陷中，即从百会穴向前数第四凹陷处，一穴	毫针、圆利针直刺 2～3cm	腰胯风湿，尿闭，肾炎
六脉	倒数第一、二、三肋间的髂肋肌沟中，即腰椎横突水平线与倒数一、二、三肋间交叉点处，左右侧各三穴	毫针、圆利针向内下方刺入 2～3cm	消化不良，感冒，风湿症
关元腧	最后肋骨后缘与第一腰椎横突连线之交点，左右侧各一穴	毫针、圆利针向内下方刺入 3～5cm	便秘，腹泻，食欲不振
脾腧	坐骨结节水平线与倒数第二肋间隙的交叉点上，左右侧各一穴	毫针、圆利针向内下方刺入 2～3cm	消化不良，膈肌痉挛，腹痛，腹胀
肺腧	倒数第六肋间与髋关节水平线相交处，左右侧各一穴	毫针、圆利针向内下方刺入 2～3cm	肺炎，咳嗽，喘气病，感冒
膻中	胸骨下，两前肢间正中的凹陷处，即胸骨剑状软骨与胸骨柄顶端的连线正中点处，一穴	毫针、圆利针直刺 0.5～1cm，或艾灸 3～5min	咳嗽，气喘，肺热，腹痛，痉挛
三脘	胸骨后缘至脐部连线的中点为中脘，与中脘连线的中点为上脘，中脘与肚脐连线的中点为下脘，共三穴	艾灸 3～5min；或毫针、圆利针直刺 1～2cm	消化不良，仔猪下痢，腹痛，咳嗽
乳基	近脐部的一对乳头外侧基部为中间乳基穴，前后各隔一对乳头外侧基部又各一穴，左右侧各三穴	毫针、圆利针向内斜刺 2～3cm	乳房炎，尿闭，热毒症
阳明	最后两对乳头基部外侧约 2cm 处，左右侧各一穴	毫针、圆利针向内斜刺 2～3cm	乳房炎，尿闭，催乳
六眼	第一、二、三荐椎棘突间两侧，距背中线约 4.5cm 处，即荐椎棘突间两侧与尾根切迹向前延长线的相交处，左右侧各三穴	毫针、圆利针向内下方刺入 2～3cm	腰胯风湿，后肢瘫痪，阴茎麻痹，不孕症

续表

穴名	定位	针法	主治
尾根	以手用力将尾提起时所形成的最前一条皱褶中，即尾椎与荐椎的相交处，一穴	毫针、圆利针向内下方刺入1～2cm	感冒，消化不良，便秘，后躯风湿
尾尖	尾巴尖部，一穴	小宽针将尾尖部穿通，或十字切开放血	中暑，感冒，风湿症，肺热，腹痛，热性病，中毒
尾本	尾部腹侧正中，距尾根部2cm处的尾静脉上，一穴	将尾巴提起，以小宽针直刺0.5～1cm出血	中暑，腰胯风湿，腹痛，肠黄
后海	尾根与肛门间的凹陷中，一穴	将尾巴提起以毫针稍向前上方刺入3～9cm	消化不良，腹泻，便秘
莲花	脱出的直肠黏膜上	先以温水洗净，以手指刮去或以剪刀剪去坏死皮膜，继以2%明矾水或盐水等冲洗，再涂以植物油，缓缓整复，必要时作烟包缝合	脱肛
三、前肢穴位			
抢风	肩关节正后方约10cm处的肌肉凹陷中，即三角肌后缘，臂三头肌长头和外头之间的肌间隙内，左右侧各一穴	毫针、圆利针直刺2～3cm	前肢扭伤，肩关节炎，风湿症
肘俞	臂骨外上髁与肘突之间的凹陷中，左右肢各一穴	毫针、圆利针直刺1～2cm	前肢麻木、肘部疼痛
七星	前肢腕后内侧，有黑色小点（腕腺排泄孔）5～7个，取正中或近正中处一点为穴，左右肢各一穴	将前肢提起，毫针、圆利针刺入1～2cm	风湿症，前肢瘫痪，腕肿，饲料中毒
缠腕	悬蹄外侧稍上方的凹陷处，即第四、五掌（跖）指（趾）关节分叉处，每蹄各一穴	将术肢回曲，并以拇指固定穴位，用小宽针直刺1～2cm	蹄黄，扭伤，风湿症

续表

穴名	定　位	针　法	主治
涌泉	蹄叉正中上方约2cm的凹陷肿，每蹄各一穴	小宽针直刺0.5～1cm，出血	蹄黄，关节扭伤，四肢风湿，腹痛，中暑
蹄头	蹄冠上有毛与无毛交界正中处，每蹄内外各一穴，共八穴	小宽针直刺0.5～1cm，出血	跛行，风湿症，腹痛，感冒，中暑
指(趾)间	蹄缝上方末端处，每肢各一穴	小宽针直刺0.5～1cm(也可用毫针沿皮下向腕关节方向刺入3～9cm)	四肢风湿，跛行，瘫痪，感冒，胃肠炎，消化不良
四、后肢穴位			
大胯	尾根至膝盖骨上方连线的中点，即股骨大转子前下缘与股二头肌前缘的肌沟中，左右后肢各一穴	毫针、圆利针直刺2～3cm	后肢风湿，后肢瘫痪
小胯	大胯穴后下方3cm处，即股骨下三分之一处的后缘与股二头肌前缘凹陷处，左右后肢各一穴	毫针、圆利针直刺2～3cm	后肢风湿，后肢瘫痪
汗沟	股二头肌沟中，与坐骨弓水平线相交处，左右肢各一穴	毫针、圆利针直刺2～3cm	后肢麻木、风湿
掠草	膝盖骨下缘与胫骨近端形成的凹陷中，左右肢各一穴	毫针斜刺1～2cm	膝关节疼痛、后肢麻痹
曲池	跗关节背侧稍偏外，中横韧带下方，趾长伸肌外侧的跖外侧静脉上，右肢各一穴	小宽针直刺0.5～1cm	跗关节疼痛、后肢风湿
后三里	小腿外侧，膝盖骨后下方约6cm处的凹陷中，即腓骨小头与胫骨外髁间的凹陷处，左右后肢各一穴	毫针、圆利针直刺或向下斜刺3～5cm	消化不良，腹痛，泻痢，肺热，后肢瘫痪
曲池	跗关节前方，稍偏内侧凹陷正中处，左右后肢各一穴	毫针、圆利针直刺1～2cm	风湿症，跗关节炎，消化不良

注：猪针灸穴位的取穴方法及针刺深度，一般均按15～30kg体重的猪为标准，各地使用时根据具体情况酌情增减。

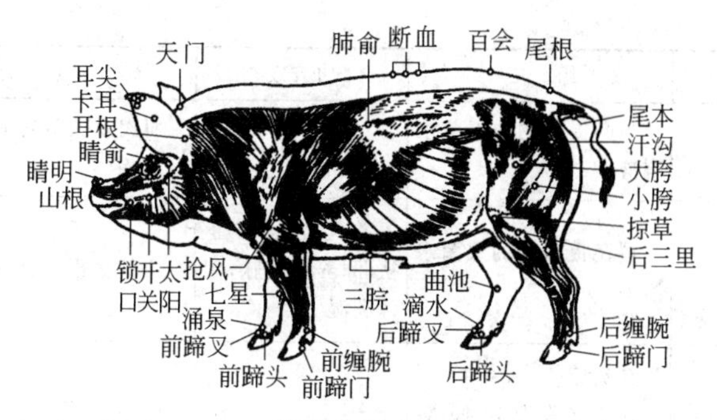

猪肌肉及穴位

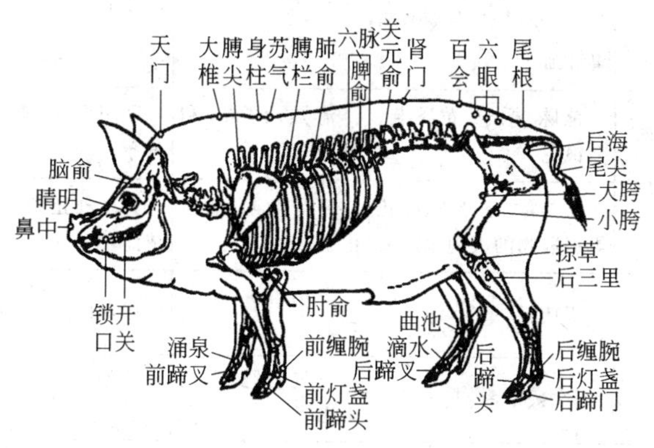

猪骨骼及穴位

五、配合治疗临床常用中成药制剂简表

方名	组　成	功　效	主　治
双黄连注射液	金银花、黄芩、连翘	清热解毒	肺胃热证，感染性疾病
清开灵注射液	牛黄、水牛角、黄芩、金银花、栀子等	清热解毒，化痰通络，醒神开窍	上呼吸道感染，肺炎等各种疾病伴有体温升高
鱼腥草注射液	鲜鱼腥草蒸馏液	清热、解毒、利湿	肺脓肿，痰热咳嗽，尿路感染等
穿心莲注射液	穿心莲醇提取物	消炎，解热	上呼吸道感染，细菌性痢疾
柴胡注射液	柴胡提取物的灭菌水溶液	解表退热	感冒发热

续表

方名	组 成	功 效	主 治
当归注射液	当归提取物的灭菌水溶液	活血止痛	肌肉及关节疼痛，神经麻痹后遗症
黄芪注射液	黄芪提取物的灭菌水溶液	益气养元，扶正祛邪，养心通脉，健脾利湿	心气虚损，血脉瘀阻
注射用穿琥宁	穿琥宁 化学名称为14-脱羟-11,12-二脱氢穿心莲内酯-3,19-二琥珀酸半酯单钾盐	清热解毒	病毒性肺炎，病毒性上呼吸道感染等
茵栀黄注射液	茵陈、栀子、黄芩苷、金银花	清热，解毒，利湿，退黄	肝胆湿热，眼目黄染，小便黄赤
促孕灌注液	淫羊藿、益母草、红花等提取物的灭菌水溶液	补肾助阳，活血化瘀，催情促孕	卵巢静止和持久黄体性不孕症
板蓝根冲剂	板蓝根	清热解毒，消肿利咽	病毒性感冒，咽喉肿痛
生脉饮	党参、麦冬、五味子	益气复脉，养阴生津	气津两伤
季德胜蛇药	七叶一枝花、蟾蜍皮、蜈蚣、地锦草等	清热，解毒，消肿止痛	毒蛇、毒虫咬伤
泻痢康	诃子、郁金、板蓝根、山楂、大黄、苏子、乌药、半夏、甘草	清热止痢，降逆止呕	泄泻
疥癣灵	百部、蛇床子、土荆皮	祛风燥湿，杀虫止痒	外用主治疥癣
如意金黄散	姜黄、大黄、黄柏、苍术、厚朴、陈皮、甘草、生天南星、白芷、天花粉	消肿止痛	外用主治疮疡初期红肿热痛
正红花油	白樟油、桂叶油、桂醛油、松节油、冬青油、白油	疏通气血，消肿止痛	外用主治风湿酸痛，跌打损伤，外伤肿痛，伤风疼痛，青紫红肿，蚊虫叮咬，消肿去痒

续表

方名	组 成	功 效	主 治
云南白药	三七等	化瘀止血，活血止痛，解毒消肿	跌打损伤，瘀血肿痛，吐血，咳血，便血，创伤出血，产后瘀血，胃肠出血，疮痈肿毒等
十滴水	樟脑、干姜、大黄、小茴香、肉桂、辣椒、桉油	健胃驱风	中暑引起的呕吐，胃肠不适

六、中药注射液与其他药物的不适宜配伍

中药注射液	不宜配伍的药物对	配伍结果
穿琥宁注射液	庆大霉素、丁胺卡那霉素、环丙沙星、氧氟沙星、硫酸阿米卡星、硫酸西米索星、硫酸妥布霉素、氯霉素注射液、泰星注射液、培福新注射液	沉淀
	阿莫西林	白色絮状沉淀，含量下降
	阿莫西林维酸钾	含量下降，配伍后 4 小时，吸收度降低 9.1%，2 小时内用完
复方丹参注射液	氧氟沙星、培氟沙星、洛美沙星	黄白色沉淀
	盐酸左氧氟沙星、胃复安注射液、维生素 B_1 注射液、维生素 B_6 注射液、庆大霉素注射液、硫酸卡那霉素	混浊
	肌苷	凝集变色
	维生素 C 注射液	含量下降
	环丙沙星	棕色絮状沉淀（5% 葡萄糖输液）
双黄连粉针剂	硫酸卡那霉素、维生素 C	紫外吸收大幅降低（5% 葡萄糖输液）
	硫酸卡那霉素、氨苄青霉素	立即出现混浊，放置后沉淀（0.9% 氯化钠输液）
	氧氟沙星、培氟沙星、环丙沙星、氢化可的松、阿米卡星、氯霉素注射液	沉淀
	复方葡萄糖注射液	黄芩苷、连翘苷含量明显下降

续表

中药注射液	不宜配伍的药物对	配伍结果
双黄连粉针剂	氨苄西林	颜色变深，后者变紫红色
	硫酸庆大霉素	棕黑色
清开灵注射液	硫酸卡那霉素、维生素 B_6 注射液	沉淀
	诺氟沙星、葡萄糖酸钙注射液、环丙沙星	混浊
	硫酸庆大霉素	混浊、乳白色沉淀
	青霉素/青霉素G钾、盐酸林可霉素、维生素C	8小时内pH下降；2小时紫外吸收下降
黄芪注射液	氯霉素注射液、葡萄糖注射液	沉淀
板蓝根注射液	氯霉素注射液	沉淀
鱼腥草注射液	氯霉素注射液	沉淀
茵栀黄注射液	氯化钠注射液	不溶性微粒超标

参考文献

[1] 张贵林．土法良方防治猪病．北京：中国农业出版社，2001.

[2] 王俊东，董希德．畜禽营养代谢与中毒病．北京：中国林业出版社，2001.

[3] 宣长和，孙福先，朱占波等．中国猪病学．北京：中国农业科学技术出版社，2003.

[4] 刘富来．中西医结合治疗猪病．北京：金盾出版社，2006.

[5] 许剑琴．猪病中药防治．北京：中国农业大学出版社，1999.

[6] 王建华，李青松，杨凌．实用猪病诊疗新技术．北京：中国农业出版社，2006.

[7] 曹光荣．猪病防治新技术．陕西：西北农林科技大学出版社，2005.

[8] 甘孟侯，杨汉春．中国猪病学．北京：中国农业出版社，2005.

[9] 张泉鑫．猪病中西医结合防治大全．北京：中国农业出版社，2004.

[10] 赵兴绪．兽医产科学．北京：中国农业出版社，2003.

[11] 王洪斌．家畜外科学．北京：中国农业出版社，2003.

[12] 芮荣．猪病诊疗与处方手册．北京：化学工业出版社，2008.

[13] 张贵林．土法良方防治猪病．第二版．中国农业出版社，2005.

[14] 赵德明，张仲秋，沈建忠．猪病学．第九版．中国农业大学出版社，2008.

[15] 张贵林．养猪致富诀窍．中国农业出版社，2003.

[16] 蔡宝祥．家畜传染病学．第四版．北京：中国农业出版社，2001.

[17] 史耀东．畜禽寄生虫病防治技术．北京：中国农业出版社，2007.

[18] 李国清．兽医寄生虫学．北京：中国农业大学出版社，2006.

[19] 梁崇杰，袁成菊．畜禽常见病土法 3000 例．成都：四川科学技术出版社，2006.

[20] 丁永龙．新编猪病诊疗手册．北京：科学技术文献出版社，2005.

[21] 胡元亮．兽医处方手册．北京：中国农业出版社，2005.

[22] 汪明．兽医寄生虫学．北京：中国农业出版社，2004.

[23] 孔繁瑶．家畜寄生虫学．北京：北京农业大学出版社，1997.

[24] 贾志宝，张铁林．家禽家畜实用偏方大全．北京：中国物资出版社，1993.

[25] 魏菊仙．偏验方防治畜禽病．北京：中国医药科技出版社，1993.

[26] 丁壮，李佑民．猪病防治手册．第三次修订版．北京：金盾出版社，2004.

[27] 刘荣平，杨国桃，凌和标等．畜禽免疫失败的原因分析与提高免疫效果的对策措施．浙江畜牧兽医，2008（4）：17～18.

[28] 富相奎．提高猪场免疫效果的几点措施．黑龙江农业科学 2006，(2)：57～58.

[29] 张泉鑫，朱印生．畜禽疾病中西医防治大全——猪病．第三版．北京：中国农业出版社，2007.

[30] 蒋立辉．猪病中西医高效诊治术．南宁：广西科学技术出版社，2007.

[31] 李培庆，银梅，张智勇．实用猪病诊断与防治技术．北京：中国农业科学技术出版社，2007.

[32] 郭定宗．兽医内科学．北京：高等教育出版社，2005.

[33] 王小龙．兽医内科学．北京：中国农业大学出版社，2004.

[34] 王建华．家畜内科学．第三版．北京：中国农业出版社，2002.